U0339746

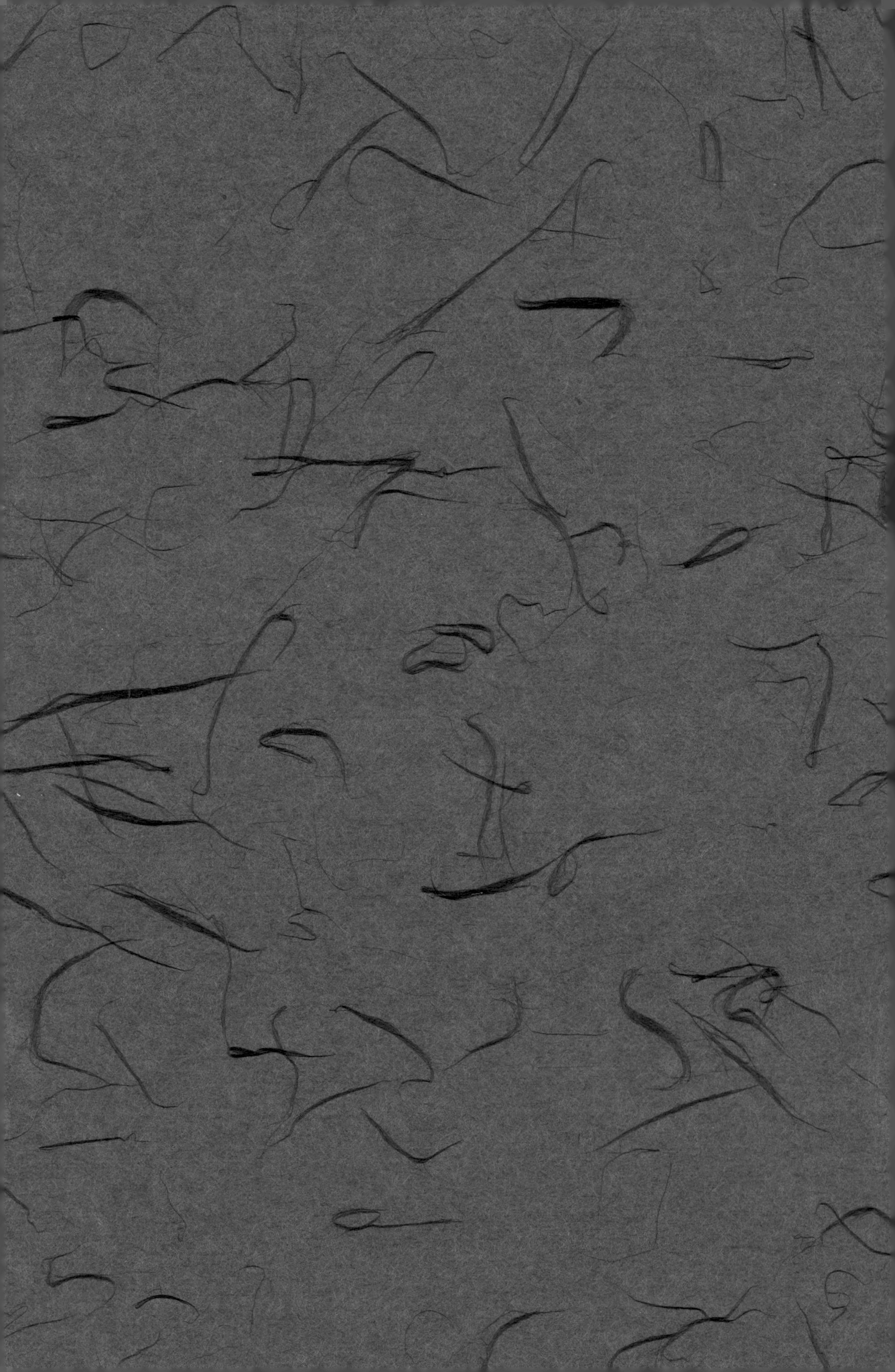

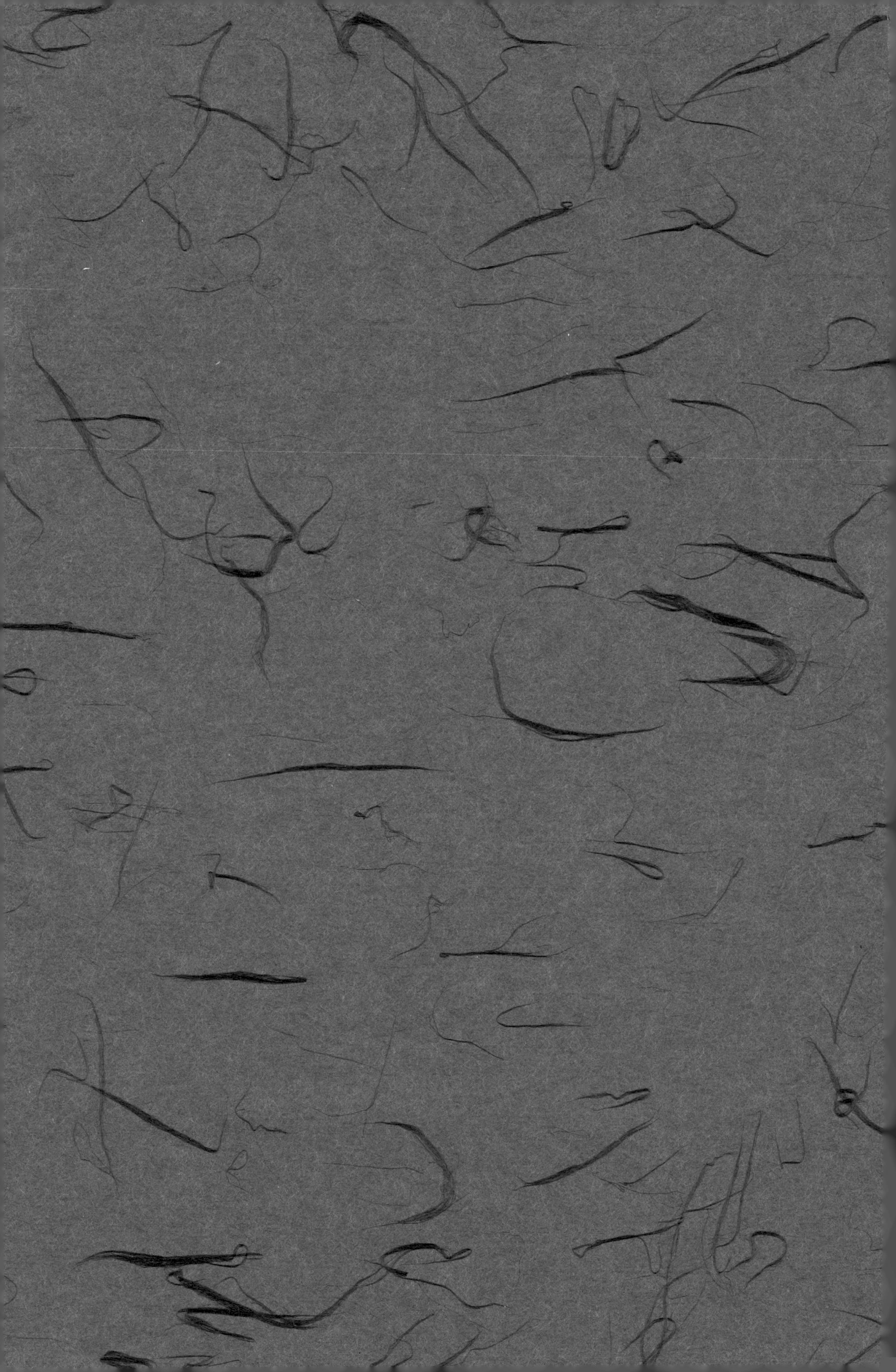

中國科技典籍選刊

第四輯

叢書主編：孫顯斌

中國國家圖書館藏

清文津閣《四庫全書》本

新儀象法要

XINYIXIANGFAYAO

[宋]蘇　頌◇撰　劉　薔◇整理

CNS

湖南科學技術出版社

國家重點出版物中長期規劃項目

國家古籍整理出版專項經費資助項目

二〇一一—二〇二〇年國家古籍整理出版規劃項目

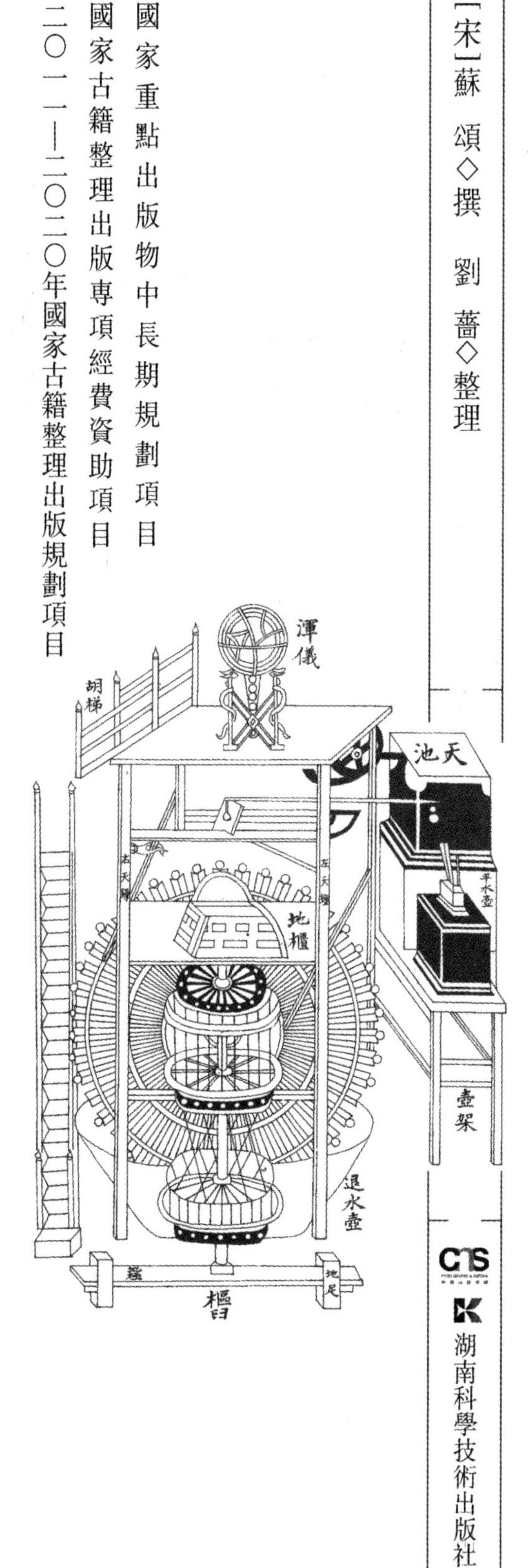

中國科技典籍選刊

中國科學院自然科學史研究所組織整理

《中國科技典籍選刊》總序

我國有浩繁的科學技術文獻，整理這些文獻是科技史研究不可或缺的基礎工作。竺可楨、李儼、錢寶琮、劉仙洲、錢臨照等我國科技史事業開拓者就是從解讀和整理科技文獻開始的。二十世紀五十年代，科技史研究在我國開始建制化，相關文獻整理工作有了突破性進展，涌現出许多作品，如胡道静的力作《夢溪筆談校證》。

改革開放以來，科技文獻的整理再次受到學術界和出版界的重視，這方面的出版物呈現系列化趨勢。巴蜀書社出版《中華文化要籍導讀叢書》（簡稱《導讀叢書》），如聞人軍的《考工記導讀》、傅維康的《黄帝内經導讀》、繆啓愉的《齊民要術導讀》、胡道静的《夢溪筆談導讀》及潘吉星的《天工開物導讀》。上海古籍出版社與科技史專家合作，爲一些科技文獻作注釋并譯成白話文，刊出《中國古代科技名著譯注叢書》（簡稱《譯注叢書》），包括程貞一和聞人軍的《周髀算經譯注》、聞人軍的《考工記譯注》、郭書春的《九章算術譯注》、繆啓愉的《東魯王氏農書譯注》、陸敬嚴和錢學英的《新儀象法要譯注》、潘吉星的《天工開物譯注》、李迪的《康熙幾暇格物編譯注》等。

二十世紀九十年代，中國科學院自然科學史研究所組織上百位專家選擇并整理中國古代主要科技文獻，編成共約四千萬字的《中國科學技術典籍通彙》（簡稱《通彙》）。它共影印五百四十一種書，分爲綜合、數學、天文、物理、化學、地學、生物、農學、醫學、技術、索引等共十一卷（五十册），分别由林文照、郭書春、薄樹人、戴念祖、郭正誼、唐錫仁、苟翠華、范楚玉、余瀛鰲、華覺明等科技史專家主編。編者爲每種古文獻都撰寫了『提要』，概述文獻的作者、主要内容與版本等方面。自一九九三年起，《通彙》由河南教育出版社（今大象出版社）陸續出版，受到國内外中國科技史研究者的歡迎。近些年來，國家立項支持《中華大典》數學典、天文典、理化典、生物典、農業典等類書性質的系列科技文獻整理工作。類書體例容易割裂原著的語境，這對史學研究來説多少有些遺憾。

總的來看，我國學者的工作以校勘、注釋、白話翻譯爲主，也研究文獻的作者、版本和科技内容。例如，潘吉星將《天工開物校注及研究》分爲上篇（研究）和下篇（校注），其中上篇包括時代背景，作者事跡，書的内容、刊行、版本、歷史地位和國際影響等方面。

《導讀叢書》、《譯注叢書》和《通彙》等爲讀者提供了便于利用的經典文獻校注本和研究成果，也爲科技史知識的傳播做出了重要貢獻。不過，可能由於整理目標與出版成本等方面的限制，這些整理成果不同程度地留下了文獻版本方面的缺憾。《導讀叢書》、《譯注叢書》和其他校注本基本上不提供保持原著全貌的高清影印本，并且録文時將繁體字改爲簡體字，改變版式，還存在截圖、拼圖、換圖中漢字等現象。《通彙》的編者們儘量選用文獻的善本，但《通彙》的影印質量尚需提高。

歐美學者在整理和研究科技文獻方面起步早於我國。他們整理的經典文獻爲科技史的各種專題與綜合研究奠定了堅實的基礎。有些科技文獻整理工作被列爲國家工程。例如，萊布尼茲（G. W. Leibniz）的手稿與論著的整理工作於一九〇七年在普魯士科學院與法國科學院聯合支持下展開，文獻内容包括數學、自然科學、技術、醫學、人文與社會科學，萊布尼茲所用語言有拉丁語、法語和其他語種。該項目因第一次世界大戰而失去法國科學院的支持，但在普魯士科學院支持下繼續實施。第二次世界大戰後，項目得到東德政府和西德政府的資助。迄今，這個跨世紀工程已經完成了五十五卷文獻的整理和出版，預計到二〇五五年全部結束。

二十世紀八十年代以來，國際合作促進了中文科技文獻的整理與研究。我國科技史專家與國外同行發揮各自的優勢，合作整理與研究《九章算術》、《黄帝内經素問》等文獻，并嘗試了新的方法。郭書春分别與法國科研中心林力娜（Karine Chemla）、美國紐約市立大學道本周（Joseph W. Dauben）和徐義保合作，先後校注成中法對照本《九章算術》（*Les Neuf Chapters*，二〇〇四）和中英對照本《九章算術》（*Nine Chapters on the Art of Mathematics*，二〇一四）。中科院自然科學史研究所與馬普學會科學史研究所的學者合作校注《遠西奇器圖説録最》，在提供高清影印本的同時，還刊出了相關研究專著《傳播與會通》。

按照傳統的説法，誰占有資料，誰就有學問，我國許多圖書館和檔案館都重『收藏』輕『服務』。在全球化與信息化的時代，國際科技史學者們越來越重視建設文獻平臺，整理、研究、出版與共享寶貴的科技文獻資源。德國馬普學會（Max Planck Gesellschaft）的科技史專家們提出『開放獲取』經典科技文獻整理計劃，以『文獻研究＋原始文獻』的模式整理出版重要典籍。編者盡力選擇稀見的手稿和經典文獻的善本，向讀者提供展現原著面貌的複製本和帶有校注的印刷體轉録本，甚至還有與原著對應編排的英語譯文。同時，編者爲每種典籍撰寫導言或獨立的學術專著，包含原著的内容分析、作者生平、成書與境及參考文獻等。

任何文獻校注都有不足，甚至引起對某些内容解讀的争議。真正的史學研究者不會全盤輕信已有的校注本，而是要親自解讀原始文獻，希望看到完整的文獻原貌，并試圖發掘任何細節的學術價值。與國際同行的精品工作相比，我國的科技文獻整理與出版工作還可以精益求精，比如從所選版本截取局部圖文，甚至對所截取的内容加以『改善』，這種做法使文獻整理與研究的質量打了折扣。

實際上，科技文獻的整理和研究是一項難度較大的基礎工作，對整理者的學術功底要求較高。他們須在文字解讀方面下足够的功夫，并且準確地辨析文本的科學技術内涵，瞭解文獻形成的歷史與境。顯然，文獻整理與學術研究相互支撑，研究决定着整理的質量。隨着研究的深入，整理的質量自然不斷完善。整理跨文化的文獻，最好藉助國際合作的優勢。如果翻譯成英文，還須解决語言轉换的難題，找到合適的以英語爲母語的合作者。

在我國，科技文獻整理、研究與出版明顯滯後於其他歷史文獻，這與我國古代悠久燦爛的科技文明傳統不相稱。相對龐大的傳統科技遺産而言，已經系統整理的科技文獻不過是冰山一角。比如《通彙》中的絶大部分文獻尚無校勘與注釋的整理成果，以往的校注工作集中在幾十種文獻，并且没有配套影印高清晰的原著善本，有些整理工作存在重複或雷同的現象。近年來，國家新聞出版廣电總局加大支持古籍整理和出版的力度，鼓勵科技文獻的整理工作。學者和出版家應該通力合作，借鑒國際上的經驗，高質量地推進科技文獻的整理與出版工作。

鑒於學術研究與文化傳承的需要，中科院自然科學史研究所策劃整理中國古代的經典科技文獻，并與湖南科學技術出版社合作出版，向學界奉獻《中國科技典籍選刊》。非常榮幸這一工作得到圖書館界同仁的支持和肯定，他們的慷慨支持使我們倍受鼓舞。國家圖書館、上海圖書館、清華大學圖書館、北京大學圖書館、日本國立公文書館、早稻田大學圖書館、韓國首爾大學奎章閣圖書館等都對『選刊』工作給予了鼎力支持，尤其是國家圖書館陳紅彦主任、上海圖書館黄顯功主任、清華大學圖書館馮立昇先生和劉薔女士以及北京大學圖書館李雲主任還慨允擔任本叢書學術委員會委員。我們有理由相信有科技史、古典文獻與圖書館學界的通力合作，《中國科技典籍選刊》一定能結出碩果。這項工作以科技史學術研究爲基礎，選擇存世善本進行高清影印和録文，加以標點、校勘和注釋，排版採用圖像與録文、校釋文字對照的方式，便於閲讀與研究。另外，在書前撰寫學術性導言，供研究者和讀者參考。受我們學識與客觀條件所限，《中國科技典籍選刊》還有諸多缺憾，甚至存在謬誤，敬請方家不吝賜教。

我們相信，隨着學術研究和文獻出版工作的不斷進步，一定會有更多高水平的科技文獻整理成果問世。

張柏春　孫顯斌

於中關村中國科學院基礎園區

二〇一四年十一月二十八日

目錄

導言

劉薔

《新儀象法要》三卷，北宋蘇頌撰，是一部詳細記載北宋元祐年間（一〇八六—一〇九四）設計製造的大型天文儀器——水運儀象臺的機械構造及相關知識的著作。水運儀象臺集計時、觀測、演示爲一體，是中國古代罕見的大規模的科技傑作，凝聚了中國古代科學技術達到頂峰時期的機械設計與製造、天文觀測、冶金鑄造、建築工程等方面的成果，是中國古代具有代表性的重大發明創造，可惜後來毁於戰亂，湮滅不存。但主持建造者蘇頌以圖説的形式，詳細記録整套裝置的構造、零部件和重要尺寸，整理成《新儀象法要》一書，流傳於世，爲後人研究和復原水運儀象臺提供了一份寶貴資料。該書也是中國現今保存的一部最詳細的古代天文儀器專著，是一部具有世界意義的古代科技著作。

壹、蘇頌與《新儀象法要》

蘇頌，字子容，北宋泉州府同安縣（今福建省廈門市同安區）人，生於北宋真宗天禧四年（一〇二〇），卒於徽宗建中靖國元年（一一〇一）。集賢殿編修蘇紳之子。蘇頌於仁宗慶曆二年（一〇四二）中進士，歷任地方官，又轉調京城爲官，累官至刑部尚書、吏部尚書、尚書左丞。哲宗元祐七年（一〇九二），官拜右仆射兼中書侍郎（宰相）。徽宗即位後進拜太子太保，封趙郡公。致仕後居京口（今江蘇鎮江）。去世時年八十二，追封魏國公，後追謚『正簡』。《宋史》有傳。

蘇頌爲官五十餘年，『議論持平，務循故事；避遠權寵，不立黨援』[一]，未介入新舊黨爭之中。一生好學，曾任館閣校勘、集賢校理，天文、地理、曆算、音樂、醫藥無所不通，尤精於典故。著述豐碩，有《蘇魏公集》七十二卷。所著《圖經本草》是當時最新最全

[一]〔宋〕曾肇撰：《蘇丞相頌墓志銘》，《名臣碑傳琬琰集》卷三十。

的藥物志和藥物圖譜，李時珍推崇它『考證詳明，頗有發揮』，後世本草學著作多有引用。而蘇頌在科技史上最爲稱道的成就是主持建造了水運儀象臺，並將其設計思想、構造、運動原理、零部件尺寸等作了詳細記録，整理成《新儀象法要》一書。

元祐元年（一〇八六）十一月，蘇頌在吏部尚書任上，奉命『定奪新舊渾儀』。他檢驗了當時太史局等使用的各架渾儀，設想應有演算的儀器和渾儀配合使用。先前太平興國四年（九七九）張思訓曾創造水運渾象『太平渾儀』，因機繩斷壞，無人知其製法。蘇頌訪知吏部守當官韓公廉天性機巧，精通算學，告之以張衡、梁令瓚、張思訓儀器法式大綱，於元祐二年（一〇八七）八月十六日置局差官，成立『詳定製造水運渾儀所』，調鄭州原武縣主簿王沇之任主管，韓公廉等人負責具體設計和製造。蘇頌『差官試驗，如候天有準』，再製造模型進獻。韓公廉於是撰寫了《九章勾股測驗渾天書》一卷，並製成以水驅動機輪的小木樣一座，於元祐三年（一〇八八）五月呈進皇帝，並赴都堂呈驗。其後又造大木樣，十二月製成，得旨置於集英殿。〔一〕

宋哲宗敕令翰林學士許將等對大木樣進行試驗和鑒定。元祐四年（一〇八九）三月許將向朝廷報告，『詳定元祐渾天儀象所先奉詔製造水渾木樣，如試驗候天不差，即別造銅器，今校驗皆與天合』。〔二〕然後蘇頌開始正式用銅製造新儀，用銅二萬餘斤（合今制約一万二千公斤），經過三年零四個月，元祐七年六月十四日（一〇九二年七月二十一日）竣工。〔三〕這是一座把渾儀、渾象和報時裝置組合在一起的高臺建築，整個儀器用水力推動運轉，後稱『水運儀象臺』。

按王振鐸先生的復原研究，水運儀象臺是一座高十二米，寬七米〔四〕，上狹下寬的四方形木結構建築。蘇頌在《進儀象狀》中説：『今則兼採諸家之説，備存儀象之器，共置一臺中。臺有二隔，渾儀置於上，渾象置於下，樞、機輪軸隱於中，鐘鼓、時刻司辰運於輪上，木閣五層蔽於前，司辰擊鼓、摇鈴、執牌出没於閣内。以水激輪，輪轉而儀象皆動。』〔五〕也就是説，水運儀象臺分爲三層，上層是觀測天體的渾儀，中層是演示天象的渾象，下層是驅動渾象、渾儀隨天體運動並報時的機械裝置。它兼有觀測天體運行，演示天象變化，

〔一〕〔宋〕蘇頌撰：《新儀象法要》，卷上《進儀象狀》，《景印文淵閣四庫全書》臺灣商務印書館一九八六年出版，第七八六册，第八二頁。按，蘇頌的這段話使學術界形成了一種通行的看法，認爲水運儀象臺建成於元祐三年，在王振鐸等復原研究論著中多沿用這一提法。但如果對宋代及其後有關的古文獻進行整理，卻發現没有記載肯定是元祐三年建成的水運儀象臺，元祐三年閏十二月完成的應是大木樣，而非銅造渾儀。

〔二〕〔元〕脱脱撰：《宋史》律曆十三，中華書局一九七七年出版，第一九〇六頁。

〔三〕《宋會要輯稿》運曆二，元祐渾天儀象，民國二十五年（一九三六）北平圖書館景印本，第七函，第五三册。

〔四〕王振鐸著：《揭開了我國『天文鐘』的秘密——宋代水運儀象臺復原工作介紹》，《文物參考資料》一九五八年第九期，第一—九頁。『通過模型的復原，我們得到的數字是：原臺的總體高度以宋代木矩尺計算是三丈五尺六寸五分（合十二公尺弱），寬度是二丈一尺。』

〔五〕《新儀象法要》，卷上，《進儀象狀》。

以及隨天象推移而有木人自動敲鐘、擊鼓、摇鈴，準確報時三種功用。

在歷朝歷代建造的天文儀器中，水運儀象臺的規模和功能都是首屈一指的，它是中國古代最傑出的多功能天文儀器和天文鐘。水運儀象臺落成後，當時有不少人親眼見過或聽説過它的宏偉壯觀，深深爲它高超的技術水準所折服，並將這些情形一一記下，彙入文集中。如今這些記述散見於浩瀚的史籍之中，據目前搜集所得，分别出自於正史、政書、類書、筆記、文集等不同體裁的文獻。如宋人莫君陳（北宋熙寧進士）的《月河所聞集》、葉夢得（北宋紹聖進士）的《石林燕語》、朱弁（北宋紹聖進士）的《曲洧舊聞》、李燾（南宋紹興進士）的《續資治通鑑長編》、王應麟的《六經天文編》、李心傳（南宋慶元初下第）的《建炎以來朝野雜記》和《建炎以來繫年要録》、周密（南宋淳祐間爲縣令）的《齊東野語》、元人脱脱的《宋史》和《金史》、清人陳夢雷所纂《古今圖書集成·曆法典》、畢沅的《續資治通鑑》以及《宋會要輯稿》等史籍，這些記録主要涉及四個方面：製造者蘇頌的一些軼事、水運儀象臺的成毁始末、水運儀象臺的運行情況、水運儀象臺的天文成就，有些文章的描述是轉抄自他人的文集，記録的内容比較簡略。

水運儀象臺後來的命運在史料中有所記載：

（宋欽宗靖康元年）金既取汴，皆輦致於燕，天輪赤道牙距、撥輪、懸象、鐘鼓、司辰刻報、天池、水壺等器久皆棄毁，惟銅渾儀置之太史局候臺。但自汴至燕相去一千餘里，地勢高下不同，望筒中取極星稍差，移下四度纔得窺之。明昌六年秋八月，風雨大作，雷電震擊，龍起，渾儀、鰲雲、水趺下，臺忽中裂而摧，渾儀僕落臺下，旋命有司營葺之，復置臺上。貞祐南渡，以渾儀鎔鑄成物，不忍毁折，若全體以運則艱於輦載，遂委而去。〔一〕

從建造到毁於戰火，這座宏偉的儀器存世不過一百餘年。

水運儀象臺完成後，蘇頌將其總體及各部件繪圖加以説明，著成《新儀象法要》一書。當然，蘇頌有可能利用了韓公廉等人試製儀象臺木樣過程中形成的圖樣。對於《新儀象法要》的成書時間，文獻中有不同的記載，學界也一直未能形成統一的看法。根據《宋史·律曆志》和《續資治通鑑長編》等記載，元祐四年三月蘇頌在完成了水運儀象臺大木樣的安裝後，『又圖其形制，著爲成書上之，詔藏秘閣。』〔二〕南宋陳振孫在《直齋書録解題》中認爲蘇頌成書於元祐三年；而《宋會要輯稿》中卻又記載『紹聖三年六月元祐渾儀所言，今欲修寫儀象制度法略各一部，申納尚書省並秘閣。』〔三〕《遂初堂書目》和《四庫全書總目》提到該書，均稱紹聖中編。

由於該書的成書過程較爲複雜，因此導致對成書時間的多種推斷。《新儀象法要》初稿完成於元祐三年閏十二月二日水運儀象臺大木

〔一〕〔元〕脱脱撰：《金史》曆志下，中華書局一九七七年出版，第五二三—五二四頁。
〔二〕《宋史》，律曆十三。
〔三〕《宋會要輯稿》，運曆二，元祐渾天儀象。

樣完工之後，這從蘇頌在該書卷首的《進儀象狀》中對元祐三年閏十二月二日大木樣完工的記載中可以得出。另外，年代稍晚些的史料也有相關記載。李燾在其所撰《續資治通鑑長編》中記載有：

（宋哲宗元祐四年三月己卯）詳定製造水運渾儀所，奏太史局直長趙齊良狀，伏睹宋以火德王天下，所造渾儀，其名水運，甚非吉兆，乞更水名，以避刑克火德之忌。案張衡謂之刻漏儀，一行謂之水運俯視圖，張思訓所造，太宗皇帝賜名太平渾儀，名稱並各不同。今新製備二器而通三用，乞特賜名以稱朝廷製作之意。詔以元祐渾天儀象爲名。

翰林學士許將等言，詳定元祐渾天儀象所，先被旨製造水運渾儀木樣進呈，差官試驗，如候天不差，即別造銅器。今周日嚴、苗景等晝夜校驗，與天道已得參合，臣等試驗，晝夜亦不差。詔以銅造，仍以元祐渾天儀象爲名。詔左丞蘇頌撰《渾天儀象銘》，頌又圖其形制，著爲成書上之，詔藏秘閣。[一]

《宋史》和《宋會要輯稿》中也有與此類似的記載。

從這些史料記載可知，給水運儀象臺正式定名爲『元祐渾天儀象』是在元祐四年三月，而蘇頌在《進儀象狀》中曾專門提到請皇帝爲水運儀象臺命名，因此成書應在確定『元祐渾天儀象』的名稱之前。又由於這臺天文儀器的名稱儼然成了一個政治問題，有人專門論述了『水運』名稱對大宋王朝的不吉，所以宋哲宗下詔給這臺儀器定名爲『元祐渾天儀象』，以回避『水』字。但在《新儀象法要》正文中卻公然出現了『水運儀象臺』的字樣，從當時蘇頌身居高位和他政治上一貫謹慎的作風來看，他斷不會在皇帝已經命名後，仍然堅持採用這種字樣，可信的解釋是命名之前此書已經完成。再從《新儀象法要》正文的內容看，卷下有『右水運儀象臺，其制爲臺，四方而再重，上狹下廣，高下相地之宜』的文字，指水運儀象臺的高度應該根據將來選定的位置來定，這也說明成書時水運儀象臺還未確定位置。

由此可以得出這樣的結論，《新儀象法要》的初稿成書於元祐三年閏十二月二日至元祐四年三月八日（己卯）之間，即一〇八九年一月十六日至一〇九〇年四月二十一日。此書是對水運儀象臺大木樣的描述和總結，是蘇頌爲將大木樣的設計圖紙和說明文字整理上呈皇帝而作，並非水運儀象臺正式完工後所作。

《宋會要輯稿》中說：『（紹聖）三年六月十三日，元祐渾儀所言，今欲修寫儀象制度法略各一部，申納尚書省並秘閣。從之。』[二]此處記載也可以從同時期其他史料中得到輔證，如南宋尤袤的《遂初堂書目》中著録有『《紹聖儀象法要》』，《宋史·藝文志》的『曆算類』有『《儀象法要》一卷』，並注明爲『紹聖中編』。以此爲依據，許多書中提到《新儀象法要》時稱其爲紹聖初所編，紹聖三年『元祐渾儀

[一][宋]李燾撰：《續資治通鑑長編》第四二三卷，《文淵閣四庫全書》第三二一册，臺灣商務印書館一九八六年出版。

[二]《宋會要輯稿》，運曆二之一四，民國二十五年（一九三六）北平圖書館景印本，第五三册。

所』編寫的這部書或許是《新儀象法要》的另一部初稿，是在蘇頌元祐元年間所作原稿的基礎上修改增補而成，而這部初稿記載的是正式落成的水運儀象臺的情況。

《四庫全書總目》的《新儀象法要》提要中，提到該書的『別本』，稱『此書卷末天運輪等四圖及各條所附一本云云，皆元之據別本補入，校核殊精。』現在流傳的《新儀象法要》各種版本中均有『一本云』、『一本』、『一云』、『別本』字樣，內容或是對正文內容的補充，包括正文中未出現的部件，其特徵、位置及正文中未標示的尺寸等；或是對正文內容的改動，包括水運儀象臺的部件名稱、位置、配合、尺寸及其他參數等，甚至主要傳動系統也不相同。這些補充和改動的內容，没有參加水運儀象臺的建造或與之有密切接觸的人是無法臆造的。兩個本子的不同應該就是水運儀象臺的大木樣和正式落成之間的差別。

自二十世紀五十年代以來，對水運儀象臺的研究引起了海內外科技史研究者的關注，目前中國大陸、臺灣以及日本、英國等地已有水運儀象臺的多個復原裝置問世，這些對水運儀象臺的研究和復原工作，無一不是建立在對《新儀象法要》的文字解讀基礎之上進行的。《新儀象法要》全文雖不足兩萬字，但作爲復原的基本文獻依據，對水運儀象臺研究的重要意義是不言而喻的。目前，已有學者對《新儀象法要》一書進行了整理、標點、注釋，並翻譯成現代漢語正式出版，〔一〕還出版了《新儀象法要》的日文譯注本。〔二〕

貳、《新儀象法要》的版本流傳

根據公私藏書目錄可知，《新儀象法要》最早的刻本是南宋乾道八年（1172）吳興施元之刻本，清道光時陝西周至藏書家路慎莊曾得到一部，在其家藏書目提要中有其詳細記載：

新儀象法要三卷宋乾道壬辰施氏刻本。一函三册。

宋蘇頌撰。前所列抄本謬誤不可枚舉，此乃宋刻本也。上卷自《渾儀》至《水趺》凡十七圖，中卷自《渾象》至《冬至曉中星圖》凡十八圖，下卷自《水運儀象臺》至《渾儀圭表》凡二十五圖，後各有說。前爲《進儀象表》。卷末有『乾道壬辰九月九日吳興施元之刻本于三衢坐嘯齋』二十一字。

後又有跋云『朱文公亟稱此書生自童時，訪求不獲，今乃於錫山華中甫所觀焉，豈勝欣幸！通天地人之謂儒，可忽哉！嘉靖己酉六月甲子鄞豐道生題』云云，知此本爲明豐氏所收藏。又卷中每有金谿梁氏識語，則此書又不僅爲豐氏所藏，第不知梁氏者爲某朝人也。

〔一〕參見管成學等著《蘇頌與〈新儀象法要〉研究》，吉林文史出版社一九九一年出版；胡維佳譯注《新儀象法要》，遼寧教育出版社一九九七年出版；李志超著《水運儀象志》，中國科技大學出版社一九九七年出版；陸敬嚴、錢學英譯注《〈新儀象法要〉譯注》，上海古籍出版社二〇〇七年出版。

〔二〕〔日〕山田慶兒、土屋榮夫著：《復原水運儀象臺：十一世紀中國的天文觀測計時塔》，東京新曜社一九九七年出版。

其書紙質瑩潤，字體圓勁，决非元明之物，其爲宋乾道中施氏原刻無疑。余得于同年友京江趙子舟楫太史處，乃子舟之親誼託其轉售者。余以賤價購之，展卷披玩，不勝狂喜。錢遵王《讀書敏求記》所列率係宋板、元抄，而此書僅屬影宋抄本，則遵王之未見刊本可知也。伏讀《四庫總目》著録本，亦係抄本。又據《天禄琳琅書目》云閣中所貯之本即係錢氏之本。則乾隆中詔求遺書，竭諸守臣搜訪之力，亦未見此刊本可知也。昭文張氏金吾近世最號收藏，所著《愛日精廬藏書志》一書非祕本不濫著録，所列此書亦係影抄之本。則此刊本之不傳人間，蓋已數百年矣。觀朱文公之語，知宋時已甚重其書，况又閱數百年？而鬼神呵護，留此種子，不絶如縷。今乃無心而得之於余，此殆亦象罔獲珠耶？〔一〕

提要中稱此施元之刻本『紙質瑩潤，字體圓勁』，曾經明人豐坊舊藏，書後有豐坊嘉靖二十八年（1549）年題跋，路小州以賤價得之，惜不知所終，或已亡佚。〔二〕所幸施元之刻本因曾經後人影摹抄寫，尚可由現存的幾種影宋抄本中窺得原貌。

影宋抄本中最著名的是明末清初大藏書家錢曾所抄一種，錢曾在他的《讀書敏求記》中著録有家藏《新儀象法要》三卷，並自稱『此從宋刻影摹者。圖樣界畫不爽毫髮，凡數月而後成。楮墨精妙絶倫，又不數宋本矣。』〔三〕可見其影宋抄本之精善。此本後經清内府收藏，並作爲底本收入清乾隆三十七年（一七七二）編纂的《欽定四庫全書》以及後來據《四庫全書》縮編的《欽定四庫全書薈要》中，四庫館臣爲此書撰寫的六百餘字的提要，成爲後人敘述《新儀象法要》在纂修《四庫全書》之前版本流傳情况的主要依據。〔四〕《四庫全書》本以後，有蘇頌裔孫蘇廷玉於清道光二十三年（一八四三）以貯藏於杭州文瀾閣的一部《四庫全書》爲底本刊刻的福州刻本。道光二十四年（一八四四），杭州著名藏書家錢熙祚又從文瀾閣《四庫全書》中輯出罕傳之書並其他珍本秘笈刊成《守山閣叢書》，其中便收録有《新儀象法要》三卷。《守山閣叢書》素以校刊精審著稱，後世多據其影印，《新儀象法要》至此流行漸廣。

據《守山閣叢書》影印的其他《新儀象法要》版本主要有：清光緒十五年（一八八九）上海鴻文書局影印本；清光緒二十二年（一八九六）編印的《中西算學叢書初編》收入上海鴻寶齋石印本；民國十一年（一九二二）上海博古齋影印本；三四十年代商務印書館出版的《萬有文庫》本和《叢書集成初編》本。上述版本，實際上均由《四庫全書》本派生而來，而作爲《四庫全書》底本的錢曾家藏影宋抄本現已亡佚。

經廣泛查閱海内外公藏機構目録，目前流傳於世的《新儀象法要》的早期版本有《四庫全書》本、臺灣『中央研究院』傅斯年圖書

〔一〕（清）路慎莊撰：《蒲編堂路氏藏書目》第二十三册，北京大學圖書館藏燕京大學圖書館抄本，第76—77葉。

〔二〕邵懿臣撰，邵章敘録：《增訂四庫簡明目録標注》，上海古籍出版社1979年。。

〔三〕［清］錢曾撰：《讀書敏求記》，書目文獻出版社一九八四年出版。

〔四〕［清］紀昀等撰：《四庫全書總目》，卷一〇六子部天文演算法類，中華書局一九六五年出版。

館藏清乾隆抄本、中國國家圖書館藏清抄本和題名爲《紹聖新儀象法要》清抄本、上海圖書館藏清抄本，這些版本均爲三卷本。其中：

傅斯年圖書館藏清乾隆影宋抄本，遞經名家收藏，在現存諸早期版本中較爲引人注目（下文有詳細介紹）。

國家圖書館藏清抄本，一册。卷首及卷末均鈐『鐵琴銅劍樓』印（白文長方印），乃常熟瞿家故物，也就是王振鐸先生在復原水運儀象臺的論文[一]中提到的『鐵琴銅劍樓影宋抄本』。每半葉九行二十一字，白口，無魚尾，左右雙邊，版心中書『仪象上』或『仪象中』、『仪象下』，版心下有刻工姓名：黄、張、陳、劉、方、陳先、周、孫、葉、沈亞、思、任文、沈、趙。卷末有清乾隆皇帝『題影宋鈔新儀象法要』的跋詩一首。版本特徵與内容順次甚至字體風格都完全同於傅斯年圖書館藏本。

國家圖書館藏《紹聖新儀象法要》三卷本，三册。每半葉九行二十五字，無格。首卷卷端題『紹聖新儀象法要卷上』。書上鈐有『面城樓藏書章』（白文方印）、『曾釗之章』（白文方印）、『嶺南温氏珍藏』（朱文方印）、『涑緑樓』（白文）、『棟臣』（朱文方印）、『温澍樑印』（白文方印）、『龍山温氏』等印，經近代嶺南藏書家曾釗面城樓、温澍樑漱緑樓遞藏，流傳有緒。曾釗（一七九三——一八五四），字敏修，號勉士，廣東南海人。清道光五年拔貢生，曾任欽州學正，篤學好古，『讀一書必校勘訛字脱文。遇秘本或雇人影寫，或懷餅就鈔，積七八年，得數萬卷。』『竭半生之力，儲積數萬卷，價值三千餘金，插架之多，遂爲郡邑最。』[二]《清史稿》有傳。後因練兵不敷出，以藏書質於人，多歸龍山温氏。温澍樑，字幼珊，廣東順德人。室號惜香閣、漱緑樓、六篆樓。『富藏書，有《漱緑樓藏書目》，四部悉備，而以曾勉士遺物爲佳，近年多已散出矣。』[三]此本卷首有『御製題影宋鈔《新儀象法要》』詩，内容未超出《四庫全書》本的範圍，但插圖繪製較粗糙，有大量明顯的抄寫錯誤，如『皇祐』誤爲『重祐』，『歷代罕傳』誤爲『歷代軍傳』，『宋元嘉中』誤爲『未元嘉中』等等，版本價值不高。

上海圖書館藏清抄本，題爲《新儀象法纂》，著録爲『清韓應陛抄本，清杜克村繪圖』，扉頁題有『道光壬寅孟冬影抄梅小庾孝廉原藏抄本』，審其筆跡，當爲韓應陛所題。雖釐爲二卷，内容實與《四庫全書》本相同。

除以上《新儀象法要》三卷本系統外，還另有一種《儀象法纂》一卷本傳世。南京圖書館藏明抄本一部，題爲《儀象法纂》，一卷，具體成書年代不詳，但據藏章判定抄成於《四庫全書》本之前應當是無疑的（詳見下文）。此外中國科學院自然科學史所圖書館收藏的一卷本《儀象法纂》，係二十世紀五十年代轉抄自南圖本。

以上是關於《新儀象法要》已知各種版本的簡單介紹，其間嬗遞傳承的關係可以列成圖表如下：

叁、四種主要傳本的校勘分析

從以上版本傳承圖可以看出，《新儀象法要》現存傳本分屬於兩個版本系統，一個是以南宋施元之刻本爲祖本的三卷本系統，現存版本

〔一〕王振鐸著：《揭開了我國『天文鐘』的秘密——宋代水運儀象臺復原工作介紹》，第六頁。
〔二〕《（同治）南海縣志》卷十八，『列傳六·文學』。
〔三〕徐信符著：『廣東藏書記略』一文，《廣東文物》卷九，二十世紀四十年代發表。

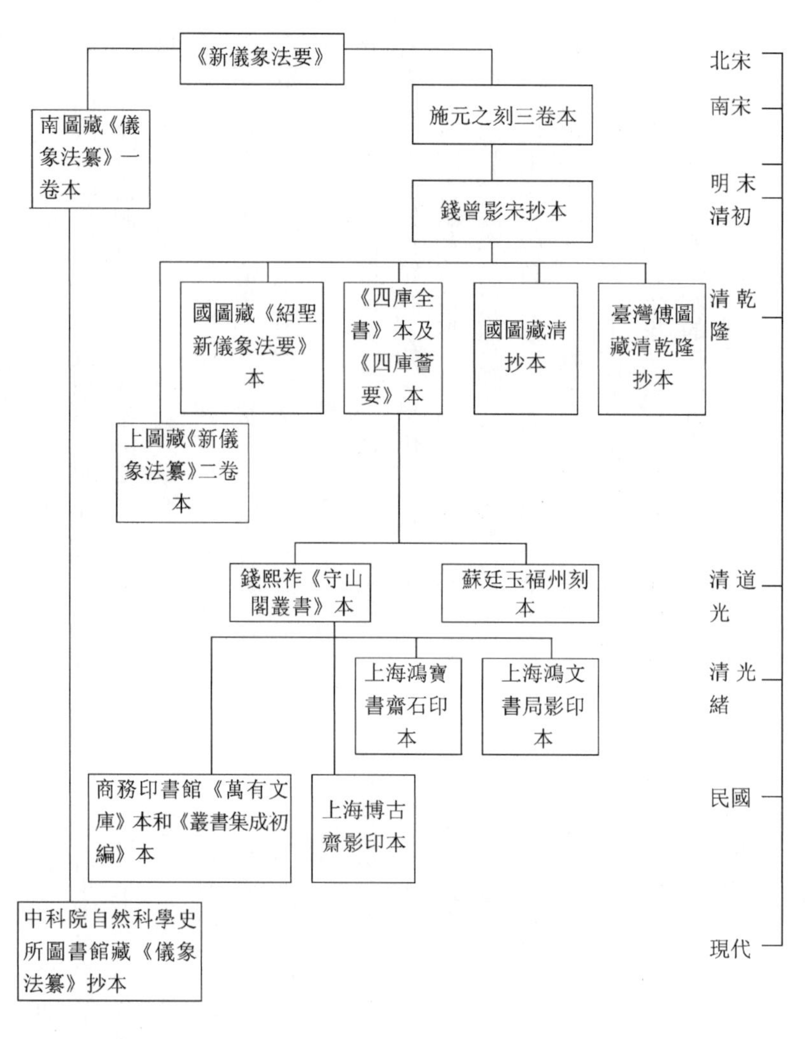

以《四庫全書》本（簡稱『四庫本』）、臺灣傅斯年圖書館藏清乾隆間影宋抄本（簡稱『傅圖本』）、《守山閣叢書》本（簡稱『守山閣本』）最爲重要；另一個是以《儀象法纂》本爲祖本的一卷本系統，以南京圖書館藏明抄本（簡稱『南圖本』）最爲重要。

以往對《新儀象法要》的解讀工作，多是根據《四庫全書》本或由《四庫全書》本派生出的版本，如《守山閣叢書》本、《萬有文庫》本、《叢書集成初編》本等做研究底本，很少涉及這一系統以外的版本。鑒於此，試就上述《新儀象法要》的四個主要傳本進行版本比較和校勘分析，希望能夠有助於對水運儀象臺的進一步研究。

（一）版本

1.《四庫全書》本

清乾隆四十六年（一七八一）歲末第一份《四庫全書》抄成，首先庋置於大內文淵閣，此後又陸續抄成了其他三份，順次送藏盛京故宮之文溯閣、西郊圓明園之文源閣和熱河避暑山莊之文津閣。乾隆四十七年（一七八二），因思江浙爲人文淵藪，乾隆帝諭令再行繕寫《全書》三份，分貯揚州大觀堂之文匯閣、鎮江金山寺之文宗閣、杭州聖因寺改建之文瀾閣，以昭美備，並光文治。這七座貯藏《四庫全書》的皇家藏書樓——四庫七閣，如今衹有文淵、文津、文溯、文瀾四閣仍屹立世間，七部內府寫本《四庫全書》也僅餘其半。

《新儀象法要》收入《欽定四庫全書》子部天文算法類。七閣本皆朱絲欄，四周雙邊，每半葉八行，行二十一字，單魚尾，白口。版心上書『欽定四庫全書』，中書『新儀象法要　卷幾』，下書葉次。各閣全書上還分别鈐印以示區别：文淵閣全書每册首頁鈐『文淵閣寶』，末頁鈐『乾隆御覽之寶』；文津閣全書首頁鈐『文津閣寶』，末頁鈐『避暑山莊』和『太上皇帝之寶』；文溯閣全書首頁鈐『文溯閣寶』，末頁鈐『乾隆御覽之寶』；江南三閣全書，均爲首頁鈐『古稀天子之寶』，末頁鈐『乾隆御覽之寶』。各印皆朱文方璽，朱色晶瑩，又爲全書本增色不少。（圖1）

以文淵閣本爲例[一]，卷首有乾隆帝『御題《新儀象法要》』詩一首：

梁代渾儀已制之，失傳蘇頌乃重爲。有經有緯述前驗，具説具圖期後垂。亦曰用心究鈎股，即看影槧悉毫氂。大成圓象精錙黍，皇祖鴻貽萬世規。乾隆乙未孟春上澣

『乾隆乙未孟春上澣』即乾隆四十年（一七七五）元月上旬。文津閣本御製詩後，尚有乾隆帝詩注一段。

其後爲《欽定四庫全書總目》提要一篇，題『子部六　天文算法類一　推步之屬』，末署『乾隆四十九年八月恭校上　總纂官臣紀昀、臣陸錫熊、臣孫士毅、總校官臣陸費墀』。再後爲《新儀象法要》正文。每册前後副葉下端，粘有四庫館職官簽題，如『詳校官欽天監靈臺郎　臣倪廷梅、臣紀昀覆勘』、『詳校官欽天監監正臣喜常、靈臺郎臣倪廷梅覆勘』、『總校官檢討臣何思鈞、校對官五官靈臺郎、臣陳際新』、『謄録監生臣劉淡、繪圖監生臣王宗善』等。

2. 傅斯年圖書館藏清乾隆間影宋抄本

[一]［宋］蘇頌撰：《新儀象法要》，《景印文淵閣四庫全書》，第七八六册，臺灣商務印書館一九八六年出版。

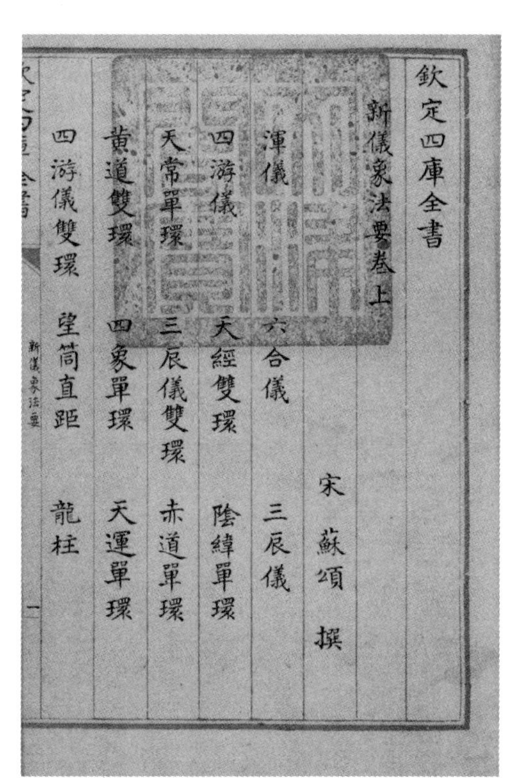
欽定四庫全書
新儀象法要卷上
宋　蘇頌　撰
渾儀　六合儀　三辰儀
四游儀　天經雙環　陰緯單環
天常單環　三辰儀雙環　赤道單環
黄道雙環　四象單環　天運單環
四游儀雙環　望筒直距　龍柱
新儀象法要

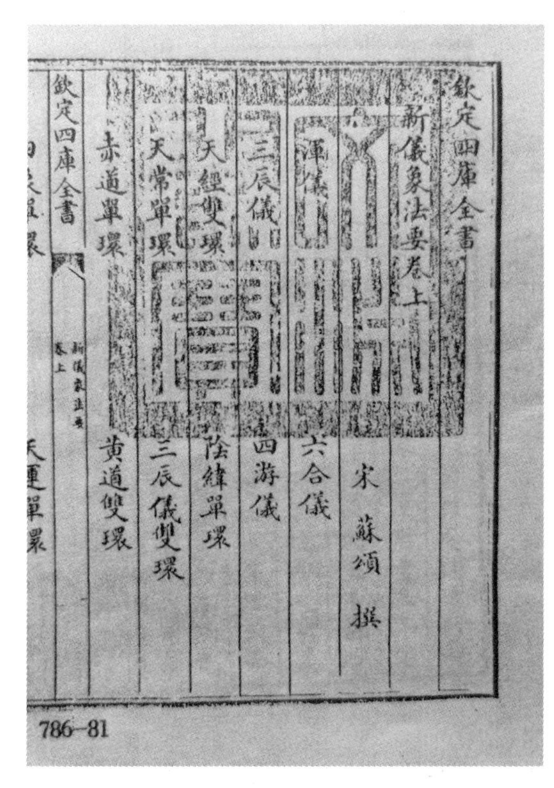
欽定四庫全書
新儀象法要卷上
宋　蘇頌　撰
渾儀　六合儀
三辰儀　四游儀
天經雙環　陰緯單環
天常單環　三辰儀雙環
赤道單環　黄道雙環
欽定四庫全書　新儀象法要　卷上
786-81

圖1　文淵閣及文津閣《四庫全書》本《新儀象法要》卷端

一册。每半葉九行，行二十一字，白口，無魚尾，左右雙邊；版心下有刻工姓名：黃、張、陳、劉、方、陳先、周、孫、葉、沈亞、思、任文、沈、趙。經查其中刻工陳先曾參與紹定間《磧砂藏經》、《藝文類聚》、《皇朝文鑑》等書的刊刻，是南宋初年浙江地區有名的刻工，字體爲峻拔挺秀的歐體，也正合宋刻浙本風格，據此可以判斷此本應爲影宋抄本。

書分三卷，首卷卷端題『儀象卷上』，先目録，後爲《進儀象狀》。卷中卷端題『新儀象法要卷中』，卷下卷端題『新儀象法要卷下』，從書後抄録有清乾隆帝御製『題影宋鈔新儀象法要』詩可知，這部影宋抄本的抄寫年代應在清乾隆四十年後或略晚於乾隆修《四庫全書》的時間。書中遇清帝康熙名諱時，如『北方玄武』都避爲『元武』；遇乾隆帝名諱『曆』皆寫作『歷』，這也成爲此影宋抄本抄成於清代的重要依據。

卷首及卷上鈐有『方勤襄公季女』（白文方印）、『方氏若蘅』（白文方印）、『畹芳』（朱文方印）、『鏡清閣』（朱文橢圓印）、『芙初女士姚畹真印』（朱文方印）、『張蓉鏡印』（白文方印）、『雙清逸士』（白文方印）、『芙川』（朱文方印）諸印；卷中鈐有『成此書費辛苦後之人其鑒我』（白文方印）、『小琅嬛福地繕鈔珍藏』（白文方印）；卷下及卷末鈐有『蓮史』（朱文方印）、『陳繼昌印』（白文方印）、『蓉鏡珍藏』（朱文方印）諸印；書後還有墨題一行：『陳繼昌觀，乙巳四月』。由這些藏章可知此書曾被方若蘅、張蓉鏡和姚畹真夫婦、陳繼昌等人收藏。方若蘅，字叔芷，桐城人。乾隆間軍機大臣方维甸之女，藏書室名『鏡清閣』，藏書頗富。張蓉鏡和姚畹真夫婦，常熟人，精鑒别，喜藏書。張蓉鏡字子和，號蓉鏡，又號芙川，張燮之孫，生於嘉慶七年（一八〇二），卒年和仕履不詳。姚畹真號芙初女史，又號畹芳女士，故夫婦藏書之所曰『雙芙閣』，藏書室號『小琅嬛福地』。張蓉鏡每日校勘圖書不倦，鑒别精審，家藏宋元槧本頗多。與黃丕烈志趣相投，在嘉慶癸丑與黃丕烈同上春官，住在琉璃廠附近，常結伴同游書肆，恣意狂覽，時有兩書淫之謂。方若蘅與張蓉鏡有姻親關係，輩分長於張氏，兩家藏書多有借觀往來。陳繼昌（一七九一——一八四九），字哲臣，號蓮史，桂林人，嘉慶二十五年（一八二〇）狀元。曾任山西、直隸、甘肅、江寧布政使，官至江蘇巡撫。此『乙巳』應是道光二十五年（一八四五）。此書抄自張蓉鏡，又遞經名家收藏，在現存《新儀象法要》諸早期版本中較爲引人注目。

值得注意的是，以傳圖本與國圖所藏清影宋抄本對比，兩部抄本有驚人相似處，不僅版本特徵、内容順次、甚至字體風格都完全相同（圖2、圖3、圖4），這也證明了兩部抄本皆以同一種刻本爲底本影抄而成。明清藏家競貴宋槧，好以原樣影摹的方法複製宋本，影宋抄本講究逼真地再現原貌，被視爲『下真蹟一等』，特别是宋版無存者賴以流傳。前述錢曾稱自藏影宋抄本『圖樣界畫不爽毫髮，凡數月而後成。楮墨精妙絶倫，又不數宋本矣』，傳圖本與國圖本摹寫之精，皆爲後世留下了南宋施元之刻本舊貌，彌足珍視。

3. 清道光二十四年（一八四四）錢熙祚刻《守山閣叢書》本

清錢熙祚輯刻。錢氏乃金山人（今屬上海），以藏書、刻書著名一時。道光間，錢氏得《墨海金壺》殘版，又從文瀾閣《四庫全書》中録出珍秘稀見之書，增補删汰，於道光二十四年梓成《守山閣叢書》，計一百一十二種。參加編校者有張文虎、顧觀光等學者，校勘頗稱精審。

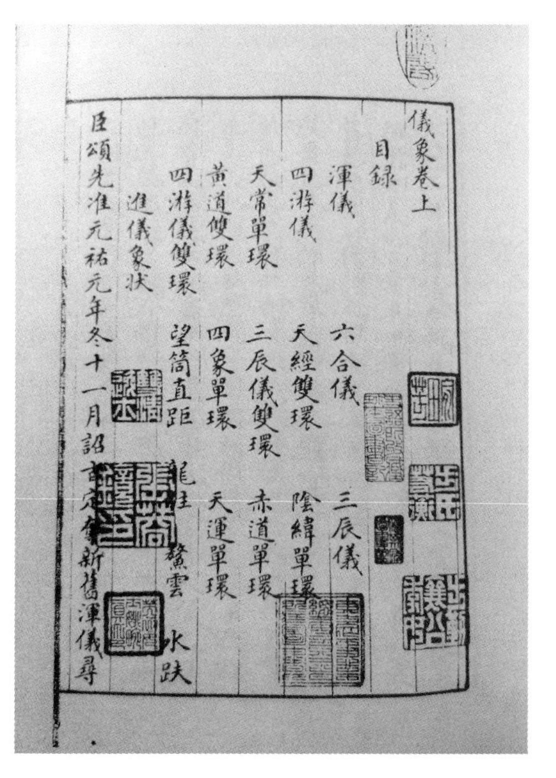

儀象卷上
目録
渾儀　六合儀　三辰儀
四游儀　天經雙環　陰緯單環
天常單環　三辰儀雙環　赤道單環
黄道雙環　四象單環　天運單環
四游儀雙環　望筒直距　龍柱　鼇雲　水趺
進儀象狀
臣頌先准元祐元年冬十一月詔旨定奪新舊渾儀尋

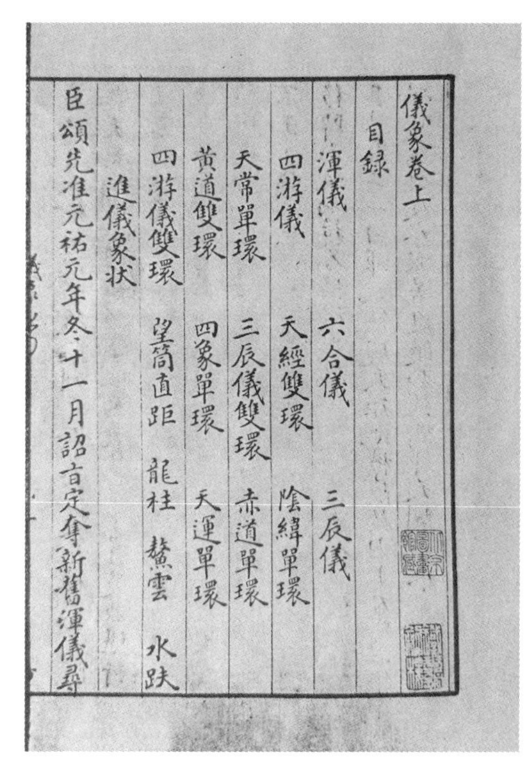

儀象卷上
目録
渾儀　六合儀　三辰儀
四游儀　天經雙環　陰緯單環
天常單環　三辰儀雙環　赤道單環
黄道雙環　四象單環　天運單環
四游儀雙環　望筒直距　龍柱　鼇雲　水趺
進儀象狀
臣頌先准元祐元年冬十一月詔旨定奪新舊渾儀尋

圖2　傅圖本及國圖本《新儀象法要》首卷卷端

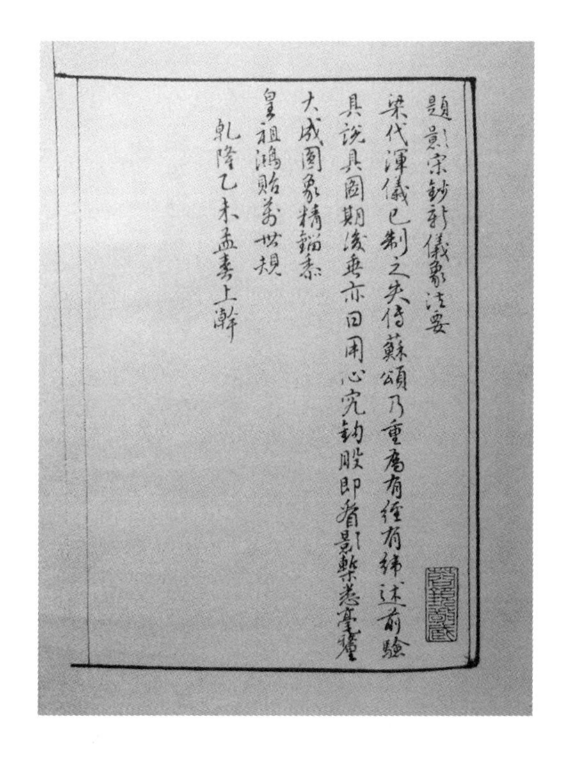

題影宋鈔新儀象法要
梁代渾儀已制之失傳蘇頌乃重爲有經有緯述前驗
具説具圖期後垂亦曰用心究鈎股即看影槩差毫釐
大成圓象精鎔泰
皇祖鴻貽萬世規
乾隆乙未孟春上澣

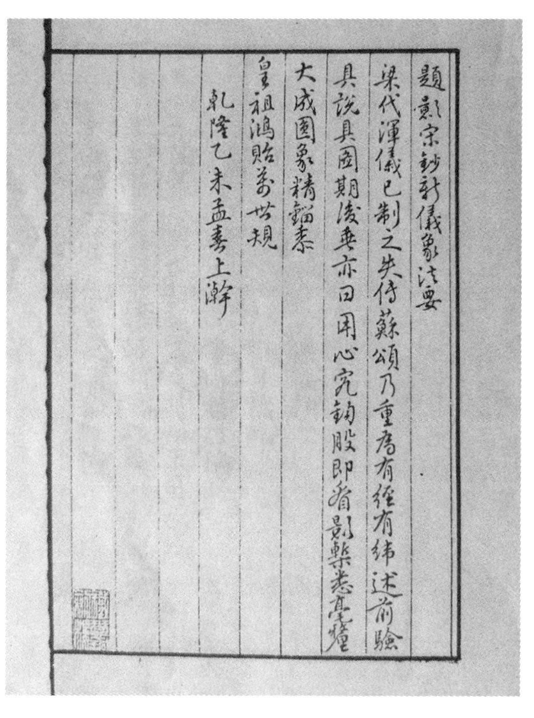

題影宋鈔新儀象法要
梁代渾儀已制之失傳蘇頌乃重爲有經有緯述前驗
具説具圖期後垂亦曰用心究鈎股即看影槩差毫釐
大成圓象精鎔泰
皇祖鴻貽萬世規
乾隆乙未孟春上澣

圖3　傅圖本及國圖本《新儀象法要》卷末乾隆御製詩

右渾象六合儀其制有天經雙規地渾單環雙規直經
五尺四寸七分厚八分縱置木櫃小單環直徑五尺四
寸七分闊三寸七分厚一寸五分橫置木櫃面渾象納
其中半隱地下半出地上以視南北極之高下
右渾象木地櫃一以安渾象及天經地渾内置天輪與
赤道牙相接隨天輪運轉

圖4　傅圖本及國圖本《新儀象法要》卷中“渾象六合儀”釋文

每半葉十一行，行二十三字，左右雙邊，粗黑口，版心中刊『新儀象法要卷幾』及葉次。首卷卷端題『新儀象法要卷上』，下題『守山閣叢書　子部』，隔行上題『宋蘇頌撰』，下題『金山錢熙祚錫之校』。卷上目録後即蘇頌《進儀象狀》，無四庫本之提要、御製詩等內容。（圖5）

文瀾、文宗等江南三閣建成後，乾隆帝准江南士子赴閣檢視抄録《四庫全書》，俾資搜討，乾隆皇帝認爲祇有這樣，七閣藏書纔能『廣爲傳播，俾茹古者得睹生平未見之書，互爲鈔録，傳之日久，使石渠天禄之藏，無不家弦户誦，益昭右文稽古，嘉惠士子盛事。』[一二]《守山閣叢書》中的《新儀象法要》雖未明言底本出處，分析當時《新儀象法要》流傳較少，此本卷帙、順次均與四庫本相同，文字亦極其相近，據此分析，《守山閣叢書》本《新儀象法要》極有可能便是自文瀾閣《四庫全書》中録出的，與南宋施元之刻本一脈相承。

4. 南京圖書館藏明抄本

此本名爲《儀象法纂》，一册，共四十一頁，每半葉九行，行十八字，白口，無行格。

卷首鈐有『湯聘』（白文方印）及『八千卷樓藏書印』（朱文方印）、『善本書室』（朱文方印）諸印；卷末墨筆題『陳永年進』，鈐『衡河草堂』（白文方印）。（圖6）由藏章可知，此本曾經湯聘、陶元藻、丁丙等人遞藏。

丁丙（一八三二—一八九九），字松生，號松存，浙江錢塘人。沿用其先祖八千卷樓爲藏書室名，藏書蔚爲大觀，是清末四大藏書家之一。他的《善本書室藏書志》中有此書提要：

〔一二〕《四庫全書總目》卷首，『乾隆五十五年六月初一日上諭』。

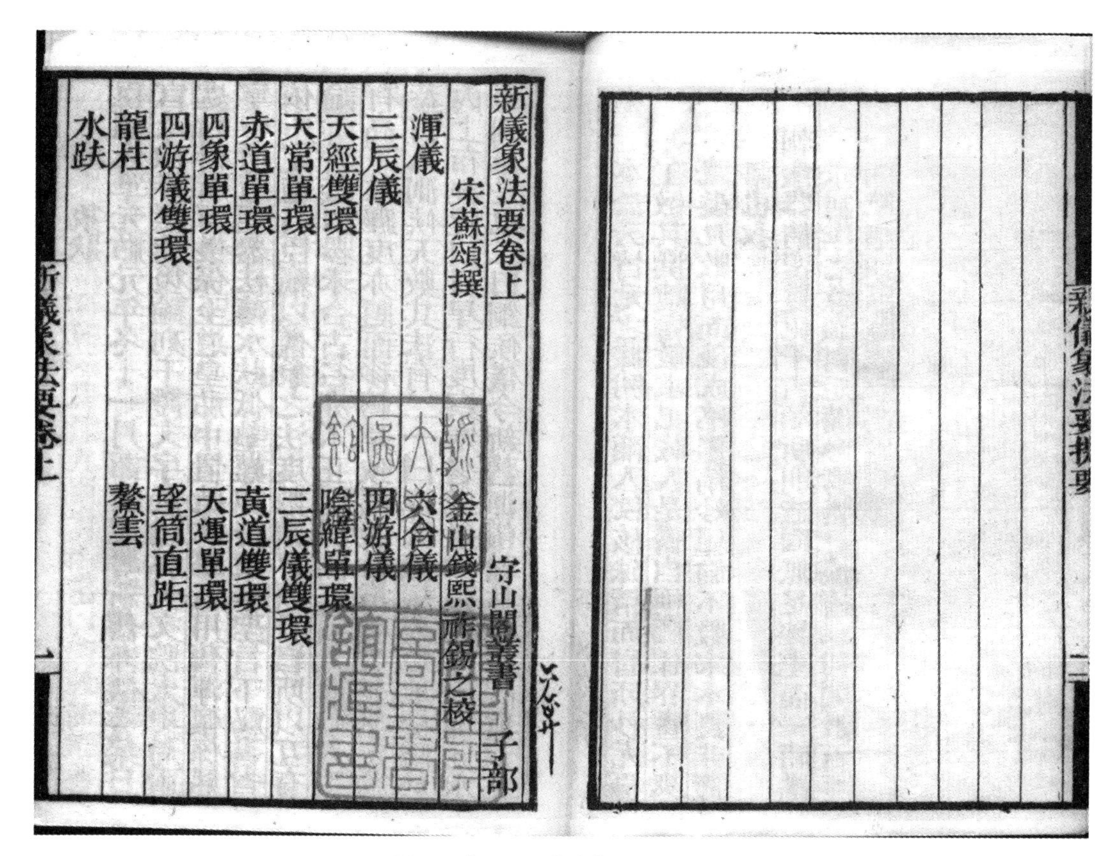
新儀象法要卷上　守山閣叢書　子部
宋蘇頌撰　金山錢熙祚錫之校
渾儀　六合儀
三辰儀　四游儀
天經雙環　陰緯單環
天常單環　三辰儀雙環
赤道單環　黃道雙環
四象單環　天運單環
四游儀雙環　望筒直距
龍柱　鰲雲
水趺

圖5　《守山閣叢書》本首卷卷端

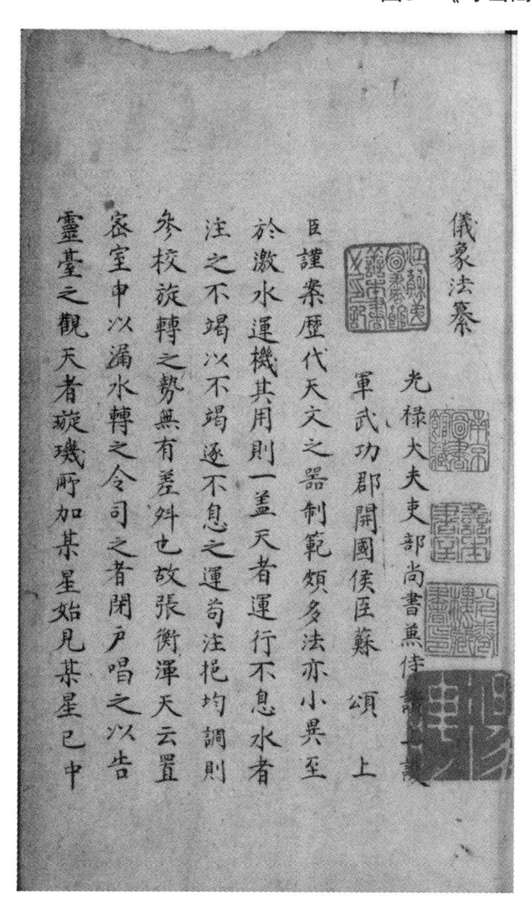
儀象法纂
光祿大夫吏部尚書兼侍讀上護
軍武功郡開國侯臣蘇頌上
臣謹案歷代天文之器制範頗多法亦小異至於激水運機其用則一蓋天者運行不息水者注之不竭以不竭逐不息之運苟注挹均調則參校旋轉之勢無有差舛也故張衡渾天云置密室中以漏水轉之令司之者閉戶唱之以告靈臺之觀天者璇璣所加某星始見某星已中

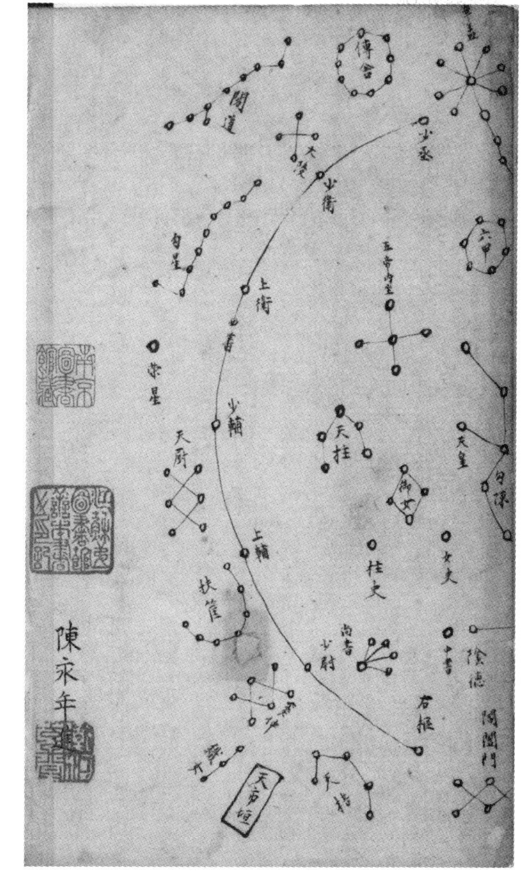

圖6　南圖本《儀象法纂》卷首、卷尾

《儀象法纂》一卷，明抄本，湯稼堂藏書。光禄大夫吏部尚書兼侍讀上護軍武功郡開國侯臣蘇頌上。……（書）成於紹聖初，殆《遂初堂書目》與《宋藝文志》所稱《紹聖儀象法要》一卷是也。今四庫著録《新儀象法要》三卷，乃元祐間重修、乾道壬辰施元之刻於三衢、錢曾影寫之本，雖圖説增多，中有元之據别本補入者，轉不若此之初進本矣。有湯聘印。聘字莘來，號稼堂，仁和人，乾隆丙辰（元年，一七三六）進士。[一]

經查《國史列傳》，仁和湯聘官至湖北巡撫，有《稼堂漫存稿》。卒於清乾隆三十四年（一七六九），而《明清進士題名碑録索引》中，除此仁和湯聘外，尚有另一江寧人湯聘，爲清順治十八年（一六六一）進士。[二]無論是丁丙所言『湯聘』，還是順治年間的『湯聘』，此書抄成於《四庫全書》前是無疑的，因此不屬於《四庫全書》版本系列。丁丙稱此書爲『初進本』，認爲不屬於三卷本系列，其觀點頗爲耐人尋味。

陶元藻（一七一六—一八〇一），字龍溪，號篁村，祖籍浙江會稽，世居蕭山城西門之衡河，故名其書室曰『衡河草堂』。工詩，善畫，客居揚州時爲兩淮轉運使盧見增幕僚，歸居杭州。

《儀象法纂》内容明顯不同於四庫本、傳圖本和守山閣本，它的内容衹有一卷。明末藏書家錢謙益的《絳雲樓書目》中便著録有『《儀象法纂》』，絳雲樓藏書失火後，錢謙益將燼餘全部贈送族孫錢曾，故錢曾《述古堂書目》中也著録了『蘇頌《儀象法纂》一卷，抄』。可見這種一卷本至少在明代已經流傳了。

中國科學院自然科學史研究所圖書館藏有《儀象法纂》一卷本，一册。經查該書與南圖本行款完全相同，但抄寫字跡頗欠純熟，遠不及南圖本。該書内容除『進儀象狀』之後有十頁與水運儀象臺無關的星占圖及文字，爲《新儀象法要》各種版本均未收入之外，其他與南圖本完全相同，衹是該書抄到第十六頁即結束了，比南圖本少了大量内容。與南圖本相比，還有許多抄寫錯誤，如『此兼用』誤爲『比蕪用』，『巫咸』誤爲『巫減』，三辰儀、四游儀圖中『南杠』、『北杠』誤爲『南極』、『北極』等等。該本中還有許多與南圖本中一樣的抄寫錯誤，如第九頁『梁令瓚』兩書均誤爲『渠人瓚』，第十五頁『全見日體』均誤爲『今見』等；此外，南圖本中的一些異體字以及抄寫者慣用的寫法，該本亦照樣摹畫。綜觀全書，它的抄寫格式有刻意仿效南圖本的痕跡，爲體現兩者行款相同，該書有些行字距疏密不均，大都上密下疏。從上述情況可以推斷，自然科學史研究所圖書館的《儀象法纂》成書較晚，且應抄自南圖本。

（二）文字

《四庫全書》本系列的《新儀象法要》三卷本，卷上首篇是蘇頌的『進儀象狀』，介紹水運儀象臺的製造緣起、經過及歷史上儀象的發

〔一〕［清］丁丙撰：《善本書室藏書志》，清光緒二十七年（一九〇一）刻本。

〔二〕《明清進士題名碑録索引》，臺北文史哲出版社一九八二年出版。

展使用情況等；正文包括各種結構圖和相關的説明文字，卷上爲渾儀部分，有零部件圖十七幅；卷中爲渾象部分，有渾象結構圖三幅、星圖五幅、四時昏曉中星圖九幅；卷下爲水運儀象臺總體構造以及動力、傳動、計時報時裝置等，有圖二十三幅；卷末爲施元之據别本補入的『渾象天運輪』等四幅部件圖。

三卷本系統中最爲通行的就是守山閣本，經與《文淵閣四庫全書》本校勘可知，《守山閣叢書》的編校者對《四庫全書》本進行的是所謂『活校』，即通審文義，博求雅正，改正了四庫本中的訛字、誤字；去掉衍字；據文義增加脱字等。守山閣本相比其他本子錯訛較少，可見它成爲《新儀象法要》的通行本是有一定道理的。

首先以守山閣本爲底本，參照四庫本及傳圖本做一校勘。經校勘可知，守山閣本與四庫本、傳圖本之間的不同點還是比較多的。歸納起來，有以下幾類：

其一，四庫本、傳圖本中存在大量明顯的訛字，《守山閣叢書》本卻改正了。古人抄書目營手運，不顧及上下文理，造成『魯魚亥豕』之類的錯誤在所難免，如『進儀象狀』中的『木様機輪』，傳圖本作『未様機輪』、『鄭州原武縣主簿』作『鄭用原武縣主簿』、『歷代天文儀器制範頗多』作『制窺頗多』、『此用一行、思訓所説而增損之』作『北用』、『與儀象互相參考』作『與儀象牙相參考』、《考靈曜》作《考靈耀》等；卷上的『天經雙環』下的『上、下規間一百一十有二度』，傳圖本作『上、下規問』；『望筒直距』下的『旋運持正』作『旋遭持正』；卷中的『渾象』下『今地渾亦在渾象外』作『今地渾亦有渾象外』；『其輪爲牙距六百』作『其軸』；『渾象六合儀』下的『縱置地櫃中』作『縱置地櫃小』；『紫微垣星圖』下的『紐星』應指北極星，卻誤作『細星』；『渾象西南方中外官星圖』下的『唯南極入地常隱不見』作『南極八地』、『史志曰』作『史忘曰』、『太史令』作『太史今』；『四時昏曉加臨中星圖』下的『洎唐及本朝所測』作『泊唐及本朝所測』；卷下的『水運儀象臺』的『一云』中的『上有地渾雙規』作『地池雙規』；『樞輪』下的『東以三輞』作『東以三輞』等。

還有些四庫本、傳圖本中的訛字，守山閣本根據前後文義予以了改正。如『月行十二度有奇』改作『十三度有奇』；『古制雖有赤道』據下文『後漢和帝時知赤道與天度頗有進度，詔賈逵始置雙道』，改爲『古制惟有赤道』；『四游雙環』下傳圖本作『內脣半隱起三分』，改爲『二分』；卷中最後一圖，『冬至曉中星圖』，四庫本皆作『日在箕十三度』，守山閣本據圖示改爲『日在斗十三度』；『儀象運水法』下『左天鎖及天關開』改爲『天關關』；『夏至曉中星圖』説明文字中的『夏至曉亢』改爲『曉危』等。

其二，四庫本、傳圖本中的脱字和衍字，在守山閣本中也有些被更正了。如『紫微垣星圖』下的『三辰西而北』，傳圖本衍生『西』字；『天經雙環』下『各列周天三百六十五度』，傳圖本脱『度』字；『四時昏曉加臨中星圖』末的『今星』後，傳圖本脱『度也』等。

其三，對比四庫本及傳圖本可知，有些字是守山閣本誤刻或衍生的。如『渾儀置於上，渾象置於下』中間衍生『而』字；卷下『晝夜機輪』條下『以載金鉦夜漏箭輪』誤刻爲『以截金鉦夜漏箭輪』；『渾儀圭表』條下『黃道去極遠近』脱『黃道』二字；等等。

下面是南圖藏《儀象法纂》一卷本與《新儀象法要》三卷本的對校。《儀象法纂》的内容少於《新儀象法要》，無目録，文字缺失總計多達百餘處，缺少了大量文字。卷首的『進儀象狀』，僅從水運儀象臺大木様得旨置於集英殿後的『臣謹案，歷代天文之器制範頗多，法亦小異」一段開始，少了此前的一千餘字，僅有四庫本《進儀象狀》的近三分之二文字。然後是《新儀象法要》卷上的内容，共十七幅圖。再後是將卷中的「渾象」、「渾象六合儀」、「渾象地櫃」、「渾象赤道牙」四部分混爲一段内容，圖僅「渾象毬」一圖；再後是將卷下的内容化繁爲簡，將三卷本的十九幅圖綜合爲八幅。最後是原卷中的「渾象紫微垣星圖」一幅和「春分昏中星圖」至「冬至曉中星圖」的星圖八幅。

《儀象法纂》中文字的錯、訛、衍、倒現象較多，如卷首的「使望筒常指日」的「常」作「嘗」；「察災祥而省得失也」誤作「史祥」；「以曉昏之度附於卷後」「昏」字後衍生「暗」字；「梁令瓚」誤作「渠人瓚」；「八幹、四維」誤作「八十四准」；「各部周天度數」誤作「同天」；「元豐儀因之」誤作「回之」；「上屬天運環」「天」字後衍生「柱」字；「今所制大率仿此」誤作「六車仿此」；「横桄上爲駝峰」誤爲「馳峰」；「初正司辰輪」作「司正初辰輪」等等，在此不一一列舉。此外，《儀象法纂》多簡體字、異體字，如「气」、「鉄」、「関」，抄寫粗疏。

但是，三卷本中普遍存在的一些錯誤，在《儀象法纂》中卻没有。如《進儀象狀》中有「又製刻漏四副：一曰浮箭漏，二曰秤漏……」，三卷本均誤作「稗漏」，據南宋王應麟的《小學紺珠》卷一有「四刻漏：浮箭、秤、沉箭、不息」，並注「元祐初蘇頌製」，而此處《儀象法纂》本無誤。再如「冬至曉中星圖」，三卷本都是「今：軫十六度中。日在箕十三度」，《儀象法纂》本則作「斗十三度」，對照圖上所示，《儀象法纂》本的文字是正確的。另外有些文字《儀象法纂》本似乎比三卷本要合理通順，如《儀象法纂》中「又名陽經環者，以地渾與陰緯環對名也」，三卷本作「以地渾爲……」；「故游儀運動無所不至，而望筒隨游儀所主」，三卷本作「隨游儀所至」；水運儀象臺以巨木爲柱，柱間設「横桄」，三卷本均誤作「廣桄」；「黄道雙環」一節最後三卷本脱「今儀之循用也」六字。

更有意思的是，《儀象法纂》有些内容與《新儀象法要》不同，特别是有些零部件的尺寸有明顯不同。例如：三辰儀雙環直徑《儀象法纂》本作「闊一寸」，三卷本作「闊一寸八分」，陰緯單環「其厚一寸半」，三卷本爲「其厚二寸半」，望筒「方一寸七分」，三卷本作「一寸六分」，退水壺的尺寸，《儀象法纂》本作「長一丈四尺一寸」，三卷本作「長一丈一尺四寸」。這些不同尺寸究竟代表什麼含義，尚有待復原試驗作深入研究。

（三）插圖

《新儀象法要》中繪製了有關渾儀、渾象、樞輪、傳動機構和控製機構的裝配圖、部件圖和零件圖五十多幅，繪製零件一百五十多種，其中多爲透視圖和示意圖，這是中國也是世界上保存至今的最早的成套機械圖。同文字比較起來，古書中的插圖經過傳抄、傳刻更容易走樣，所以《新儀象法要》最初的圖稿究竟是什麼樣子，現已無從得知。書中插圖大多比較簡單，不難描摹，因此可以設想後世傳本上所見的插圖與原稿相差應當不會太大。雖則如此，目前各種傳本裏的插圖還是頗有不同的。

四個本子的插圖數量不一樣，其中四庫本、傳圖本、守山閣本中插圖的總數均爲六十一幅，南圖《儀象法纂》本的插圖祇有三十五幅。四庫本、傳圖本、守山閣本的插圖總數一樣，但是内容略有差别，傳圖本漏裝了一葉，是卷上「赤道單環」這幅圖及相應文字内容，〔一〕卻

〔一〕按，此一葉在國圖藏清影宋抄本中有，在卷上第一九頁，則影宋抄本的插圖應爲六二幅。

在『天運單環』之後多出一幅其他本子都没有的圖，經核對，此圖應是卷上『六合儀』的簡化綫圖，其中傾斜的『天常環』較原『六合儀』圖中的『天常環』位置更爲合理。（图7、圖8）總體説來，守山閣本的插圖更考究，部件的比例關係、投影關係更符合實際；但四庫本和傳圖本中『渾儀』『運動儀象制度』『渾象』等插圖的名稱標注比守山閣本更準確。

從繪圖技術品質來看，四庫本和守山閣本的插圖最考究，綫條精準筆直，描畫細膩，部件的比例關係和投影關係更加符合實際，傳圖本則稍遜於四庫本和守山閣本。

南圖本較爲特殊，繪圖綫條粗略簡省，很像是草圖。有些圖與四庫本、傳圖本相比，尤顯簡略。如『天河』圖，衹有『天河』，没有畫出與昇水上、下輪、河車相接部分，文字也缺少一段：『河車外出十六撥牙，以撥昇水下輪十六距對撥牙。北安手把八，以運河車。二輪輞外斜安戽斗二十四，上輪十六，下輪八。河車轉，則上、下輪俱帶戽斗運水入天河，天河注水入天池。』

但南圖本有些圖中標示出的内容要比三卷本詳細，個別圖還有特別之處，在一些圖中更注重描繪複雜部件之間的銜接關係和配合關係，使讀者對水運儀象臺關鍵部位的運轉有更加形象的認識，如將『渾象赤道牙』圖與『鐵樞軸、天柱、天轂』圖合二爲一，並對部件的位置、配合關係加以注明，使之成爲渾象及其傳動機構局部裝配圖。（圖9）而『渾象毬』一圖，對應即三卷本卷中『渾象』圖，但多出了『赤道牙下與天輪相銜以動渾象毬』一行字，別本均無此注。（圖10）

從内容、標注上來看，四個本子各有所長，四庫本、傳圖本、守山閣本的圖示標注相對較好，標注内容全面而且準確，南圖本則比較簡單，有的圖没有圖名，有的將部分構造略去，例如：『水運儀象臺』一節内的圖，南圖本未畫出渾儀，僅以文字『板屋内安渾儀』『置渾象』標示出它的位置。

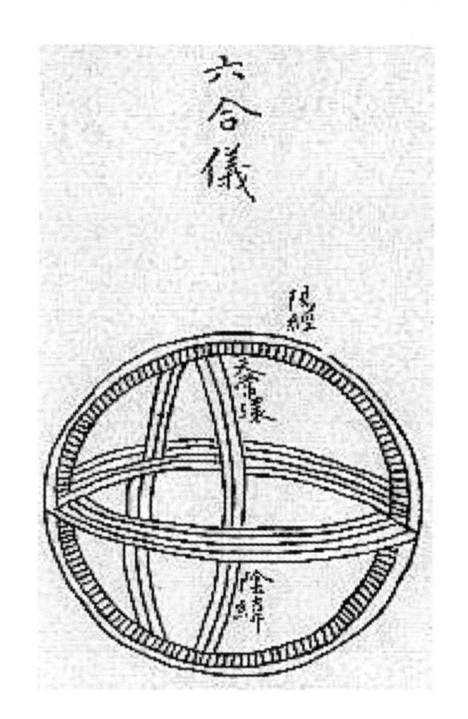

圖7　傳圖本中的“六合儀”圖

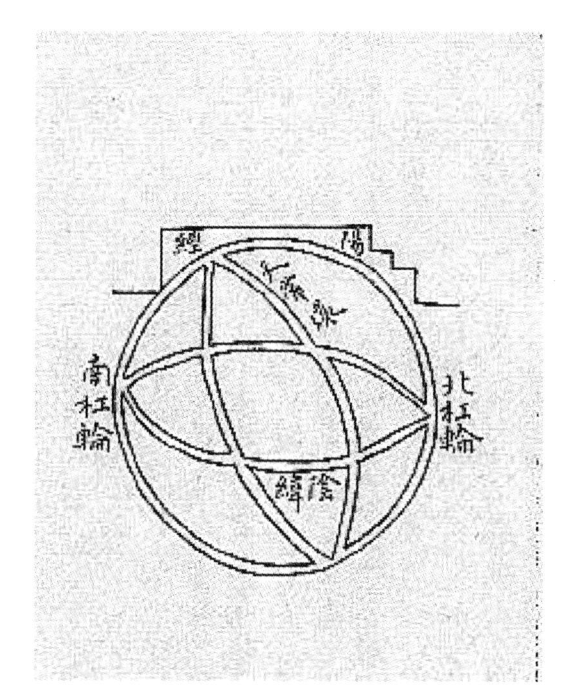

圖8　傳圖本中“天運單環”後多出的一張圖

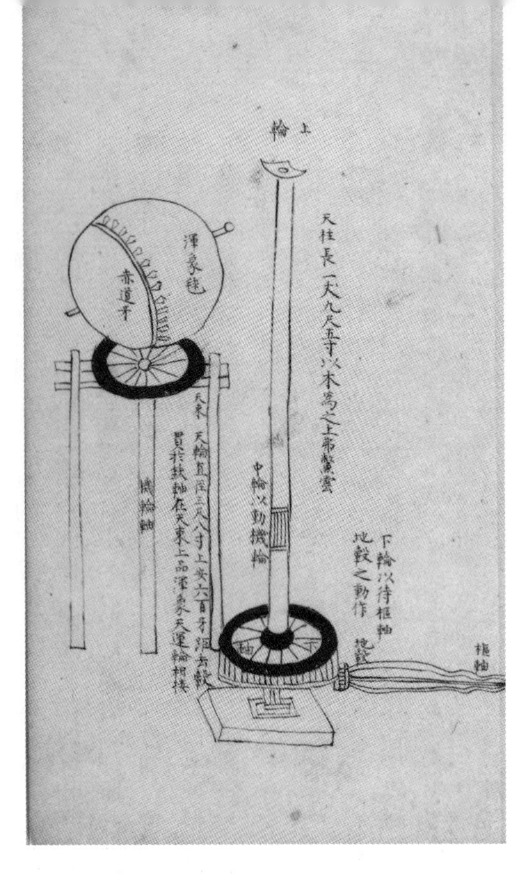

圖9　《儀象法纂》特有的一張傳動圖

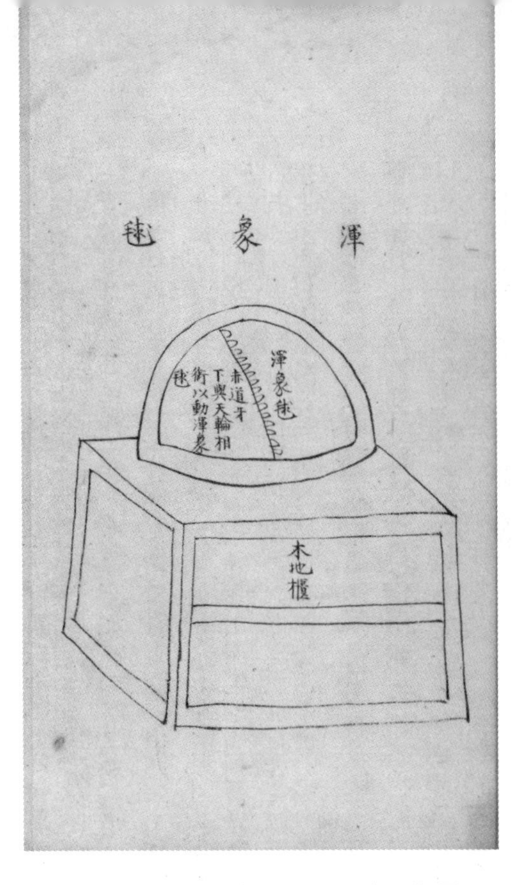

圖10　《儀象法纂》中的“渾象毬”圖

（四）『一本』

《四庫全書總目》在介紹《新儀象法要》時，曾提到該書的『別本』，稱『此書卷末天運輪等四圖及各條所附一本云云，皆元之據別本補入，校核殊精。』現在流傳的《新儀象法要》各種版本中均有『一本云』、『一本』、『一云』、『別本』字樣。經統計，《新儀象法要》書中出現上述字樣共十七處，形式有兩種：一種是附在原文之後，上端縮進兩字；另一種是雙排小字注。內容也有兩類：一類是對正文內容的補充，包括正文中未出現的部件，其特徵、位置及正文中未標示的尺寸等；另一類是對正文內容的改動，包括水運儀象臺的部件名稱、位置、配合、尺寸及其他參數等，甚至主要傳動系統也不相同。

『一本云』、『一云』在南圖本《儀象法纂》中僅在『天運單環』、『運動儀象制度』、『鐵樞輪軸』三處出現，與三卷本中的雙行小注文字無甚差異。《儀象法纂》本也沒有施元之據別本補入的卷末『渾象天運輪』等四幅部件圖。值得注意的是，《儀象法纂》正文中的文字，有些段落正是在《新儀象法要》中指明是『一本云』或『別本』的文字，如關於『撥牙機輪』，《新儀象法要》卷下《撥牙機輪》圖後，釋圖文字最後有：

一本云：撥牙機輪與後樞輪相對，在第三層閣内與報刻司辰輪相疊。直徑六尺七寸，下施六百牙距，以待樞輪動作。每樞輪動機輪六牙距。

這段文字在《儀象法纂》出現於對『撥牙機輪』的解釋中，未被冠以『一本』、『別本』之謂，其後文字與《新儀象法要》『天柱中輪轉動，在晝時鐘鼓輪上。直徑六尺七寸，輪下施六百牙距，以待中輪動作。每中輪動機輪六牙距爲一刻，五十牙距爲一時。其六百牙爲十二時者，元豐法也』一段正文亦不盡相同。

此外《新儀象法要》三卷本在『鐵樞輪軸』一段末，有『一本無天柱、天轂，有天梯、天托』一行，恰恰《儀象法纂》本『鐵樞輪軸』後無『天柱』、『天轂』，然亦無《新儀象法要》卷下最末之『天梯』、『天托』兩節。或可認爲，《儀象法纂》正是《新儀象法要》的某『一本』或『別本』。

『一本』、『別本』的這些補充和改動的内容，没有參加水運儀象臺的建造或與之有密切接觸的人是無法臆造的。兩個本子的不同應該就是水運儀象臺的大木樣和正式落成之間的差别。通過對《新儀象法要》、《儀象法纂》正文和別本的記録進行分析，找出正本的記録之間、正本和別本的記録之間、別本的不同記録之間的關係，便可以爲上述結論找到更直接的證據。

比勘《儀象法纂》本與《新儀象法要》本的内容後，可以得出這樣的結論，《儀象法纂》本的内容及其結構都與《新儀象法要》本有較大的出入，它給我們提出了許多值得仔細深入研究的問題。例如：《儀象法纂》一卷本與《新儀象法要》三卷本的關係，它是否即丁丙認爲的『初進本』?《儀象法纂》與《新儀象法要》的文字及插圖的不同有什麽意義?特别是涉及水運儀象臺的機構及部件的關係與尺寸的内容，二者的不同有什麽意義，是否會對我們今後對水運儀象臺的復原工作産生影響?

通過厘清版本傳承和初步的校勘分析可知，《新儀象法要》三卷本以四庫本爲代表，幾種主要版本的文字和插圖略有差别；《儀象法纂》是不同於《四庫全書》本系列的版本，與四庫本系列存在較大差異，尤其值得關注。對這些不同版本的差異，在校勘中做了初步的整理和統計，因有些差異涉及水運儀象臺的内部結構、零部件尺寸等，更進一步的比較、分析尚有待於下一步進行。

肆、整理説明

本次整理《新儀象法要》三卷，選定《四庫全書》本爲工作底本，鑒於文淵閣《四庫全書》本現藏臺北故宫博物院，獲取不易，遂以現藏於中國國家圖書館的清乾隆間文津閣《四庫全書》本爲底本，簡稱『文津閣本』。

全書通校《文淵閣四庫全書》（一九八六年臺灣商務印書館影印本），簡稱『文淵閣本』；又通校清道光二十四年（一八四四）錢熙祚刻《守山閣叢書》本，簡稱『《守山閣叢書》本』。

主要參校本有：

南京圖書館藏清初抄本《儀象法纂》一卷，簡稱『《儀象法纂》本』。

臺灣『中央研究院』歷史語言研究所傅斯年圖書館藏清乾隆間影宋抄本，簡稱『傅圖本』。

中國國家圖書館藏清抄本《新儀象法要》，簡稱『國圖本』。

整理本重新分段，加新式標點。凡底本有所改動，則出校記。他本異文可資參考者，亦出校記。古籍校勘時，底本不誤而校本訛誤之字，通常無需列入校勘記，然文淵閣《四庫全書》本因有影印本及網絡全文檢索版，流播最廣；此前學者校理《新儀象法要》皆以《守山閣叢書》本爲底本，故兩本錯訛之字都出校記，以爲特别説明。

點校時，凡圖注文字，依從上至下、從右至左順次逐一對照排列。《新儀象法要》卷中各星圖排列無序，圖文難以對照，不録其中星名。

書後有附録二：一是南京圖書館藏清初抄本《儀象法纂》一卷，對校以文津閣《四庫全書》本；二是四庫本《新儀象法要》前乾隆御製詩、《欽定四庫全書總目》提要及各册副葉職官簽題，以文津閣《四庫全書》本爲底本。另有張柏春、張久春所撰《文本與實踐：以〈新儀象法要〉爲基礎的水運儀象臺復原》一文，回顧和梳理了自二十世紀五十年代開始的不同團隊辨識和復原水運儀象臺的研究歷程，置於導言後，以裨參考。

文本與實踐：以《新儀象法要》爲基礎的水運儀象臺復原〔一〕

張柏春　張久春

水運儀象臺是北宋蘇頌和韓公廉於一〇九二年主持製成的一套大型天文裝置。它集計時、演示和觀測爲一體，綜合運用了水輪、漏壺、秤漏、連杆、齒輪傳動、鏈傳動、凸輪傳動、筒車、渾象和渾儀等多種技術，藉助水輪—秤漏—杆系擒縱機構控製水輪運轉，稱得上一項系統創新，代表著中國古代機械設計製造技術的高水準。〔1〕本文旨在梳理八十多年來中外學者根據《新儀象法要》對水運儀象臺的辨識和復原，尤其是解析其核心裝置，即一種特殊的擒縱機構。

一、初識北宋的水運儀象臺

到二十世紀三十年代初，《新儀象法要》及其所記載的水運儀象臺已進入中國第一代科技史家的視野。朱文鑫在一九三五年出版的《天文學小史》中簡要描述了水運儀象臺的構造，並將其計時裝置與鐘錶發展相聯繫。他認爲：『機械之製作甚精，後世鐘錶之法，不能出其範圍。』蘇頌『集各家之善，而別出心裁』，『得韓公廉之巧思，而機械益精』。〔2〕也許是受專業背景所限，朱先生未解析水運儀象臺的機械構造。

科技史學家瞭解水運儀象臺主要得益於蘇頌的《新儀象法要》的詳細圖說（圖1，圖2）。宋代形成了以『圖』和『説』的形式表達技術知識的傳統〔3〕，出現《營造法式》、《武經總要》和《新儀象法要》等科技要籍。《新儀象法要》宋刻本至少在明末清初時還流傳於世。清乾隆朝將三卷本《新儀象法要》收入《四庫全書》，其底本是明末清初藏書家錢曾的《新儀象法要》影宋抄本〔4〕。除了《四庫全書》本及由此派生出的《守山閣叢書》本、《萬有文庫》本和《叢書集成初編》本，還有若干清抄本以及早於《四庫全書》本的《儀象法纂》一卷。這些版本成爲人們研究水運儀象臺的基本依據。朱文鑫在《天文學小史》中引用的正是《萬有文庫》本的《新儀象法

〔一〕本文在二〇一九年以『水運儀象臺復原之路：一項技術發明的辨識』爲題，刊發在《自然辯證法通訊》第41卷第4期。

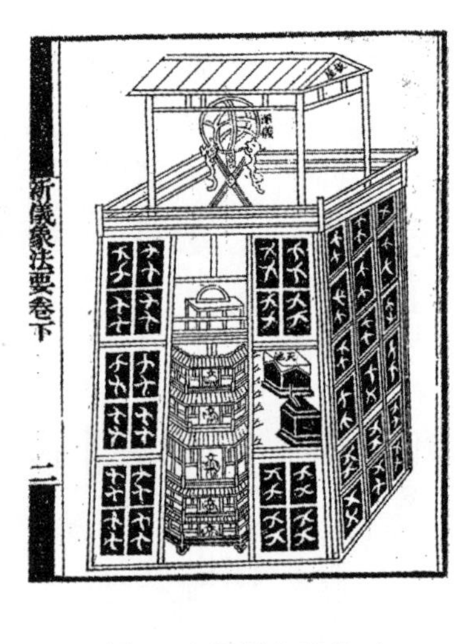

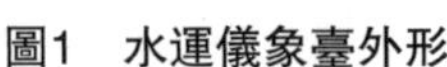
圖1　水運儀象臺外形

圖2　水運儀象臺總圖

要》。

一九三五年，清華大學刊印機械專家劉仙洲輯録的《中國機械工程史料》，其中包括《新唐書》關於僧一行和梁令瓚造水運渾象和計時裝置的記載，但不涉及《新儀象法要》。到一九五三年和一九五四年，劉先生先後發表有關《新儀象法要》等典籍的文章，分析水運儀象臺如何藉助齒輪傳動、鏈傳動等方式，使得『樞輪』（水輪）同時驅動計時裝置、渾象和渾儀的『天運環』。他指出：水從『平水壺』（漏壺）中以恒定的流量流出，注入『樞輪』的『受水壺』（圖3）；[5]『天衡』使得『樞輪』轉動的角度和儀器各部分的運動都有等時性（圖4）[6]。

李約瑟（Joseph Needham）特别關注水運儀象臺在世界科技史上的地位。他和王鈴、普拉斯（Derek J. Price）在一九五六年三月三十一日號的《自然》上發表他們合寫的《中國的天文時鐘機構》，認爲『中國天文時鐘機構（clockwork）的傳統和歐洲中世紀後期機械鐘的祖先有更爲密切的聯繫』[7]。他們給出水運儀象臺的機械傳動圖（圖5），强調控制『樞輪』轉動的機構是一種特殊的擒縱機構（圖6）。席澤宗將該文譯成中文，發表在《科學通報》上[8]，一九八六年再發表時做了修訂[9]。不過，譯文删掉了原文中的兩幅關於機械傳動和擒縱機構的插圖。

劉仙洲對古代計時器做了專題研究，並於一九五六年七月和九月先後在中國自然科學史討論會（北京）和第八屆國際科學史大會（Ⅷ Congresso Internationale di storia delle scienze，佛羅倫薩）上宣讀《我國古代在計時器方面的發明》。這篇文章的兩個修訂本分别發表在一九五六年十二月的《天文學報》第四卷二期和一九五七年十一月的《清華大學學報》第三卷第二期。劉先生認爲蘇頌的更大貢獻是寫了《新儀象法要》。他在文章中解説了『樞輪』如何做間歇運轉：『當受水壺内的漏水不到一定的重量的時候，關舌及格叉，天關、左天鎖、關舌和格叉等都阻住樞輪不使轉動；到達一定的重量的時候，關舌和格叉等受壓下降，天關和左天鎖被上提，樞輪即可轉動。轉過一壺以後，關舌和格叉等處上升，天關和左天鎖下落，樞輪又被阻住。圖上右天鎖相當一個止動卡子，有防止樞輪倒轉的作用。』[10]在佛羅倫薩開會期間，劉仙洲與李約瑟進行了交流，並且使李約瑟接受

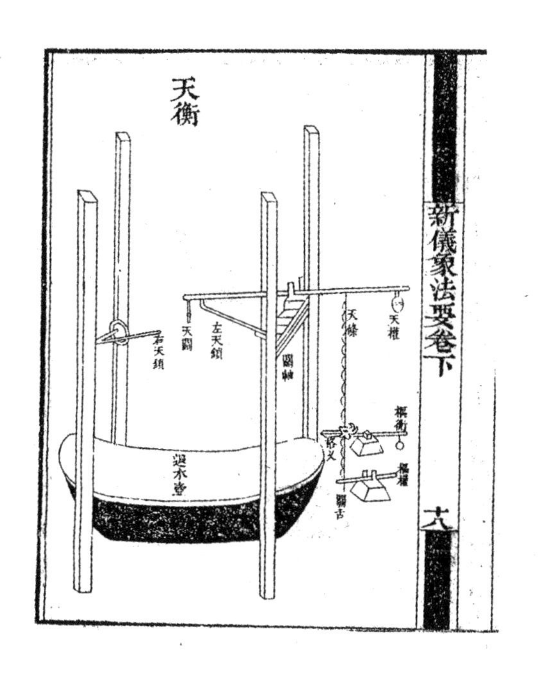

圖4　天衡

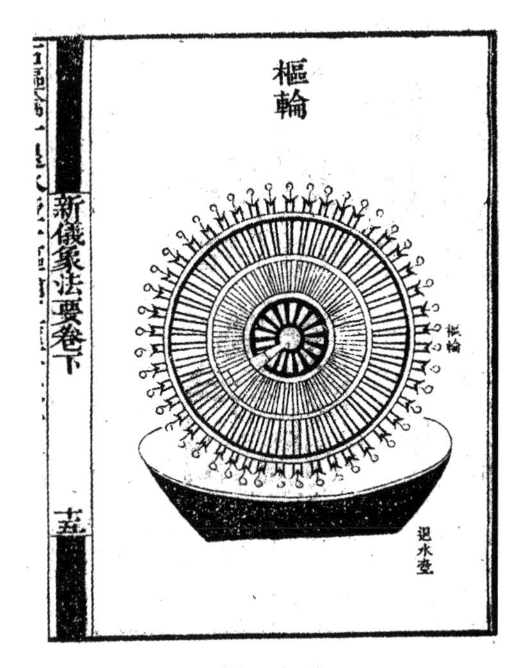

圖3　樞輪

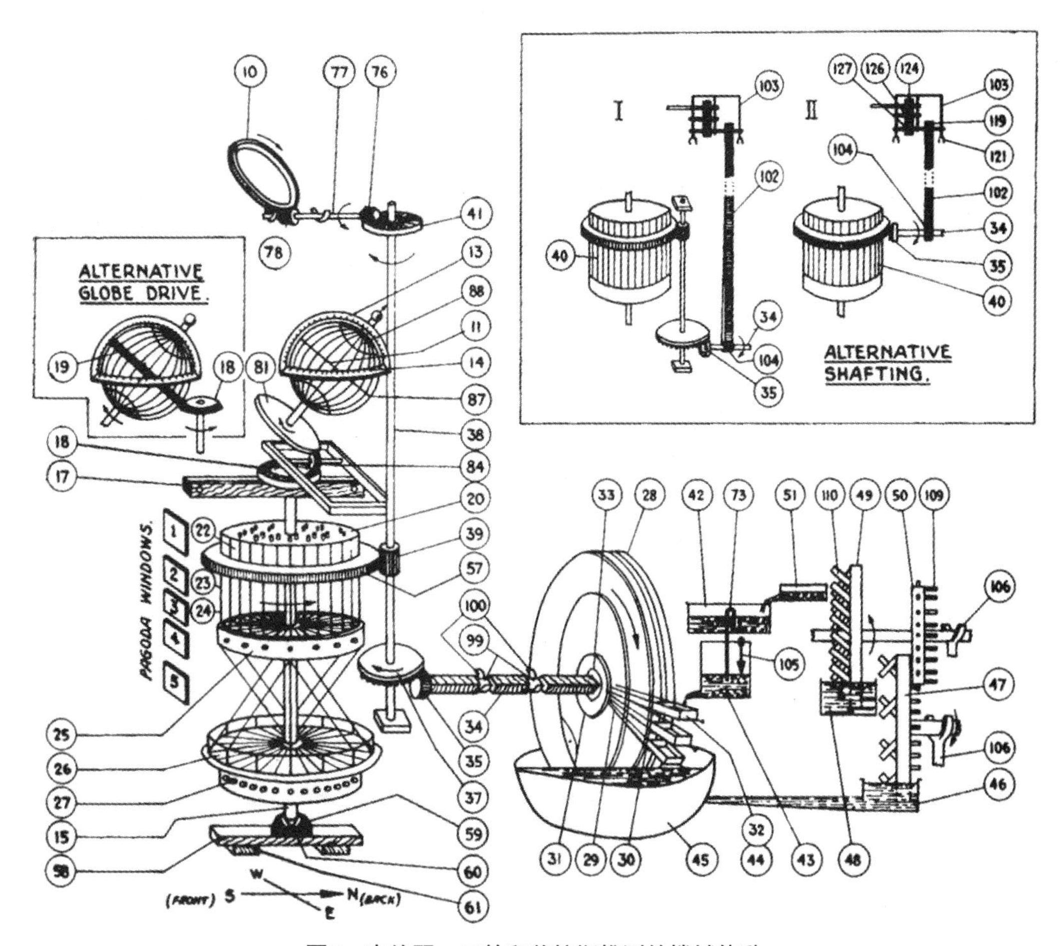

圖5　李約瑟、王鈴和普拉斯推測的機械傳動

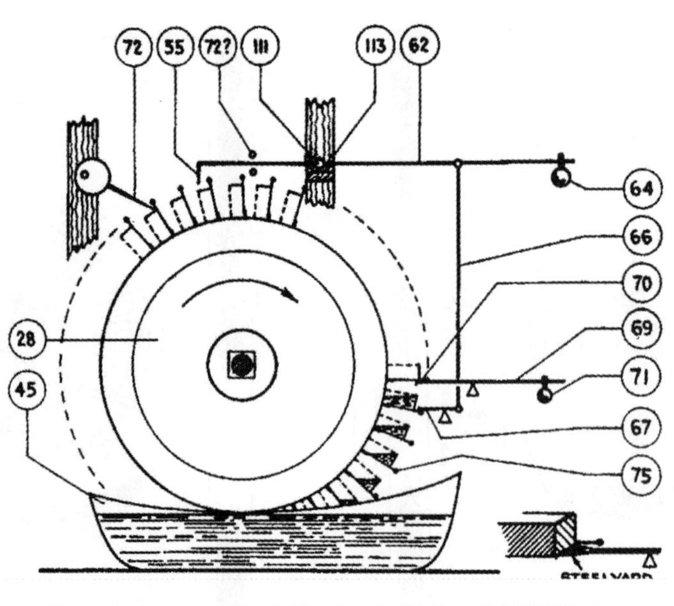

圖6　李約瑟、王鈴和普拉斯推測的樞輪和擒縱機構

「天條」是鏈條的觀點。［11］

二、製作水運儀象臺的復原模型

水運儀象臺因金人攻破北宋都城（開封）而被拆劫。宋高宗南渡臨安，有意再造渾儀，卻没人能利用蘇頌留下資料成就此事。水運儀象在元、明、清三朝已經不是官方支持研製的天文裝置，到二十世紀卻成爲科技史家及關注歷史的科學家和工程師們探討的對象。

文博與科技史家王振鐸是第一個主持復原水運儀象臺的實踐者。一九五六年，科學規劃委員會與中國科學院召開研討會，會議提出有必要復原北宋的水運儀象臺。一九五七年一月中國科學院與文化部文物局指定王振鐸負責復原工作。王先生主要根據《新儀象法要》的圖説進行復原的設計和推算。不過，有些圖「常令人感到有難於索解之苦」，以至於王先生「在幾個關鍵問題上走過彎路」。［12］復原團隊經過反復試驗，纔找到模型的運轉規律，使「水輪能轉動起來」［12］。王先生還利用了其他文獻和考古資料。例如，臺體的結構和彩畫參考傳世古建築和《營造法式》，司辰木人製作參考宋墓出土的木俑。一九五八年春，1∶5的模型終於成形（圖7），陳列在北京的中國歷史博物館。復原期間，王先生及其團隊得到故宫博物院、中央自然博物館、中国科學院自然科學史研究室的協助。三十多年後，王先生將帶有成套圖紙的論文《宋代水運儀象臺的復原》收入他的《科技考古論叢》［13］。

王振鐸所説「水輪能轉動起來」的含義比較模糊，似乎並不意味着「樞輪」能持續地做等時轉動。在王先生和李約瑟的復原方案裏，每個「受水壺」（水斗）都被固定在「樞輪」上，不能與輪輻發生相對的運動。也就是説，「樞輪」和「受水壺」形成一個剛體。當「左天鎖」抵住「樞輪」時（參見圖4和圖6），「受水壺」不能因逐漸注滿水而下移，也就不可能壓下「格叉」和「關舌」，「關舌」不被壓下，「天條」就不會通過「天衡」向上提「左天鎖」，「樞輪」當然不能轉動。胡維佳在一九九四年發表文章探討過這個問題［14］。實際上，《新儀象法要》並沒有明確説明『受水壺』是怎樣固定在『樞輪』上的，後人須做出具體的結構推測〔一〕。

在英國，李約瑟、王鈴和普拉斯擴充《中國的天文時鐘機構》一文，在一九六〇年出版專著《天文時鐘機構——中世紀中國的偉大天文鐘》（［11］，p.58），書中有克里斯琴森（John Christiansen）幫助繪製的復原圖（圖8）。他們引用了劉仙洲在一九五三—一九五六年發表的關於古代原動力、傳動機件和計時器的三篇文章。在一九六五年出版的《中國科學技術史》（*SCC*）的機械工程分冊中，李約瑟終於引用王振鐸的《揭開了我國『天文鐘』的秘密》一文，認爲控制『樞輪』做間歇運動的『水輪聯動式擒縱機構（water-wheel linkwork escapement）』是世界上最早的擒縱機構，［15］，這種裝置應該是僧一行和梁令瓚在公元七二三年發明的。李約瑟在一九七四年發表的《中國古代和中世紀的天文學》中提到英國學者康布里奇（John H. Combridge）爲倫敦科學博物館（Science Museum，London）復原的一座水運儀象臺模型（圖9，圖10）［16］。他還爲利物浦市博物館（Liverpool City Museum）和美國羅克福德市區的時間博物館（Time Museum）復原過樞輪和擒縱機構的1：2模型［17］。

三、改進復原方案與校注《新儀象法要》

王振鐸的團隊解決了『樞輪』、漏壺、『天衡』、齒輪傳動、報時裝置、

〔一〕二〇一〇年前後，有的學者繼續採取『受水壺』在『樞輪』上不可轉動的方案，但不得不用現代技術手段來克服古代難題，這就背離了復原古代技術的原則，將關鍵技術的復原變成了現代機械設計。

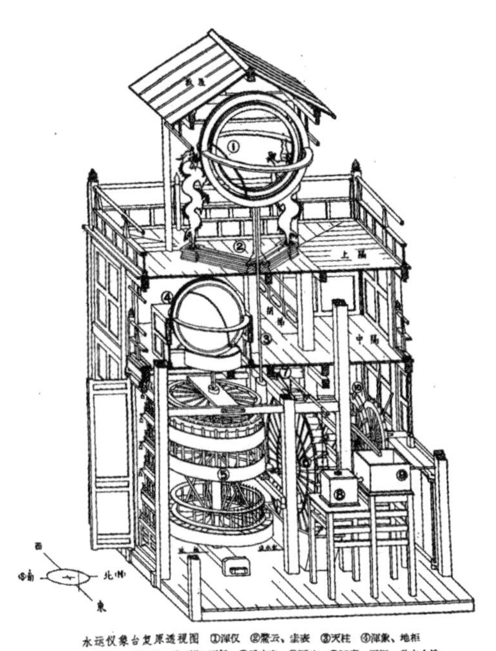

圖7　王振鐸復原水運儀象臺的總圖

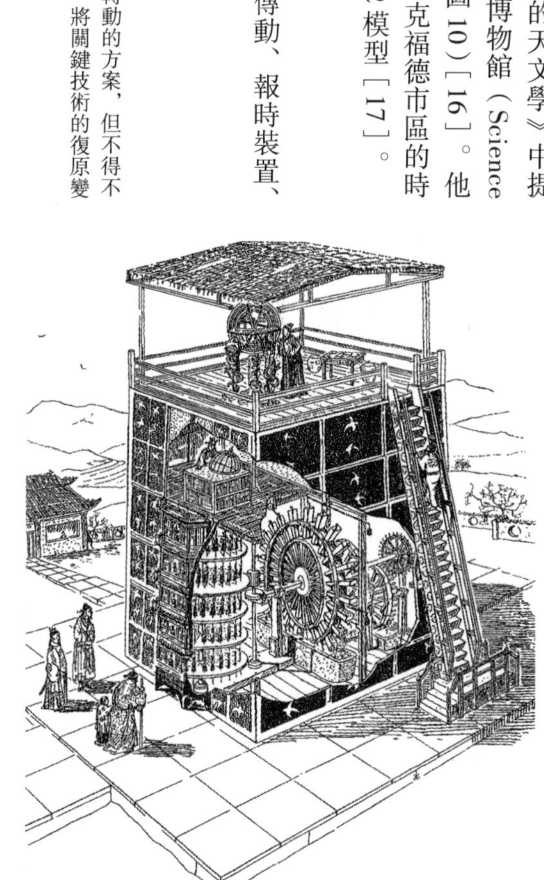

圖8　李約瑟推測的水運儀象臺

圖9　康布里奇復原的水運儀象臺模型

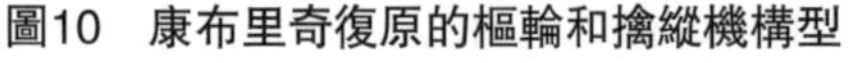

圖10　康布里奇復原的樞輪和擒縱機構型

渾象和渾儀等方面的復原問題，製作出第一個復原模型。然而，正如上文所述，如果『受水壺』不能與輪輻發生相對的運動，在『左天鎖』抵住『樞輪』時，『樞輪』不可能正常運轉。一九六一年，康布里奇製作了水運儀象臺的擒縱機構復原模型（[15]，pp.459—461）。它以細砂作爲産生動力的流體，能够精確地運轉，計時精度爲每小時誤差在正負十秒到二十秒之内。（[15]，p. 459）康布里奇所做的關鍵改進是：每個『受水壺』都通過一根短軸裝在『樞輪』的輻板上，能够相對於輪輻在一定角度範圍内轉動（圖11）。在『左天鎖』抵住樞輪的狀態下，當注入受水壺的水的重量足以壓下『格叉』時，『受水壺』便相對於『樞輪』下轉，轉到一定的角度，就向下撞擊『關舌』，『關舌』向下拉『天條』，『天衡』將『左天鎖』拉起，『樞輪』得以轉動。這個轉動式的『受水壺』方案有效克服了王振鐸模型的弊端，使水運儀象臺的復原實現一個突破。

蘇頌的故鄉福建同安縣（一九九七年改爲廈門同安區）對水運儀象臺格外關注。一九八八年同安縣科委委託陳延杭和陳曉製作水運儀象臺模型。陳氏父子以《新儀象法要》以及劉仙洲、李約瑟和王振鐸等人的研究工作爲基礎，並且採用轉動式『受水壺』的設計方案（圖12）[18]，在一九八八年十一月製成1∶8的水運儀象臺模型（陳列在蘇頌科技館），後來將復原經驗整理成文發表[19][20]。陳氏父子還爲北京古觀象臺、南京紫金山天文臺各製作過一個水運儀象臺模型。

二十世紀九十年代，《新儀象法要》的研究和校注取得新進展。管成學及其合作者於一九九一年出版了《蘇頌與〈新儀象法要〉研究》[21]和《〈新儀象法要〉校注》[22]，後者是《新儀象法要》的第一個標點注釋本。一九九七年，遼寧教育出版社刊行胡維佳譯注的《新儀象法要》，而東京新曜社出版了山田慶兒和土屋榮夫的《復原水運儀象臺：十一世紀中國的天文觀測計時塔》，後者的第二部分是山田慶兒和内田文夫所作

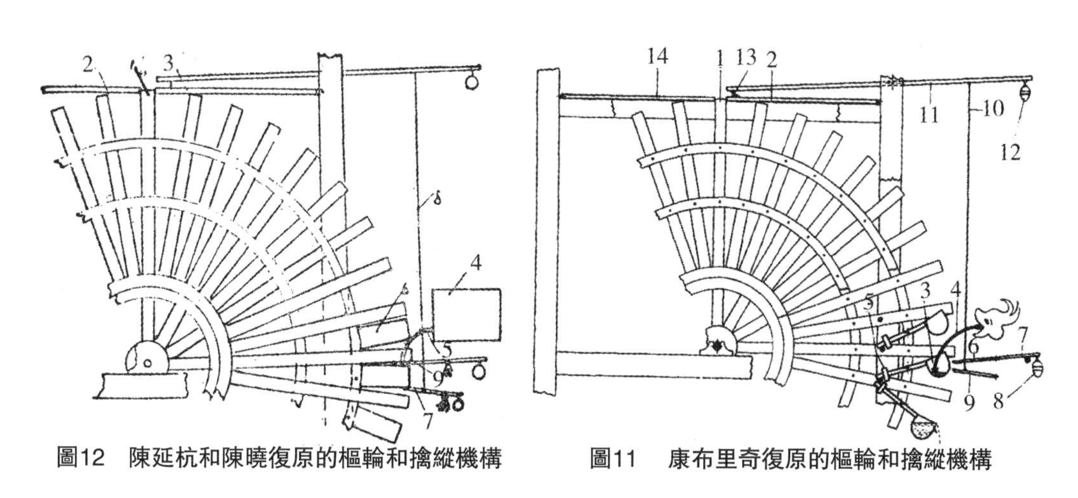

圖11　康布里奇復原的樞輪和擒縱機構

圖12　陳延杭和陳曉復原的樞輪和擒縱機構

的《新儀象法要》的日文譯注本。陸敬嚴先生於二十世紀八十年代就在胡道靜先生鼓動下準備譯注《新儀象法要》，後因病一再推遲完稿，到二〇〇七年纔由上海古籍出版社出版他和錢學英的《新儀象法要譯注》。李志超研究了中國歷史上的水運儀象，撰《水運儀象志》，解説《新儀象法要》，並對水運儀象臺做物理學分析［23］。

關於水運儀象臺的尺寸標準，王振鐸選用宋代木矩尺，推測整座裝置的總高度達到三丈五尺六寸五分（合十二米弱）。王德昌在二〇一一年提出應選用天文尺（一尺等於二四點五釐米），據此推算水運儀象臺的高度在八七三釐米至八八二釐米之間［24］。改木矩尺爲天文尺，就相當於選擇製作另一比例的模型。六十年來不同比例的模型製作和學者們的理論測算表明，無論是選取較大的比例，還是選取較小的比例，都能製作出正常運轉的水運儀象臺模型及其擒縱機構。也就是説，尺寸單位的差異不是復原的障礙。

四、按1：1比例復原水運儀象臺

小型復原模型能夠運轉，這是否意味着原大尺寸的復原也能成功？這是科技史界多年關注的問題。一九九三年八月，臺灣省臺中自然博物館首次按照1：1比例完成水運儀象臺的復原。主持人郭美芳説：『我絶對是踩在別人的基礎上做出來的。』（［18］，p.235）她的團隊搜集和利用了大陸學者的研究資料。例如，『樞輪』和『天衡』等機構的設計就參考了韓雲岑爲《中國大百科全書》機械工程卷撰寫的『中國古代計時器』詞條。韓先生描繪了擒縱機構和可轉動的『受水壺』（圖13）［25］。臺北的蘇克福先生積極協助復原工作，到大陸考察過王振鐸、陳延杭等人對水運儀象臺的復原，在管成學陪同下拜訪中國科學院自然學科史研究所所長陳美東（［18］，p.250）。

在吉澤大淳先生和日本精工舍株式會社前董事長的鼓動下，精工舍株式會社用四年時間，花費四億日元（［18］，pp.58、288），於一九九七年製作出1：1比例的水運儀象臺。它成爲長野縣諏訪湖『儀象堂』時間科學館的重要展品。主持復原的工程師土屋榮夫在一九九三年就曾發表《水運儀象臺的復原》［26］和《復原水運儀象臺》［27］，這兩篇文章內容差異不大，參考文獻都包括王振鐸的《揭開了我國『天文鐘』的秘密》、李約瑟的《中國科學技術史》機械工

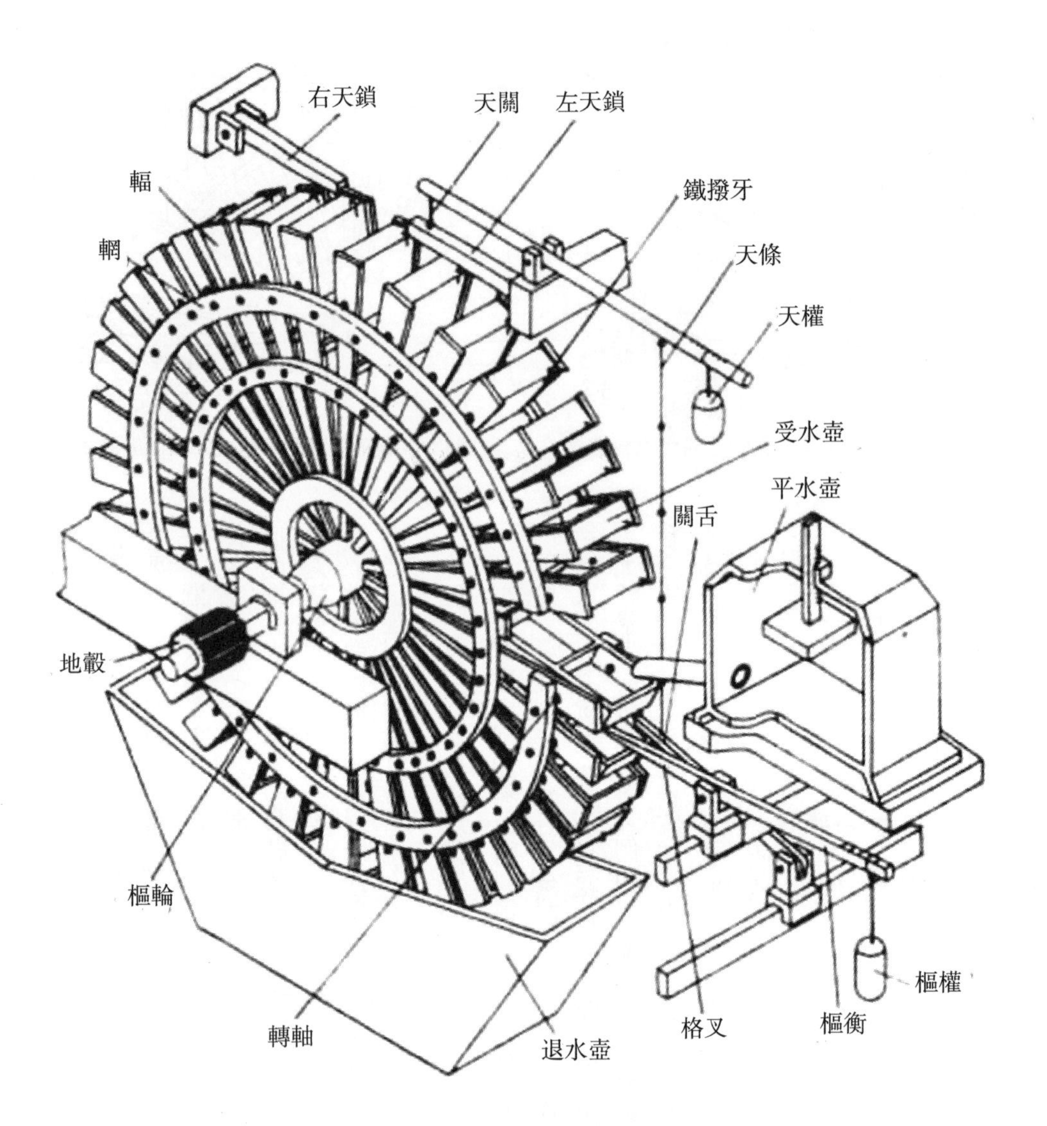

圖13　韓雲岑推測的樞輪和擒縱機構

程分册以及康布里奇在一九七五年發表的《張思訓及其後繼者的天文鐘塔》（*The astronomical clocktowers of Chang Ssu-Hsun and his successors*，A.D. 976 to 1126）。四年後，這篇文章得以充實，輯入山田慶兒和土屋榮夫合著的《復原水運儀象臺：十一世紀中國的天文觀測計時塔》［28］，後來被霍軍等學者譯爲中文（［18］，pp.259—288）。土屋榮夫在文章中詳細解説他的復原設計，包括可轉動的『受水壺』。最值得稱道的是，他將『天關』解讀爲一根短杆鉸接一個L形板（圖14）［26］，這是與《新儀象法要》的『運動儀象制度』和『天衡』兩幅圖很接近的推測。『左天鎖』被『天衡』拉起之後，『樞輪』轉動；『樞輪』轉過一個適當的角度後，輪輻外端的圓頭釘撞到L形板的一部分，使L形板的另一部分向下轉，從而向下拉『天衡』，以利於『左天鎖』下落復位（圖15）［26］。這樣，『天關』就起着防止『樞輪』轉動過頭的作用。至此，現代學者和工程師們就讀通了《新儀象法要》的機械圖説，逐步解決了水運儀象臺復原的主要問題。

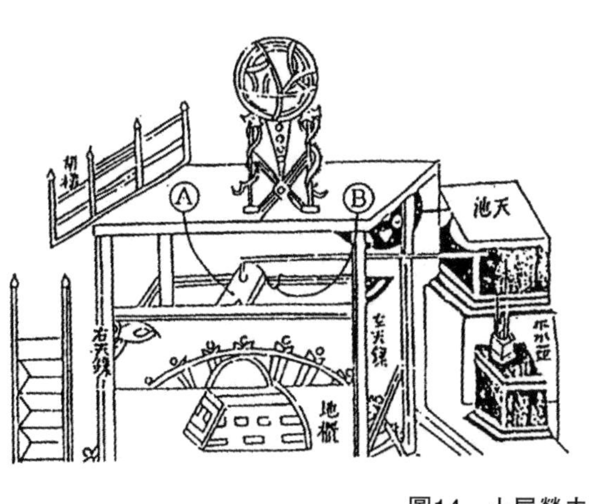

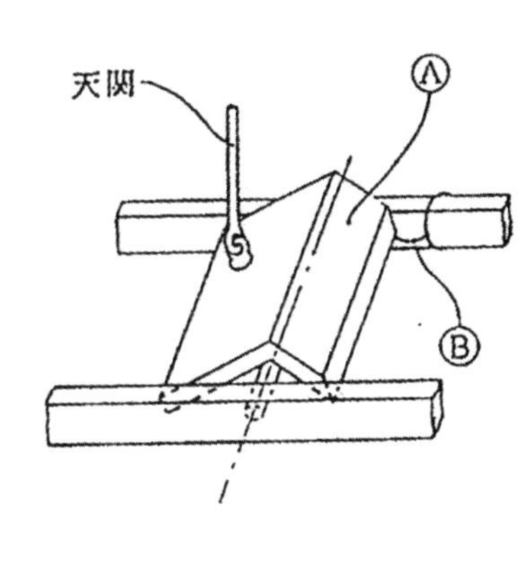

圖14　土屋榮夫推測的天關

水運儀象臺的理論研究也有進展。在中國臺灣的成功大學，林聰益系統地分析了『樞輪』、『天衡』等組成的擒縱機構，甚至做了優化設計，於二〇〇一年十二月完成博士論文《古中國擒縱調速器之系統化復原設計》。顯然，林先生的擒縱機構方案非常接近土屋榮夫的復原，但在『受水壺』與『格叉』、『關舌』的接觸部分以及輪輻外端與『天關』的接觸部分的結構理解方面略有差異，沒有土屋榮夫所描繪的『頭丸（圓頭釘）』（圖16）［29］。在製作復原模型時，他將『左天鎖』與『天衡』的聯接件改爲一根杆件，使『天關』更有效地驅動『左天鎖』下落復位。幾年後，高瑄和他的合作者通過模擬復原實驗，説明水運儀象臺設計合理，能夠正常運轉［30］。

蘇州天文計時儀器研究所所長陳凱歌在一九九七年去日本長野縣參觀了土屋榮夫主持復原的水運儀象臺，同年他的團隊爲河南省博物院製作了一個1：5的模型，但他們沒有採取土屋榮夫的『天關』復原方案。陳凱歌團隊在二〇〇〇年又爲北京的中國科學技術館製作出1：5的復原模型，直到二〇一七年他們復原中仍然採用接近康布里奇的『天關』方案（圖17）。之後，陳凱歌團隊的鍾耘我離開蘇州天文計時儀器研究所，加盟崔海玉的蘇州育龍科教設備有限公司。崔海玉、鍾耘我等人在二〇〇七年秋製成1：4水運儀象臺模型，二〇〇八年十一月爲中國科學技術館新館製成1：2模型，二〇一一年三月爲廈門同安區蘇頌紀念園建造出1：1水運儀象臺（［18］，pp.220—221），二〇一七年又爲開封市博物館（新館）製成1：1水運儀象臺。崔海玉、鍾耘我等先生在復原實踐中得出的經驗是：尺寸越大，材質越重，運轉越穩定（［18］，p.7）。須強調的是，蘇州天文計時儀器研究所和蘇州育龍科教設備有限公司都充分吸收了前人研究和復原的成果。例如，二者都採用可轉動的『受水壺』方案。育龍公司至少在二〇一一年的復原中採用了形似土屋榮夫的『天關』方案，但L形板卻沒起到幫助『天關』復位的作用（圖18）。

復原製作不能停留在原理分析和畫示意的階段，而是要做工程化的具體設計和製造，對可行性要求高。在學者和工程師們讀懂《新儀象法要》之後，那些工程化的、可運轉的復原模型基本上忠實於原作的工作原理，具體構造大同小異。合理的復原都儘量選擇歷史上的技術，即接近原型所處時代的技術，而不是將古代技術現代化。當然，爲了使展示的模型具有較長的壽

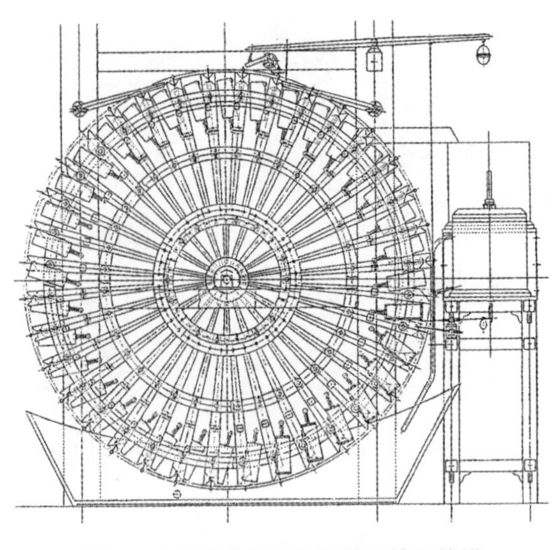

圖15　土屋榮夫復原的樞輪和擒縱機構

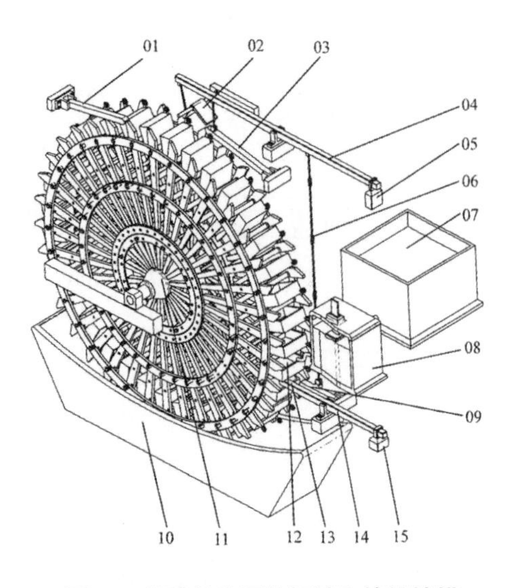

圖16　林聰益復原的樞輪和擒縱機構

圖17　陳凱歌復原的天關

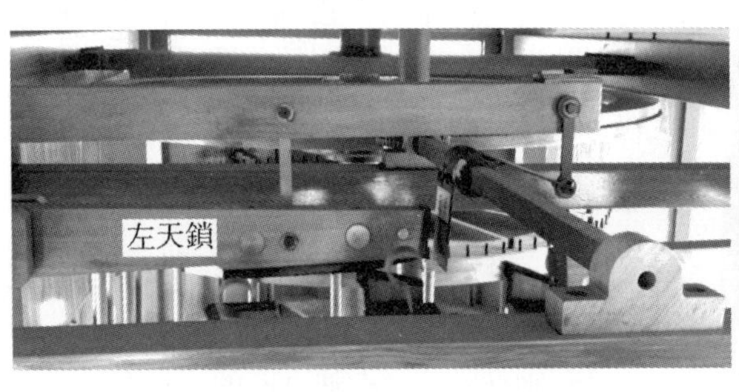

圖18　育龍公司復原的天關

命和較好的演示效果，復原者也可以適當選用現代的材料和技術。

五、結語

蘇頌負責水運儀象臺的製造項目，提出了主要的目標和功能要求。韓公廉主持具體的製造，在設計和試製過程中進行必要的計算。《新儀象法要》所描繪的豐富技術內容形成於實際的設計和製造工作，並被蘇頌整理成書，其可信度理應高於一般的外行和後人所做的記載。《新儀象法要》這部奇書能夠流傳至今，使今人得以認識一座大裝置，這在古代技術典籍中是不多見的。當然，在科技史家看來，書中的技術信息仍然不夠完整，需要以推測和求證來彌補，這也是史學研究的魅力所在。

水運儀象臺的復原是一個不斷深入解讀文獻、分析工作原理和嘗試設計的過程。這期間，還須做謹慎的推測和驗證，以達到對原理、構造、工藝的認識與文獻記載的高度契合。研究表明，《新儀象法要》對技術問題做了客觀的描繪。正如王振鐸所説：『經過反復實踐的證明，圖中的一點一綫都是有着它的意義，絕不是信筆拈來，任意揮毫的。』『書中所記尺寸數字的準確精細，給我們復原工作以科學的根據。祇要抓住在術語用辭、數字計算和繪圖特徵上的規律，將這三個條件統一起來，就能製出符合原物的複製品來。』[12]

王振鐸之後，康布里奇提出『受水壺』可以相對於輪輻轉動的復原方案，從而製作出能夠正常運轉的水運儀象臺模型，這是一個非常重要的突破。土屋榮夫將『天關』解讀爲連接天衡和L形板的一根短杆，爲圓滿復原樞輪的控制機構做出了貢獻。事實上，劉仙洲、李約瑟、康布里奇、土屋榮夫、林聰益等學者或工程師並未過度解讀《新儀象法要》的圖説。康布里奇和土屋榮夫都對《新儀象法要》做了補充性的結構推測，但是，他們所推測的結構既符合機械原理，又與蘇頌的圖説不矛盾。

有學者相信，水運儀象臺製成後的兩年多時間裏未曾準確運轉，理由包括找不到關於它的『實際水運情況』的任何記述［31］。管成學認爲，要求古籍記載一臺儀器的具體運行情況並保留至今，這就太苛求古人了。（［18］，p.5）隨着全尺寸的水運儀象臺的成功復原，此類爭論應該休止了。換一個角度試想，蘇頌不惜冒欺君之罪的風險，謊稱造成儀器，並且撰寫內容不實的《新儀象法要》，虛構一座很複雜的水運儀象臺，而現代人居然依據這些圖説成功地復原一座真能實際運轉的裝置。我們無法想象古人有如此高超的構思或造假能力。其實，沒有證據能夠否定水運儀象臺是實際存在過的。

中國與歐洲有着不同的機械鐘技術傳統。歐洲機械鐘需要一個擒縱機構，讓垂重或發條緩慢地驅動齒輪系，帶動指針轉動。張衡的水運渾象可以利用減速齒輪系實現緩慢運轉。水運儀象臺以漏壺中穩定流出的水注入『受水壺』（［15］，P.545），產生驅動『樞輪』的力矩，以『樞輪』驅動齒輪系。同時，擒縱機構直接控制『樞輪』，使其做間歇的轉動。『樞輪—受水壺—格叉—關舌—天衡—左天鎖』聯動的控制裝置可以稱作『水輪—秤漏—杆系擒縱機構』。顯然，水運儀象臺的計時效果以漏壺的精度爲基礎。『樞輪』、『天衡』、齒輪系等機構自身都要產生誤差，這必然會降低整座裝置的計時精度。因此，水運儀象臺以機巧的方式報時，具有很好的觀賞性，但在計時精度方面低於爲它注水的漏壺。

致謝：陳朴副研究員、孫顯斌副研究員和白靈（Cathleen Paethe）博士幫助搜集文獻。黄琇瑜（Cherie Huang）、Tilly Blyth 和 Emma Stirling-Middleton 等老師幫助查找康布里奇爲倫敦科學博物館（Science Museum，London）復原水運儀象臺的原始資料。管成學教授介紹了廈門同安區、河南開封和日本長野復原水運儀象臺的情況，陳凱歌介紹了他們復原水運儀象臺的經歷。顧永傑副研究館員幫助瞭解河南省博物館曾展示的復原模型。在此，向以上專家和朋友致以最誠摯的謝意！

參考文獻

[1] 張柏春．機械技術．見：路甬祥．走進殿堂的中國古代科學技術史，下册．上海：上海交通大學出版社，二〇〇九年，第一七二一二一五頁．

[2] 朱文鑫．天文學小史．上海：商務印書館，一九三五年，第四八—四九頁．

[3] 張柏春，田淼．中國古代機械和器物的圖像表達，故宫博物院院刊，二〇〇六年第三期，第八一—九七頁．

[4] 劉薔．《新儀象法要》的版本與校勘．見：張柏春，李成智．技術史研究十二講．北京：北京理工大學出版社，第六九—七六頁．

[5] 劉仙洲．中國在原動力方面的發明．機械工程學報，第一卷，一九五三年，第一期，第三—三三頁．

[6] 劉仙洲．中國在傳動機件方面的發明．機械工程學報，第二卷，一九五四年，第二期，第二一—三七頁．

[7] Joseph Needham，Wang Ling & Derek J．Price．Chinese Astronomical Clockwork．*Nature*，1956．Vol．177．pp．600—602.

[8] 李約瑟，王鈴，D．J．普拉斯．中國的天文鐘．席澤宗譯．科學通報，一九五六年六月號，第一〇〇—一〇一頁．

[9] 潘吉星主編．李約瑟文集．瀋陽：遼寧教育出版社，一九八六年，第四九七—四九九頁．

[10] 劉仙洲．中國在計時器方面的發明．天文學報，第四卷，一九五六年，第二期，第二一九—二三三頁．

[11] Joseph Needham，Wang Ling & Derek J．Price．*Heavenly Clockwork*：*The Great Astronomical Clocks of Medieval China*：*Chinese Astronomical Clockwork*．Cambridge University Press，1960．

[12] 王振鐸．揭開了我國『天文鐘』的秘密——宋代水運儀象臺復原工作介紹．文物參考資料，一九五八年第九期，第一—九頁．

[13] 王振鐸．宋代水運儀象臺的復原．見：王振鐸．科技考古論叢．北京：文物出版社，一九八九年，第二三八—二七三頁．

[14] 胡維佳．新儀象法要中的『擒縱機構』和星圖製法辨正．自然科學史研究，第十三卷，一九九四年，第三期，第二四四—二五三頁．

[15] Joseph Needham．*Science and Civilisation in China*：Volume 四，Part 二：Mechanical Engineering．Cambridge University Press，1966：435—462．

[16] Joseph Needham．Astronomy in Ancient and Medieval China．*Phil*．*Trans*．*R*．*Soc*．*Lond*．A，276（1974），pp．67—82．

[17] John H．Combridge．The astronomical clocktowers of Chang Ssu-Hsun and hist successors，*A*．*D*．976 *to* 1126．*Antiquarian Horology*，the Official Journal of the Antiquarian Horological Society，Vol．9，No．3，1975，pp．288—301．

[18] 管成學，鄒彦群．蘇頌水運儀象臺複製與研究．長春：吉林出版集團有限責任公司，二〇一二年，第五〇頁．

[19] 陳曉，陳延杭．蘇頌水運儀象臺復原模型研製．莊添全，洪輝星，婁曾泉主編．蘇頌研究文集，廈門：鷺江出版社，一九九三年，第五一—六二頁．

[20] 陳曉，陳延杭．水運儀象臺及其復原與調試．周濟，管成學主編．蘇頌研究文新集，香港：中國文化出版社，二〇〇九年，第一〇〇—一〇六頁．
[21] 管成學，楊榮垓，蘇克福．蘇頌與《新儀象法要》研究．長春：吉林文史出版社，一九九一年．
[22] 管成學，楊榮垓點校．《新儀象法要》校注．長春：吉林文史出版社，一九九一年．
[23] 李志超．水運儀象志——中國古代天文鐘的歷史（附《新儀象法要》譯解）．合肥：中國科學技術大學出版社，一九九七年，第八八—一〇一頁．
[24] 王德昌．蘇頌水運儀象臺的『尺寸』論證．自然科學史研究，第三十卷，二〇一一年，第三期，第二九七—三〇五頁．
[25] 中國大百科全書編輯委員會《機械工程》編輯委員會，中國大百科全書編輯部．中國大百科全書，機械工程Ⅱ．北京：中國大百科全書出版社，一九八七年，第九一七—九一九頁．
[26] 土屋栄夫．水運儀象臺の復元．日本時計學會誌，No．一四五，一九九三年，第五六—七〇頁．
[27] 土屋栄夫．水運髓象臺を擔元する——中國古代技術の集大成．国際時計通信，第三十四卷，一九九三年，第七號，第二四三—二五九頁．
[29] 山田慶兒，土屋栄夫．復元水運儀象臺：十一世紀中国の天文觀測時計塔．東京：新曜社株式會社，一九九七年，第一五一—二二五頁及附録．
[29] 林聰益．古中國擒縱調速器之系統化復原設計．臺南：成功大學機械工程系，二〇〇一年，第七〇—八八頁．
[30] 高瑄，陸震，王春潔，馬良文．利用仿真技術對古代水力機械的復原實驗．清華大學學報（自然科學版），第四十六卷，二〇〇六年，第十一期，第一八〇一—一八〇四頁．
[31] 胡維佳譯注．新儀象法要．瀋陽：遼寧教育出版社，一九九七年，第一四—一五頁．

本書據中國國家圖書館藏清乾隆間文津閣《四庫全書》本影印。原書高三一〇毫米，寬二〇〇毫米。半葉板框高二一五毫米，寬一五五毫米。

《新儀象法要》點校

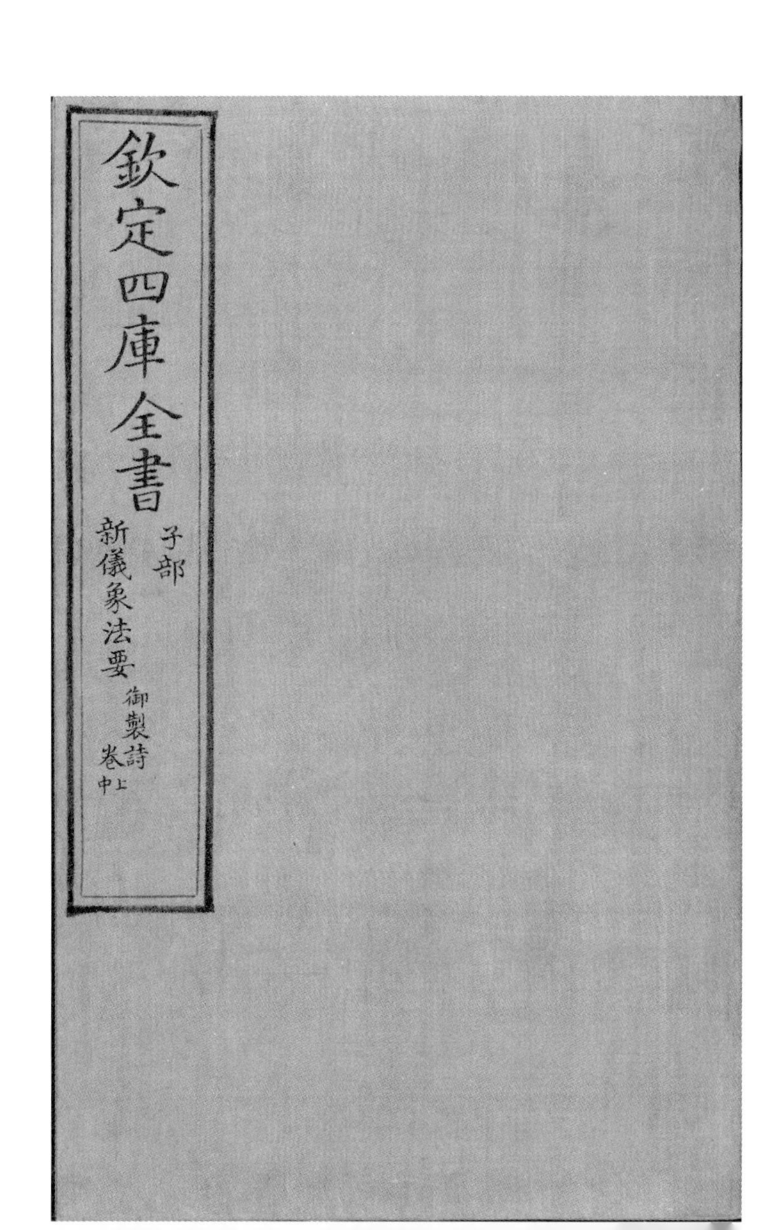

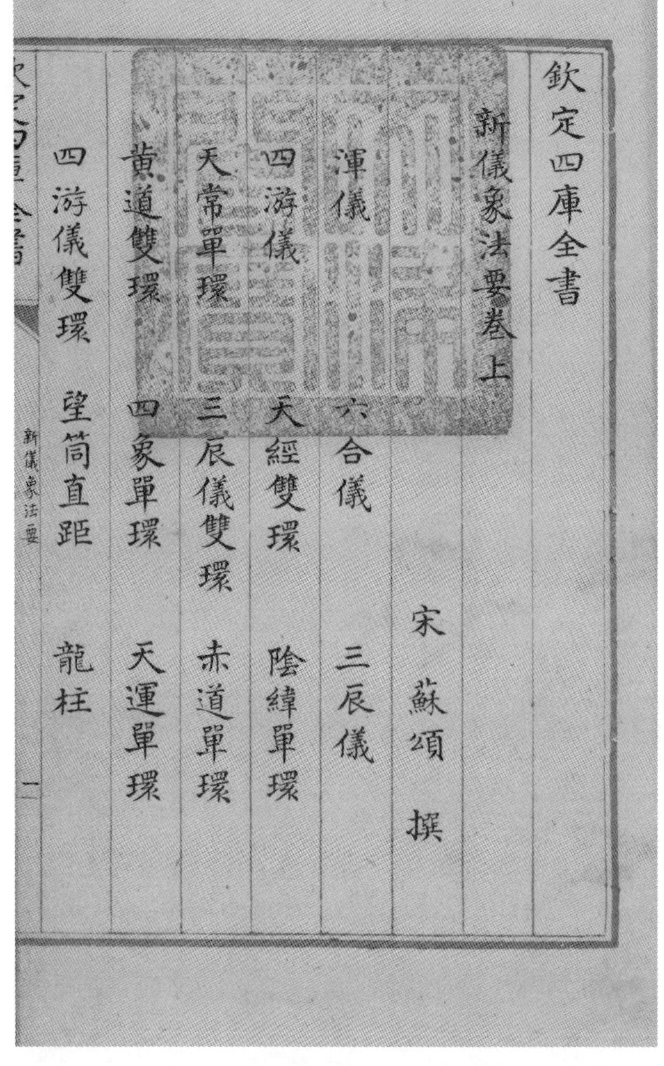
欽定四庫全書

新儀象法要卷上

宋 蘇頌 撰

渾儀 六合儀 三辰儀

四游儀 天經雙環 陰緯單環

天常單環 三辰儀雙環 赤道單環

黄道雙環 四象單環 天運單環

四游儀雙環 望筒直距 龍柱

欽定四庫全書 新儀象法要 一

《欽定四庫全書》[1]

《新儀象法要》 卷上　　宋　蘇頌 撰

渾儀	六合儀	三辰儀
四游儀	天經雙環	陰緯單環
天常單環	三辰儀雙環	赤道單環
黄道雙環	四象單環	天運單環
四游儀雙環	望筒直距	龍柱

1 鈐"文津閣寶"(朱文方印)。

欽定四庫全書　卷上

鰲雲　水趺

進儀象狀

臣頌先准元祐元年冬十一月詔旨定奪新舊渾儀尋
集日官及檢詳應前後論列干證文字赴翰林天文院
太史局兩處對得新渾儀係至道皇祐中置造並堪行
用舊渾儀係熙寧中所造環器怯薄水趺低墊難以行
使奉聖旨下秘書省依所定施行臣竊以儀象之法度
數備存而日官所以互有論訴者蓋以器未合古名亦

鰲雲　水趺

進儀象狀

臣頌先准元祐元年冬十一月詔旨，定奪新舊渾儀，尋集日官及檢詳，應前後論列干證文字。赴翰林天文院、太史局兩處，對得新渾儀係至道、皇祐中置造，並堪行用。舊渾儀係熙寧中所造，環器怯薄，水趺低墊，難以行使。奉聖旨下秘書省，依所定施行。

臣竊以儀象之法，度數備存。而日官所以互有論訴者，蓋以器未合古，名亦

不正至於測候須人運動人手有高下故躔度亦隨而
移轉是致兩競各指得失終無定論蓋古人測候天數
其法有二一曰渾天儀規天矩地機隱於內上布經躔
以日星行度察寒暑進退如張衡渾天開元水運銅渾
是也二曰銅候儀今新舊渾儀翰林天文院與太史局
所用者是也又按吳中常侍王蕃云渾天儀者羲和之
舊器積代相傳謂之機衡其為用也以察三光以分宿
度者也又有渾天象者以著天體以布星辰二者以考

不正。至於測候，須人運動，人手有高下，故躔度亦隨而移轉。是致兩競，各指得失，終無定論。

蓋古人測候天數，其法有二：一曰渾天儀，規天矩地，機隱於內，上布經躔，以日星行度，察寒暑進退，如張衡渾天、開元水運銅渾是也；二曰銅候儀，今新舊渾儀，翰林天文院與太史局所用者是也。又按[1]，吳中常侍王蕃云："渾天儀者，羲和之舊器，積代相傳，謂之'機衡'。其爲用也，以察三光，以分宿度者也。又有渾天象者，以著天體，以布星辰。二者以考

1按，文淵閣本作"案"。

於天蓋密矣詳此則渾天儀銅渾儀之外又有渾天象
凡三器也渾天象歷代罕傳其制惟隋書志稱梁代祕
府有之云是宋元嘉中所造者由是而言古人候天具
此三器乃能盡妙今惟一法誠恐未得親密然則張衡
之制史失其傳開元舊器唐世已亡國朝太平興國初
巴蜀人張思訓首創其式以獻太宗皇帝召工造於禁
中踰年而成詔置文明殿今文德殿是也東鼓樓下題曰太平
渾儀自思訓死機繩斷壞無復知其法制者臣昨訪問

於天，蓋密矣。”詳此，則渾天儀、銅渾儀之外又有渾天象，凡三器也。渾天象，歷[1]代罕傳其制，惟《隋書·志》稱梁代秘府有之，云是宋元嘉中所造者，由是而言，古人候天，具此三器，乃能盡妙。

今惟一法，誠恐未得親密。然則張衡之制，史失其傳；開元舊器，唐世已亡。國朝太平興國初，巴蜀人張思訓首創其式以獻，太宗皇帝召工造於禁中，踰年而成，詔置文明殿。今文德殿是也。東鼓樓下，題曰“太平渾儀”。自思訓死，機繩斷壞，無復知其法制者。臣昨訪問

1歷，文津閣本、文淵閣本避乾隆帝名諱，皆作“歴”，今改。

得吏部守當官韓公廉通九章筭術常以鉤股法推考
天度臣切思古人言天有周髀之術其説曰髀股也股
者表也日行周徑里數各依筭術用鉤股重差推晷影
極游以為遠近之數皆得表股周人受之故曰周髀名
通此術則天數從可知也因説與張衡一行梁令瓚張
思訓法式大綱問其可以尋究依仿製造否其人稱若
據筭術案器象亦可成就既而撰到九章鉤股測驗渾
天書一卷并造到木樣機輪一坐臣觀其器範雖不盡

得吏部守當官韓公廉通《九章筭術》，常以鉤股法推考天度。臣切思，古人言天，有《周髀》之術。其説曰：髀，股也。股者，表也。日行周徑里數，各依筭術，用鉤股重差，推晷影、極游，以爲遠近之數，皆得表股。周人受之，故曰“周髀”。若[1]通此術，則天數從可知也。因説與張衡、一行、梁令瓚、張思訓法式大綱，問其可以尋究依仿製造否？其人稱：若據筭術案器，象亦可成就。既而撰到《九章鉤股測驗渾天書》一卷，并造到木樣機輪一坐。臣觀其器範，雖不盡

1 若，原作“名”，今據文淵閣本改。

如古人之説然激水運輪亦有巧思若令造作必有可
取遂具奏陳乞先創木樣進呈差官試驗如候天有準
即别造銅器奉二年八月十六日詔如臣所請置局差
官及專作材料等遂奏差鄭州原武縣主簿充壽州州
學教授王沇之充專監造作兼管句收支官物太史局
夏官正周日嚴秋官正于太古冬官正張仲宣等與韓
公廉同充製度官局生袁惟幾苗景張端節級劉仲景
學生侯永和于湯臣測驗晷景刻漏等都作人員尹清

如古人之説，然激水運輪，亦有巧思。若令造作，必有可取。遂具奏陳，乞先創木樣進呈，差官試驗，如候天有準，即别造銅器。

奉二年八月十六日詔，如臣所請，置局差官及專作材料等。遂奏差鄭州原武縣主簿充壽州州學教授王沇之充專監造作，兼管句收支官物；太史局夏官正周日嚴、秋官正于太古、冬官正張仲宣等與韓公廉同充製度官；局生袁惟幾、苗景、張端，節級劉仲景，學生侯永和、于湯臣測驗晷景、刻漏等；都作人員尹清

欽定四庫全書　新儀象法要　四

部轄指畫工作至三年五月先造成小樣有旨赴都堂
呈驗自後造大木樣至十二月工畢又奏乞差承受內
臣一員赴局預先指說準備闕　內中進呈日闕
宣問十月入內內侍省差到供奉官黃卿從至閏十二
月二日具劄子取稟安立去處得旨置於集英殿臣謹
案歷代天文之器制範頗多法亦小異至於激水運機
其用則一蓋天者運行不息水者注之不竭以不竭逐
不息之運苟注挹均調則參校旋轉之勢無有差舛也

部轄指畫工作。至三年五月，先造成小樣，有旨赴都堂呈驗。自後造大木樣，至十二月工畢。又奏乞差承受內臣一員赴局，預先指說前件儀法[1]，準備闕　內中進呈，日有[2]宣問。十月入內，內侍省差到供奉官黃卿從。至閏十二月二日，具劄子取稟安立去處，得旨置於集英殿。

臣謹案，歷代天文之器制範頗多，法亦小異，至於激水運機，其用則一。蓋天者運行不息，水者注之不竭。以不竭逐不息之運，苟注挹均調，則參校旋轉之勢無有差舛也。

1 前件儀法，原本無此四字，今據文淵閣本補。
2 有，原本小字作“闕”，今據文淵閣本補。

故張衡渾天云置密室中以漏水轉之令司之者閉戶
唱之以告靈臺之觀天者璇璣所加某星始見某星已
中某星今沒皆如符合唐開元中詔浮屠一行與率府
兵曹梁令瓚及諸術士更造鑄銅渾為之圓天之象闕
具列宿及周天度數注水激輪令其自轉一日一夜天
轉一周又別置二輪絡在天外綴以日月令得運行每
天西轉一匝日正東行一度月行十二度有奇凡二十
九轉而日月會三百六十五轉而日行匝仍置木櫃以

故張衡渾天云置密室中，以漏水轉之，令司之者閉户唱之，以告靈臺之觀天者。璇璣所加，某星始見、某星已中、某星今没，皆如符合。

唐開元中，詔浮屠一行與率府兵曹梁令瓚及諸術士更造鑄銅渾儀[1]。爲之圓天之象，上[2]具列宿及周天度數，注水激輪，令其自轉，一日一夜天轉一周。又别置二輪，絡在天外，綴以日月，令得運行。每天西轉一匝，日正東行一度，月行十二[3]度有奇。凡二十九轉而日月會，三百六十五轉而日行匝。仍置木櫃以

1 儀，原本及《守山閣叢書》本脱，今據文淵閣本補。

2 上，原本小字作“闕”，文淵閣本亦無，今據《儀象法纂》本補。

3 二，文淵閣本亦作“二”，《儀象法纂》本及《守山閣叢書》本皆作“三”。

為地平令儀半在地上又立二木偶人於地平之前置
鐘鼓使木人自然撞擊以候辰刻命之曰水運渾天俯
視圖既成置武成殿前以示百僚梁朝渾象以木為之
其圓如丸徧體布二十八宿三家星謂巫咸石申甘德三家星圖以青黃赤三色別之
黃赤道及天河等別為横規環以繞其外上下
半之以象地張思訓渾儀為樓數層高丈餘中有輪軸
關柱激水以運輪又有直神摇鈴扣鐘擊鼓每一晝夜
周而復始又有十二神各直一時時至則自執牌循環

爲地平，令儀半在地上。又立二木偶人於地平之前，置鐘鼓，使木人自然撞擊，以候辰刻。命之曰“水運渾天俯視圖”。既成，置武成殿前，以示百僚。

梁朝渾象以木爲之，其圓如丸，徧體布二十八宿、三家星、謂巫咸、石申、甘德三家星，圖以青、黃、赤三色別之。黃赤道及天河等。別爲横規環，以繞其外，上下半之，以象地。

張思訓渾儀爲樓數層，高丈餘，中有輪、軸、關、柱，激水以運輪。又有直神摇鈴、扣鐘、擊鼓，每一晝夜周而復始。又有十二神，各直一時，時至則自執牌循環

而出報隨刻數以定晝夜之長短至冬水凝運行遲澁
則以水銀代之故無差舛又有日月星辰皆取仰觀案
舊法日月行度皆人所運新制成於自然尤為精妙然
則據上所述張衡所謂靈臺之璇璣者兼渾儀候儀之
法也置密室中者渾象也故葛洪云張平子陸公紀之
徒張衡字平子陸績字公紀咸以為推步七曜之運以度歷象昏明
之證候校以三八之氣考以刻漏之分占晷景之往來
求形驗於事情莫密於渾象也開元水運俯視圖亦渾

而出報，隨刻數以定晝夜之長短。至冬，水凝，運行遲澀，則以水銀代之，故無差舛。又有日月星辰[1]，皆取仰觀。案，舊法日月行度皆人所運，新制成於自然，尤爲精妙。然則據上所述，張衡所謂靈臺之璇璣者，兼渾儀、候儀之法也。置密室中者，渾象也。故葛洪云：張平子、陸公紀之徒張衡字平子，陸績字公紀。咸以爲推步七曜之運，以度曆[2]象昏明之證候，校以三八之氣，考以刻漏之分，占晷景之往來，求形驗於事情，莫密於渾象也。開元“水運俯視圖”亦渾

1 辰，文淵閣本、傅圖本皆作“象”。
2 曆，文津閣本、文淵閣本避諱，皆作“歷”，今改。

象也思訓準開元之法而上以蓋為紫宮旁為周天度
而正東西轉出其新意也今則兼採諸家之說備存儀
象之器共置一臺中臺有二隔渾儀置於上渾象置於
下樞機輪軸隱於中鐘鼓時刻司辰運於輪上木閣五
層蔽於前司辰擊鼓搖鈴執牌出没於閣内以水激輪
輪轉而儀象皆動此兼用諸家之法也渾儀則上候三
辰之行度增黄道為單環環中日見半體使望筒嘗指
日日體嘗在筒竅中天西行一周日東移一度此出新

象也。思訓準開元之法，而上以蓋爲紫宫，旁爲周天度，而正東西轉，出其新意也。

今則兼採諸家之説，備存儀象之器，共置一臺中。臺有二隔，渾儀置於上，渾象置於下，樞、機輪軸隱於中，鐘鼓、時刻司辰運於輪上，木閣五層蔽於前，司辰擊鼓、揺鈴、執牌出没於閣内。以水激輪，輪轉而儀象皆動，此兼用諸家之法也。渾儀則上候三辰之行度，增黄道爲單環，環中日見半體，使望筒嘗指日，日體嘗在筒竅中，天西行一周，日東移一度。此出新

意也渾象則列紫宮于北頂布中外官星二十八舍周
天度黄赤道天河徧于天體此用王蕃及隋志所説也
又以五色珠為日月五星貫以絲繩兩末以鈎環掛於
南北軸依七曜盈縮遲疾留逆移徙令常在見行躔次
之内晝夜隨天而旋使人於其旁驗星在之次與臺上
測驗相應以不差為準此用一行思訓所説而增損之
也二器皆出一機以水激之不由人力校之前古疎密
雖未易知而器度筭數亦仿佛其遺象也又制刻漏四

意也。渾象則列紫宮于[1]北頂，布中外官星、二十八舍、周天度、黄赤道、天河徧于[2]天體。此用王蕃及《隋志》所説也。又以五色珠爲日、月、五星，貫以絲繩，兩末以鈎環掛於南北軸。依七曜盈縮、遲疾、留逆移徙，令常在見行躔次之内，晝夜隨天而旋，使人於其旁驗星在之次，與臺上測驗相應，以不差爲準。此用一行、思訓所説而增損之也。二器皆出一機，以水激之，不由人力。校之前古，疎密雖未易知，而器度、筭數亦仿佛其遺象也。又制刻漏四

1 于，文淵閣本作“於”。
2 于，文淵閣本作“於”。

欽定四庫全書

副一曰浮箭漏二曰稗漏皆與今太史及朝堂所用晷
同三曰沈箭漏四曰不息漏并採用術人所製法式置
於別室使挈壺專掌逐時刻與儀象互相參考以合天
星行度為正所以驗器數與天運不差則寒暑氣候自
正也虞書稱在璇璣玉衡以齊七政蓋觀四七之中星
以知節候之早晚考靈耀曰觀玉儀之游昏明主時乃
命中星者也璇璣中而星未中為急急則日過其度月
及其宿璇璣未中而星中為舒舒則日不及其度月過

新儀象法要　七

副：一曰浮箭漏，二曰秤漏[1]，皆與今太史及朝堂所用晷同；三曰沈箭漏，四曰不息漏，并採用術人所製法式置於别室，使挈壺專掌，逐時刻與儀象互相參考，以合天星行度爲正。所以驗器數與天運不差，則寒暑氣候自正也。

《虞[2]書》稱“在璇璣玉衡，以齊七政”，蓋觀四七之中星，以知節候之早晚。《考靈曜[3]》曰：“觀玉儀之游，昏明主時，乃命中星者也。”“璇璣中而星未中爲急，急則日過其度，月不[4]及其宿；璇璣未中而星中爲舒，舒則日不及其度，月過

1 秤漏，原本作“稗漏”，文淵閣本、傅圖本、《守山閣叢書》本皆同，《儀象法纂》本作“秤漏”。按，南宋王應麟的《小學紺珠》卷一有“四刻漏：浮箭、秤、沉箭、不息”，并注“元祐初蘇頌制”。今據《儀象法纂》本改。

2 虞，傅圖本及國圖本兩部影宋抄本皆誤作“虞”。

3 曜，此本及文淵閣本皆作“耀”，今據《儀象法纂》本改。

4 不，此本脱，今據文淵閣本補。

其宿璇璣中而星中為調調則風雨時庶草蕃廡而五
穀登萬事康由是言之觀璇璣者不獨視天時而布政
令抑欲察灾祥而省得失也易曰先天而天不違後天
而奉天時此之謂也今依月令創為四時中星圖以曉
昏之度附于卷後將以上備聖主南面之省觀此儀象
之大用也又上論渾天儀銅候儀渾天象三器不同古
人之說亦有所未盡陳苗謂張衡所造蓋亦止在渾象
七曜而何承天莫辨儀象之異若但以一名命之則不

其宿；璇璣中而星中爲調，調則風雨時，庶草蕃廡而五穀登、萬事康。”由是言之，觀璇璣者不獨視天時而布政令，抑欲察灾祥而省得失也。《易》曰“先天而天不違，後天而奉天時”，此之謂也。

今依《月令》創爲“四時中星圖”，以曉昏之度附于卷後，將以上備聖主南面之省觀，此儀象之大用也。又上論渾天儀、銅候儀、渾天象三器不同，古人之説亦有所未盡。陳苗謂張衡所造蓋亦止在渾象七曜，而何承天莫辨儀、象之異，若但以一名命之，則不

欽定四庫全書

新儀象法要　八

能盡其妙用也今新製備二器而通三用當摠謂之渾
天恭俟聖鑒以正其名也
光祿大夫守吏部尚書兼侍讀上護軍武功郡
開國侯臣蘇頌上

能盡其妙用也。今新製備二器而通三用，當總[1]謂之“渾天”。恭俟聖鑒，以正其名也。

光禄大夫守吏部尚書兼侍讀上護軍武功郡開國侯臣蘇頌上

1 總，此本作“摠”，今據文淵閣本改。

欽定四庫全書

卷上

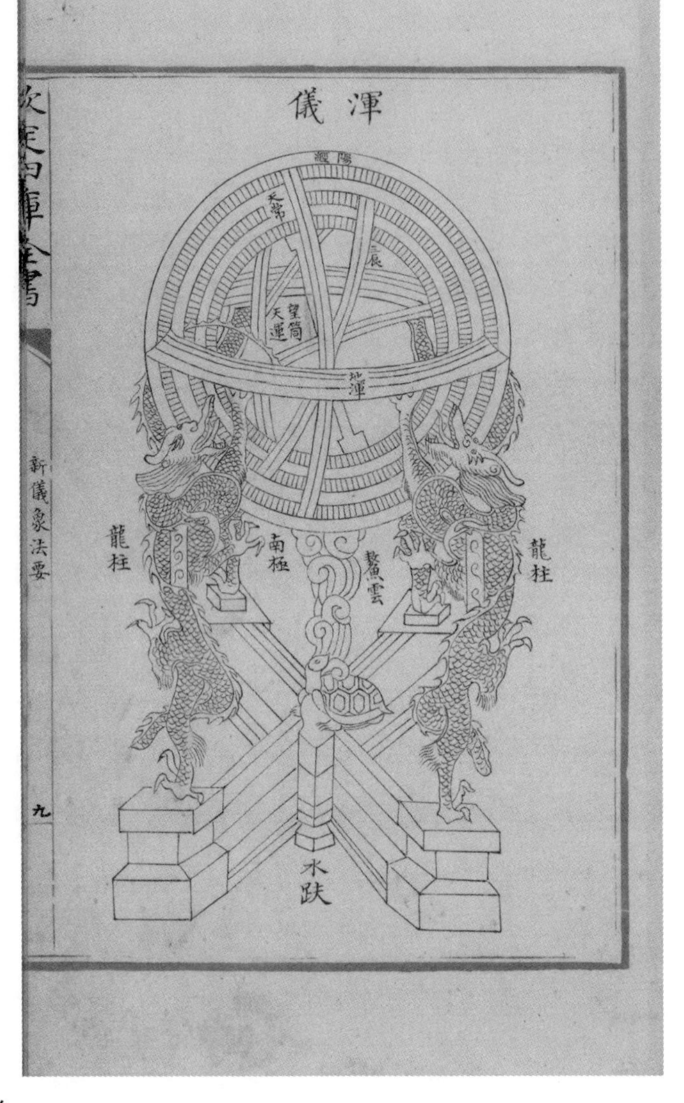

渾　儀

陽經
三辰　天常
望筒　天運
地渾
龍柱　鰲雲　南極　龍柱
水趺

右渾儀其制為輪三重一曰六合儀縱置於地渾中即
天經也與地渾相結其體不動二曰三辰儀置六合儀
內三曰四游儀置三辰儀內曰六合者象上下四方天
地之體也曰天經者對地渾也又名陽經環者以地渾
為陰緯環對名也又植四龍柱於渾下之四維各繞以
龍故名曰龍柱又置鰲雲於六合儀下承以雲氣雲下
有鰲座名曰鰲雲又四龍柱下設十字水趺鑿溝通水
道以平高下故名曰水趺別設天常單環於六合儀內

右渾儀。其制爲輪三重：一曰六合儀，縱置於地渾中，即天經也，與地渾相結，其體不動；二曰三辰儀，置六合儀内；三曰四游儀，置三辰儀内。曰六合者，象上下四方天地之體也。曰天經者，對地渾也；又名陽經環者，以地渾爲陰緯環對名也。又植四龍柱於渾下之四維，各繞以龍，故名曰龍柱。又置鰲雲於六合儀下，承以雲氣，雲下有鰲座，名曰鰲雲。又四龍柱下設十字水趺，鑿溝，通水道，以平高下，故名曰水趺。別設天常單環於六合儀内

又設黄道雙環赤道單環皆在三辰儀内東西相交随
天運轉以驗列舍之行又為四象環附三辰儀相結於
天運環黄赤道兩交又為直距二縱置於四游儀内北
屬六合儀地渾之上以正北極出地之度南屬六合儀
地渾之下以正南極入地之度此渾儀大形也直距内
夾置望筒一筒之半設關軸附直距上使運轉低昂窺
測四方之星度李淳風制六合儀三辰儀四游儀凡三
重六合儀有金渾緯規其法劉曜時孔挺所增四游儀

又設黄道雙環、赤道單環，皆在三辰儀内，東西相交，隨天運轉，以驗列舍之行。又爲四象環，附三辰儀，相結於天運環、黄赤道兩交。又爲直距二，縱置於四游儀内，北屬六合儀、地渾之上，以正北極出地之度；南屬六合儀、地渾之下，以正南極入地之度。此渾儀大形也。

直距内夾置望筒一，筒之半設關軸，附直距上，使運轉低昂，窺測四方之星度。

李淳風制六合儀、三辰儀、四游儀凡三重。六合儀有金渾緯規，其法劉曜時孔挺所增；四游儀

即舜璿璣玉衡之遺法也本朝至道中韓顯符止用淳
風六合四游儀移三辰儀黄赤道安於六合儀如孔挺
之説逮皇祐中復徙黄赤道附於三辰儀今則全用淳
風三重之制而於三辰儀上設天運環以水運之水運
之法始於漢張衡成於唐梁令瓚及僧一行復於本朝
張思訓今又變正其制設天運環下以天柱關輪之類
上動渾儀此出新製也

即舜“璿璣玉衡”之遺法也。本朝至道中，韓顯符止用淳風六合、四游儀，移三辰儀黄、赤道安於六合儀，如孔挺之説。逮皇祐中，復徙黄、赤道附於三辰儀。今則全用淳風三重之制，而於三辰儀上設天運環，以水運之。水運之法始於漢張衡，成於唐梁令瓚及僧一行，復於本朝張思訓。今又變正其制，設天運環，下以天柱、關、輪之類上動渾儀，此出新製也。

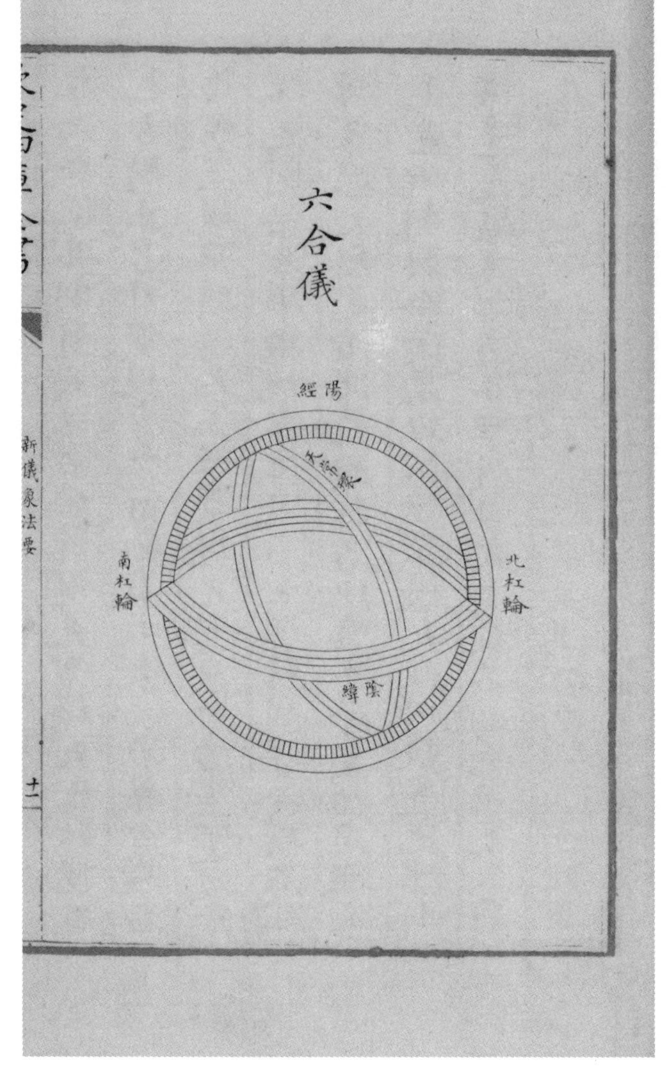

六合儀

陽經
天常環
北杠輪　南杠輪
陰緯

欽定四庫全書　卷上

右六合儀其制有天經有地渾有天常環天經即雙規也古制止言外雙規李淳風始有六合之名梁令瓚名陽經雙規韓顯符名天經雙規元豐復曰陽經雙規地渾之制梁名單横規李淳風名金渾緯規梁令瓚名陰緯單環又謂之陰渾韓顯符名地盤平準皇祐周琮及元豐所制與今儀復曰陰緯單環天經則縱置地渾則横置天經環兩面各布列周天度數半在地渾之上半在地渾之下地渾環面已上為天其下為地其南北與

右六合儀。其制有天經，有地渾，有天常環。天經即雙規也，古制止言外雙規，李淳風始有“六合”之名，梁令瓚名“陽經雙規”，韓顯符名“天經雙規”，元豐復曰“陽經雙規”。地渾之制，梁名“單横規”，李淳風名“金渾緯規”，梁令瓚名“陰緯單環”，又謂之陰渾，韓顯符名“地盤平準”，皇祐周琮及元豐所制與今儀復曰“陰緯單環”。天經則縱置，地渾則横置。天經環兩面各布列周天度數，半在地渾之上，半在地渾之下。地渾環面已上爲天，其下爲地，其南、北與

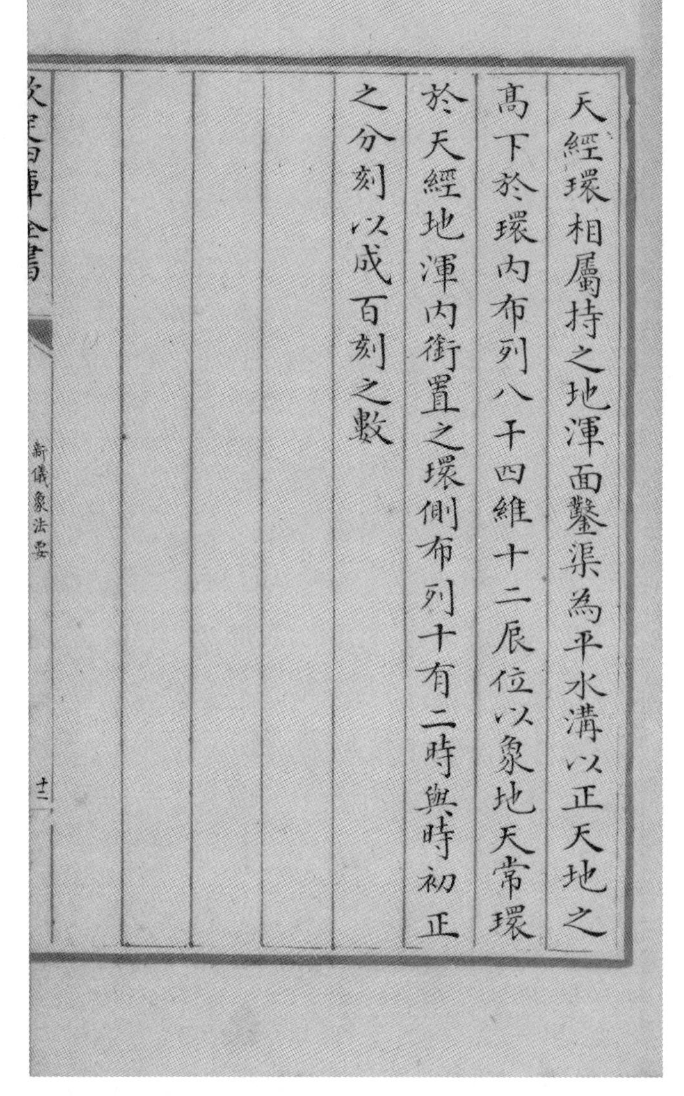
天經環相屬持之地渾面鑿渠為平水溝以正天地之
高下於環内布列八干四維十二辰位以象地天常環
於天經地渾内銜置之環側布列十有二時與時初正
之分刻以成百刻之數

欽定四庫全書　新儀象法要　十二

天經環相屬持之。地渾面鑿渠爲平水溝，以正天地之高下。於環内布列八干、四維、十二辰位，以象地。天常環於天經、地渾内銜置之，環側布列十有二時與時初、正之分刻，以成百刻之數。

欽定四庫全書
卷上

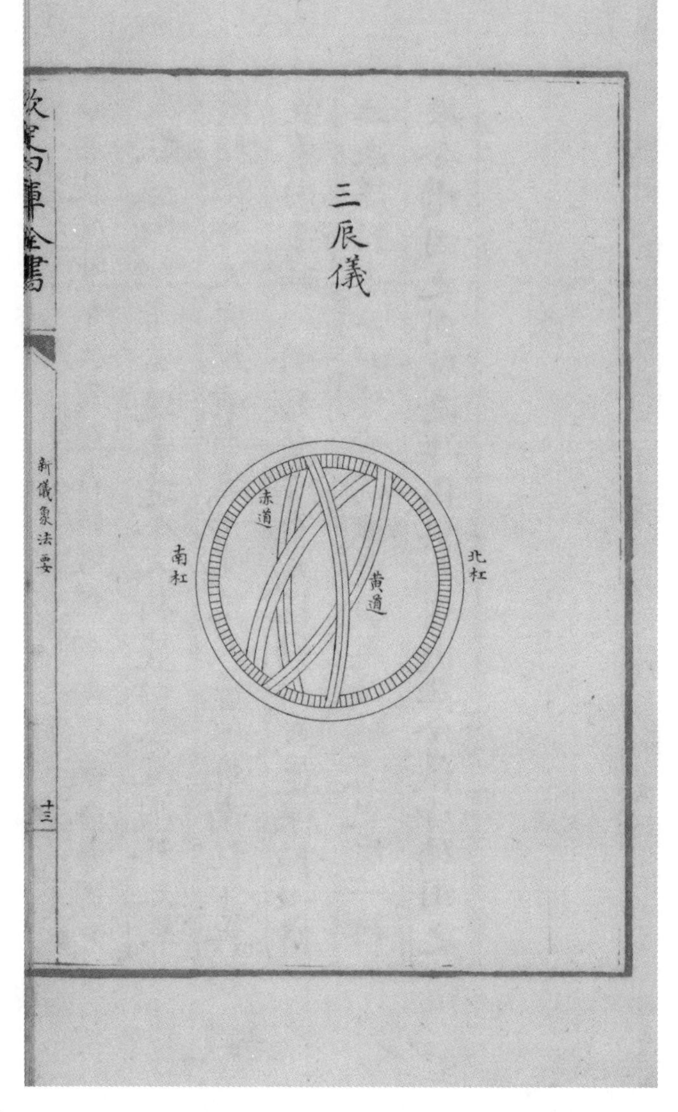

三辰儀

北杠　南杠
黄道　赤道

欽定四庫全書　卷上

右三辰儀其制為雙環在陽經環内兩環面各布周天
度數環内附帶黄道赤道今又新置四象環附於三辰
儀相結於天運環黄赤道兩交及天運環近南極下與
鼇雲内牙軸相銜若鼇雲中天柱動則天運環動以轉
三辰儀輪古無此儀李淳風造黄道儀始置之僧一行
梁令瓚因之周琮造渾儀與元豐儀及今儀皆循用之

右三辰儀。其制爲雙環，在陽經環内，兩環面各布周天度數，環内附帶黄道、赤道。今又新置四象環附於三辰儀，相結於天運環、黄赤道兩交及天運環，近南極，下與鼇雲内牙軸相銜。若鼇雲中天柱動，則天運環動，以轉三辰儀輪。古無此儀，李淳風造黄道儀始置之，僧一行、梁令瓚因之。周琮造渾儀，與元豐儀及今儀皆循用之。

四游儀

北杠　南杠
直距　望筒

右四游儀。《舜典》曰“璿璣”，或曰“璇璣”。梁曰“雙環規”，李淳風曰“四游儀”，梁令瓚曰“璇樞雙環”，韓顯符曰“游規”，周琮及元豐所制并今儀復曰“四游儀”。其儀爲雙環，在三辰儀内。南、北各有杠夾於雙環，各有軸竅以運杠。環兩面各布周天度數。直距在雙環内，連環體屬於六合儀南、北極之杠軸内。直北上屬北極，直南下屬南極。置望筒於直距内，其半以關軸夾持之，使得運轉。凡游儀東西運轉，則望筒南北低昂，故游儀運動無所不至，而望筒隨游儀

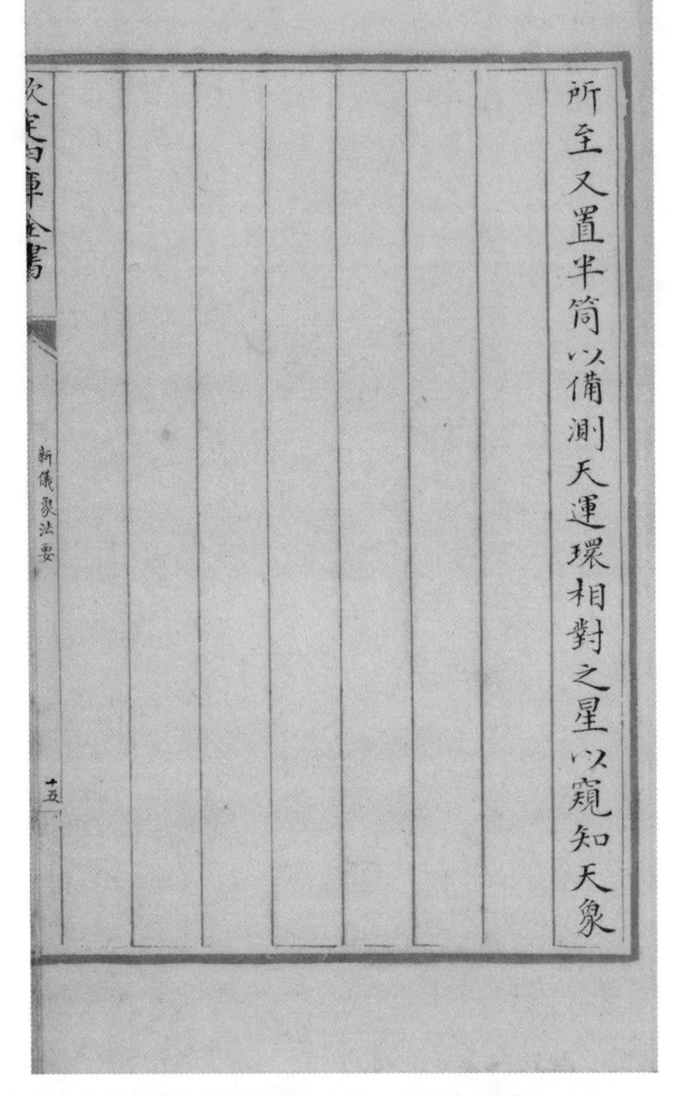

所至又置半筒以備測天運環相對之星以窺知天象

欽定四庫全書

新儀象法要

十五

所至[1]。又置半筒，以備測天運環相對之星，以窺知天象。

1 至，《儀象法纂》本作“主”。

欽定四庫全書
卷上

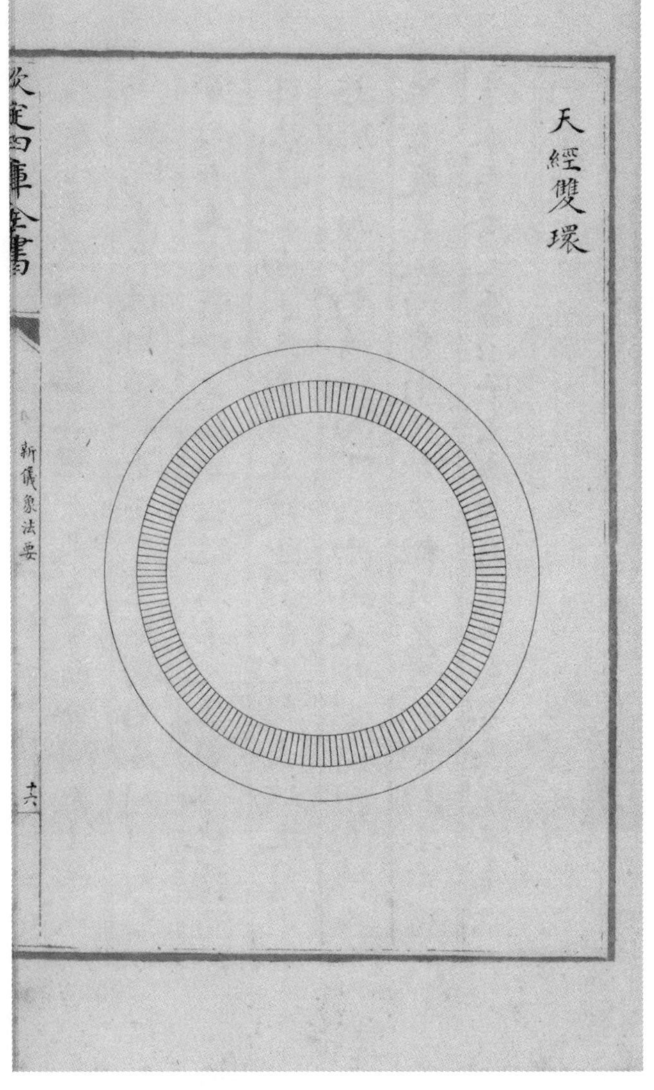

天經雙環

右天經雙環兩環各直徑七尺七寸七分闊五寸厚八
分與地渾單環相結於子午午正環兩面各列周天三
百六十五度有畸其環半出地上半入地下於地渾面
自北扶天而上三十有五度少弱則北極出地之度也
於地渾面自南屬地而下三十有五度少弱則南極入
地之度也環内當南北極為樞孔夾置杠軸軸末出環
外各為臍二層以安三辰四游之杠内各為孔與直距
内望筒之孔相通其北則北極出地之度自此而止也

右天經雙環。兩環各直徑七尺七寸七分，闊五寸，厚八分。與地渾單環相結於子午[1]、午正。環兩面各列周天三百六十五度有畸。其環半出地上，半入地下。於地渾面自北扶天而上三十有五度少弱，則北極出地之度也；於地渾面自南屬地而下三十有五度少弱，則南極入地之度也。環内當南、北極爲樞孔，夾置杠軸。軸末出環外，各爲臍二層，以安三辰、四游之杠。内各爲孔，與直距内望筒之孔相通。其北，則北極出地之度自此而止也；

1 午，《儀象法纂》本無。

其南則南極入地之度自此而止也北極出地三十有
五度少弱四廻而運之凡七十度半弱其度常見於地
上則為紫微垣其星凡三十有七其數一百八十有三
於四時常見不隱謂之上規南極入地三十五度少弱
四廻而運之凡七十度半弱其度常隱於地下其下星
常隱而不見謂之下規上下規間一百一十有二度則
黃道赤道內外宮也其星凡二百四十有六其數一千
二百八十一則近日而隱遠日而見謂之中規

其南，則南極入地之度自此而止也。北極出地三十有五度少弱，四迴而運之，凡七十度半弱，其度常見於地上則爲紫微垣，其星凡三十有七，其數一百八十有三，於四時常見不隱，謂之“上規”。南極入地三十五度少弱，四迴而運之，凡七十度半弱，其度常隱於地下，其下星常隱而不見，謂之“下規”。上、下規間一百一十有二度，則黄道、赤道内外宫也，其星凡二百四十有六，其數一千二百八十一，則近日而隱，遠日而見，謂之“中規”。

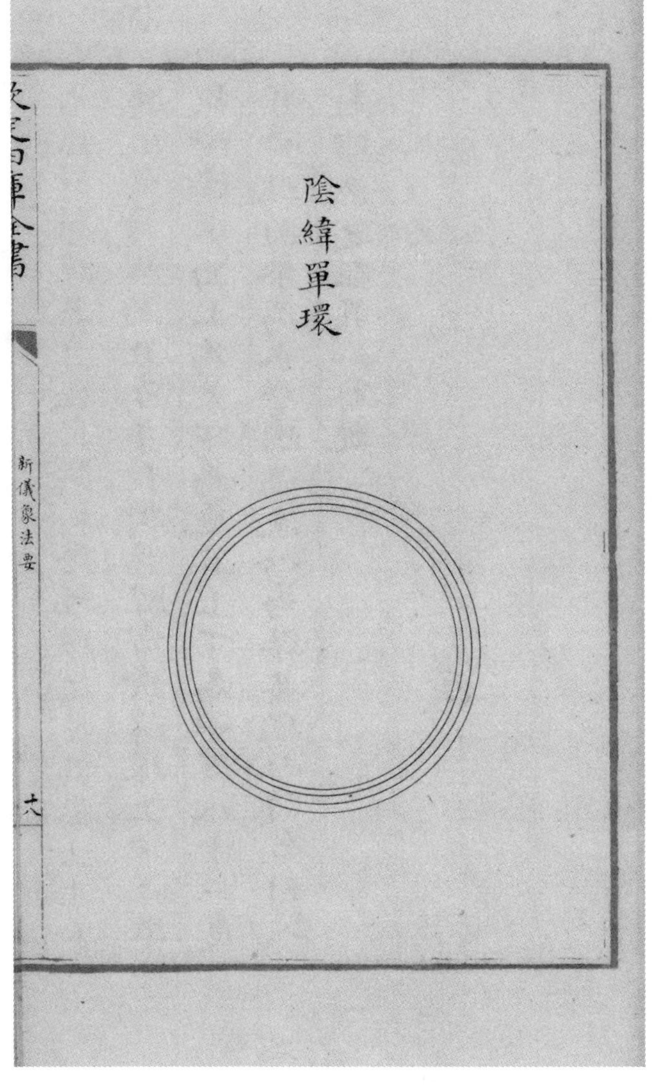

陰緯單環

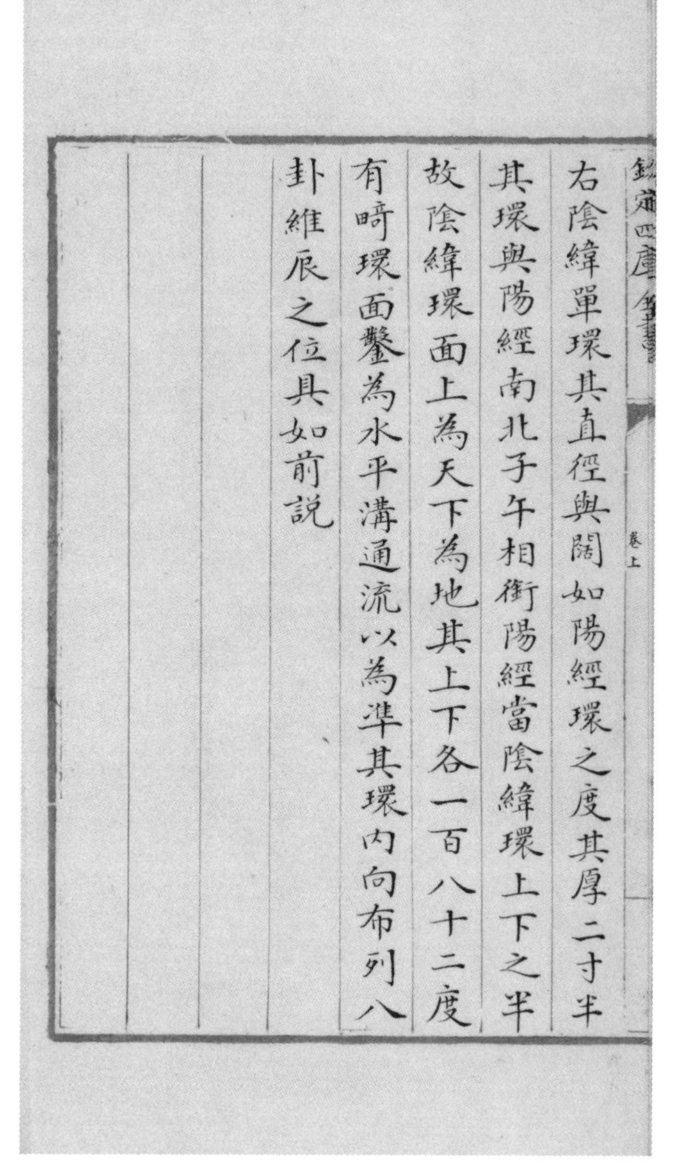
欽定四庫全書　卷上

右陰緯單環其直徑與闊如陽經環之度其厚二寸半
其環與陽經南北子午相衘陽經當陰緯環上下之半
故陰緯環面上為天下為地其上下各一百八十二度
有畸環面鑿為水平溝通流以為準其環内向布列八
卦維辰之位具如前説

右陰緯單環。其直徑與闊如陽經環之度，其厚二寸半。其環與陽經南北子、午相銜。陽經當陰緯環上下之半，故陰緯環面上爲天，下爲地，其上、下各一百八十二度有畸。環面鑿爲平水溝，通流以爲準。其環内向布列八卦、維、辰之位，具如前説。

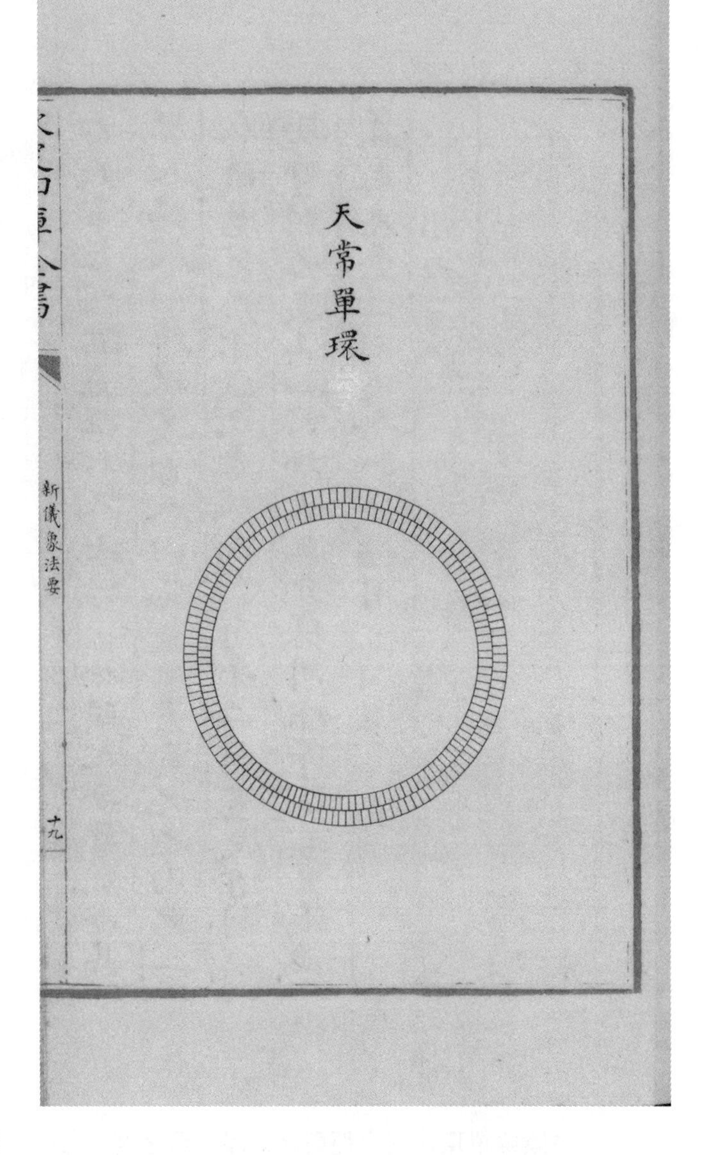

天常單環

欽定四庫全書　卷上

右天常單環其直徑六尺七寸七分闊九分厚五分其
環入陽經陰緯環裏古人以烏轂之裏黃況之内與三
辰儀重置居赤道之表環面列有十二時晝夜百刻以
揆時刻之度具如前說古無此環周琮等造三重儀始
置之元豐儀因之今新儀循用

右天常單環。其直徑六尺七寸七分，闊九分，厚五分。其環入陽經、陰緯環裏，古人以“烏殼[1]之裏黃”況之。内與三辰儀重置，居赤道之表。環面列有十二時、晝夜百刻，以揆時刻之度，具如前說。古無此環，周琮等造三重儀始置之。元豐儀因之，今新儀循用。

1 殼，原本作“轂”，今據文淵閣本及傳圖本改。《舊唐書·天文志》作“如殼之裏黃”，《新唐書·天文志》作“如烏殼之裏黃”。

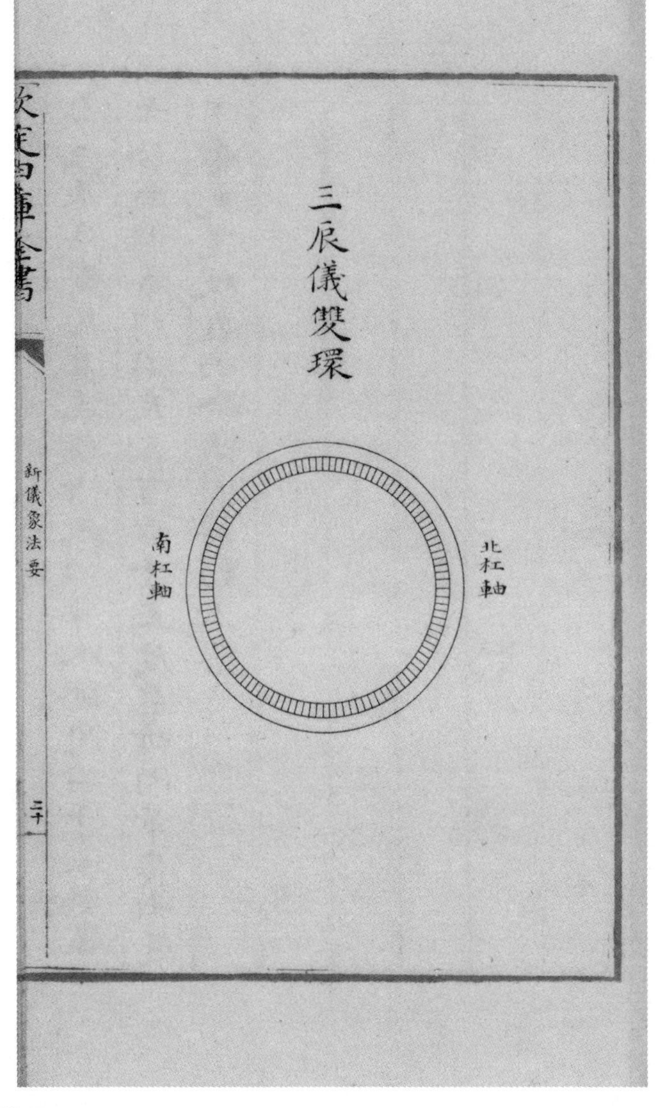

三辰儀雙環

北杠軸　南杠軸

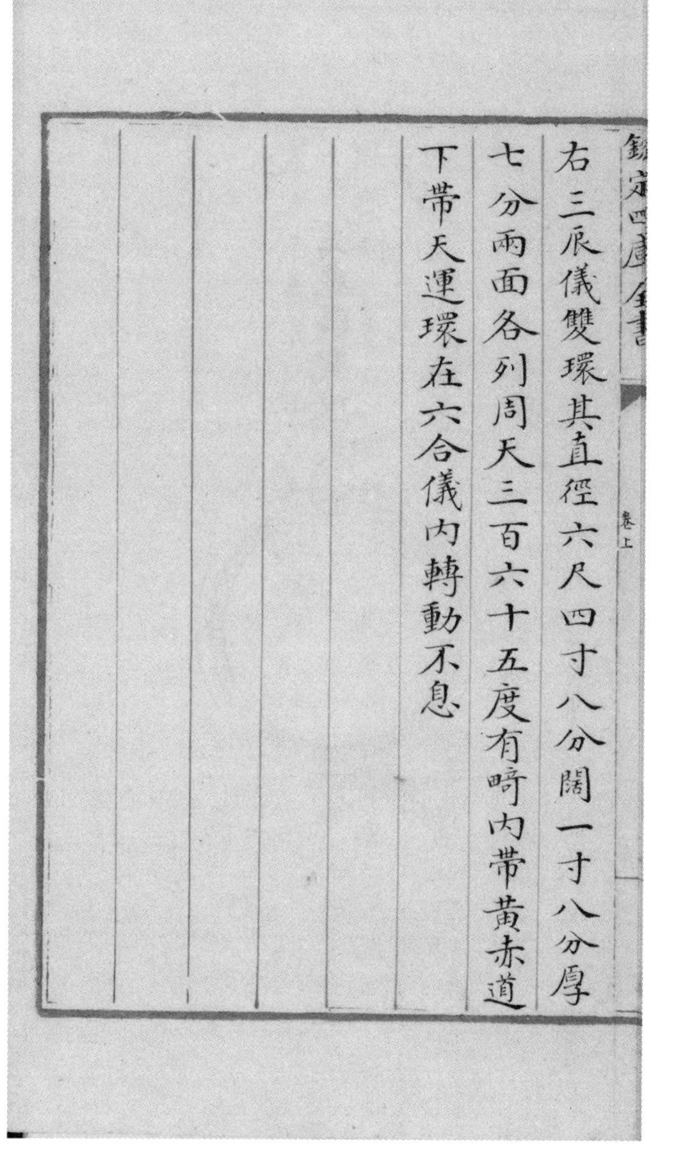
欽定四庫全書　卷上

右三辰儀雙環其直徑六尺四寸八分闊一寸八分厚
七分兩面各列周天三百六十五度有畸内帶黄赤道
下帶天運環在六合儀内轉動不息

右三辰儀雙環。其直徑六尺四寸八分，闊一寸八分，厚七分。兩面各列周天三百六十五度有畸。内帶黄、赤道，下帶天運環，在六合儀内轉動不息。

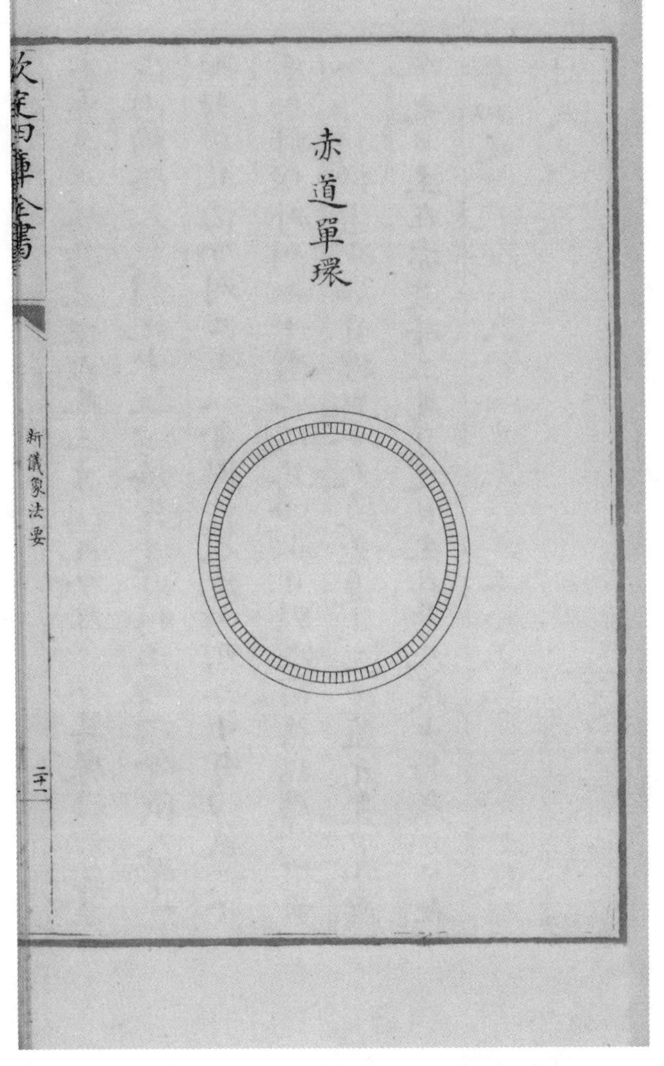

赤道單環

右赤道單環其直徑六尺三寸闊九分厚六分其環結於三辰儀内横絡天腹謂之中極以格黄道外則正與六合儀天常環相對環北面分列二十八舍周天之度内列二十有四氣六十有四卦環外列七十有二候其四正日躔之宿舊據歷法推步今以新儀考測知日躔與今天道差違凡三度葢元豊甲子歲冬之日至在赤道斗三度夏之日至在井九度少弱春分日在奎初度强秋分日在軫七度太弱定為四正之宿占測七政以叶天度

右赤道單環。其直徑六尺三寸，闊九分，厚六分。其環結於三辰儀内，横絡天腹，謂之“中極”，以格黄道，外則正與六合儀天常環相對。環北面分列二十八舍、周天之度，内列二十有四氣、六十有四卦，環外列七十有二候。其四正日躔之宿，舊據曆[1]法推步，今以新儀考測，知日躔與今天道差違凡三度。蓋元豐甲子歲冬之日至在赤道斗三度，夏之日至在井九度少弱，春分日在奎初度强，秋分日在軫七度太弱。定爲四正之宿，占測七政，以叶天度。

1 曆，文津閣本、文淵閣本避諱，皆作“歷”，今改。

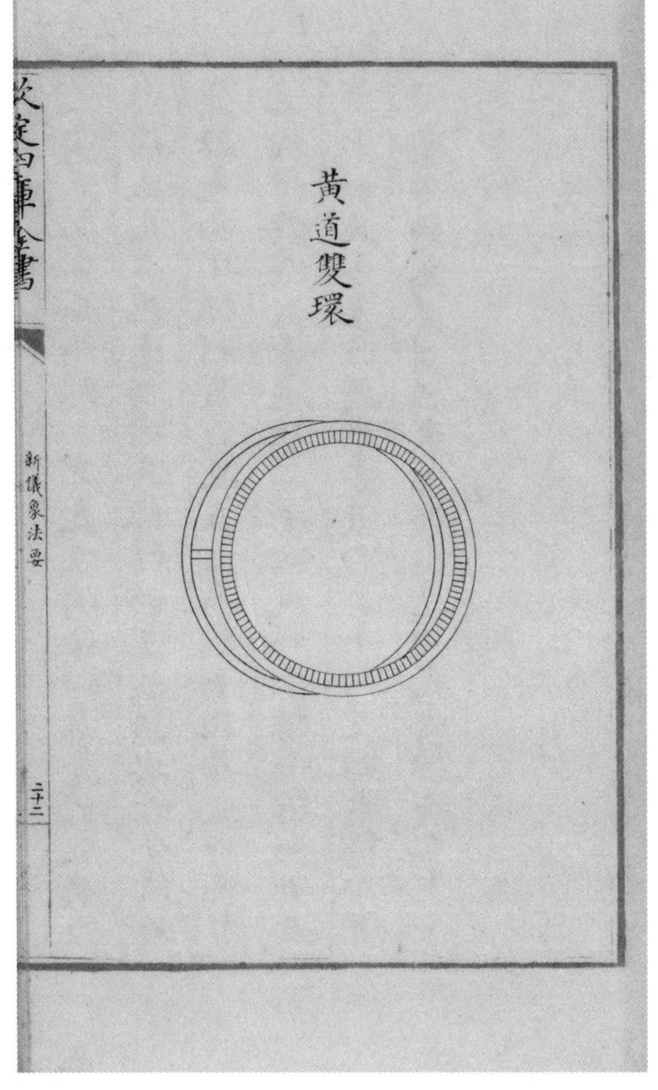

黄道雙環

欽定四庫全書　卷上

右黃道雙環今所創也其直徑闊厚如赤道之數環面
列周天之度與赤道同其環結於三辰儀與六合儀相
疊以定南北極則黃道正在三辰儀南北其東西與赤
道相結黃道出赤道外二十四度弱去極一百一十五
度少弱為冬至黃道入赤道内二十四度弱去極六十
七度半弱為夏至其東西與赤道相交去極各九十一
度少弱為春秋二分冬夏二至春秋二分謂之四正太
陰五星出入皆循其道各有度數古制雖有赤道後漢

右黃道雙環，今所創也。其直徑、闊、厚如赤道之數，環面列周天之度，與赤道同。其環結於三辰儀，與六合儀相疊，以定南、北極，則黃道正在三辰儀南北，其東西與赤道相結。黃道出赤道外二十四度弱、去極一百一十五度少弱爲冬至；黃道入赤道内二十四度弱、去極六十七度半弱爲夏至。其東西與赤道相交、去極各九十一度少弱爲春、秋二分。冬夏二至、春秋二分，謂之“四正”。太陰、五星出入皆循其道，各有度數。

古制惟[1]有赤道，後漢

1 惟，原作“雖”，《儀象法纂》本、文淵閣本、傅圖本亦同，今據《守山閣叢書》本改。

和帝時知赤道與天度頗有進退詔賈逵始置雙道李
淳風一行梁令瓚韓顯符周琮熙寧元豐儀又因之今
新儀循用不改惟顯符從黃道附於六合儀黃道舊單
環外於北際見太陽體不全見以測半日為法今以望筒於黃
道雙環中全見日體若仰窺太陽隨天運轉則太陽適周於
雙環之內

和帝時知赤道與天度頗有進退，詔賈逵始置雙道。李淳風、一行、梁令瓚、韓顯符、周琮，熙寧元豐儀又因之，今新儀循用不改。惟[1]顯符從黃道附於六合儀，黃道，舊單環外於北際見太陽，體不全見，以測半[2]日爲法。今以望筒於黃道雙環中全見日[3]體，若仰窺太陽，隨天運轉，則太陽適周於雙環之内。[4]

1 惟，文淵閣本作“唯”。
2 “不全見，以測半”六字，原爲雙行小字，文淵閣本、傅圖本皆同，今據《守山閣叢書》本改。
3 “中全見日”四字，原爲雙行小字，文淵閣本、傅圖本皆同，今據《儀象法纂》本及《守山閣叢書》本改。
4 此一句後，《儀象法纂》本有“今新儀之循用也”七字。

欽定四庫全書

卷上

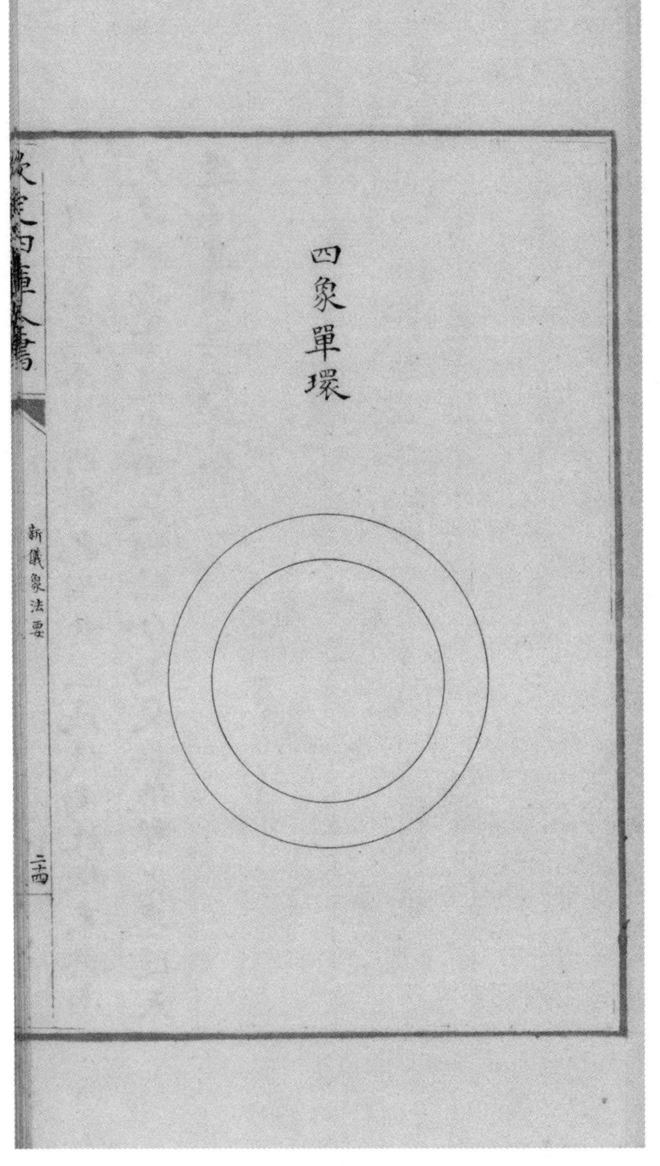

四象單環

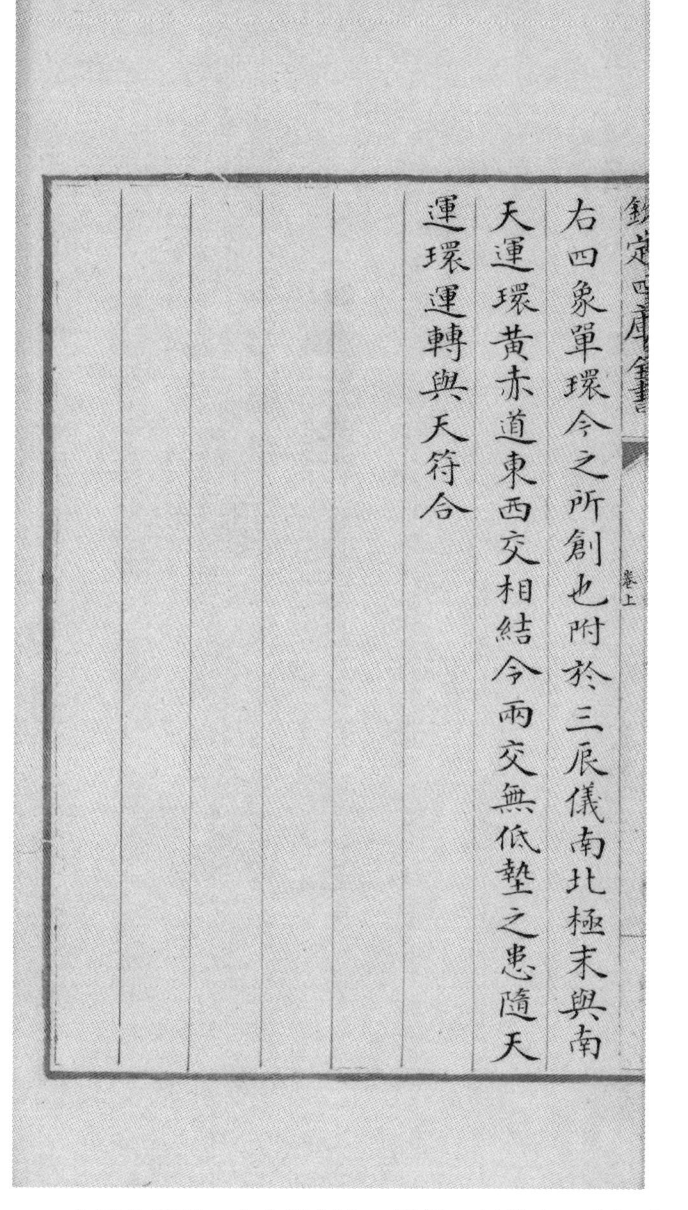
欽定四庫全書

卷上

右四象單環今之所創也附於三辰儀南北極末與南
天運環黄赤道東西交相結令兩交無低墊之患隨天
運環運轉與天符合

右四象單環，今之所創也。附於三辰儀南、北極末，與南天運環、黄赤道東西交相結。令兩交無低墊之患，隨天運環運轉，與天符合。

天運單環

右天運單環亦今所創也附於三辰儀居黃道之南環
外周設四百七十八牙距下與鰲雲中天轂相銜其最
下動樞輪軸一牙上動天柱一牙距乃上轉天運環一
距天運環轉則三辰儀與環俱動以象天運無窮舊三
辰儀未有水運故無此環今創為之其四百七十八牙
距即倣用周天度分之法
一本云其直徑四尺一寸四分半闊一寸九分
厚七分附於三辰儀居黃道之南環外周設六

右天運單環，亦今所創也。附於三辰儀，居黃道之南。環外周設四百七十八牙距，下與鰲雲中天轂相銜。其最下動樞輪軸一牙，上動天柱一牙距，乃上轉天運環一牙[1]距。天運環轉，則三辰儀與環俱動，以象天運無窮。舊三辰儀未有水運，故無此環，今創爲之。其四百七十八牙距，即倣用周天度分之法。

一本云：其直徑四尺一寸四分半，闊一寸九分，厚七分。附於三辰儀，居黃道之南。環外周設六

1 牙，此本及文淵閣本、傅圖本均脱，今據《儀象法纂》本補。

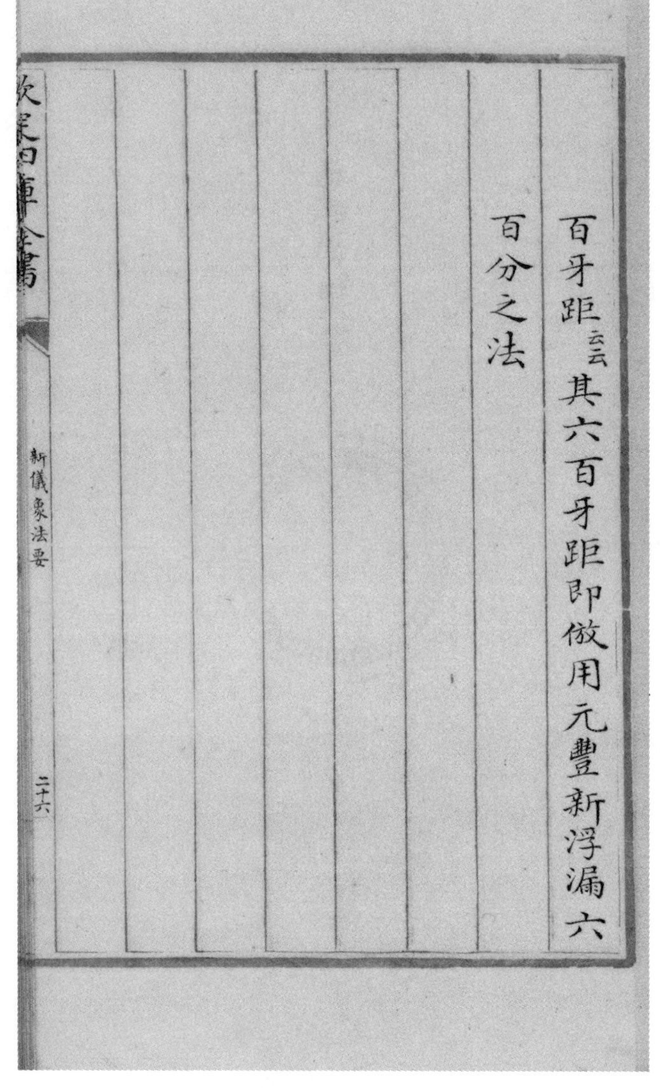

百牙距云云，其六百牙距即做用元豐新浮漏六百分之法。

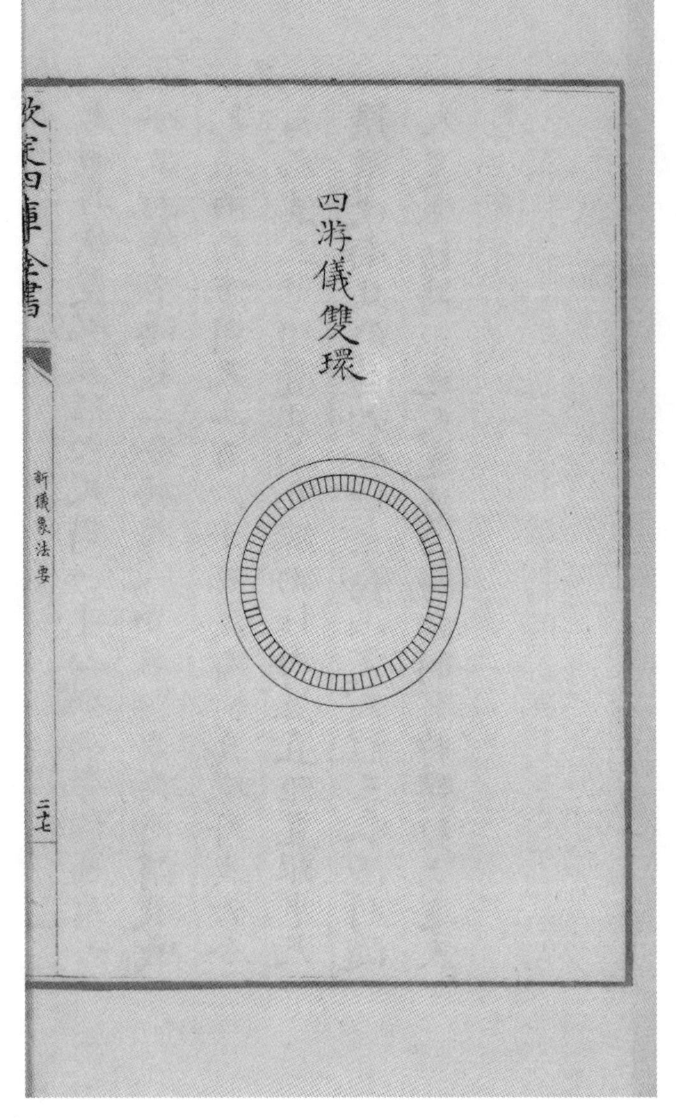

四游儀雙環

右四游儀雙環直徑六尺闊一寸七分兩旁外脣厚六
分半内脣半隱起二分共厚八分半即舜典所謂璇璣
也環兩面布周天三百六十五度有畸其環外與六合
三辰儀三重相疊其南北端兩極内置直距直距中夾
横簫使南北低昂六合儀不動以定天體三辰儀則隨
天運環動轉以追天運若四游儀則有時轉動亦追天
運以横簫窺測無所不至

右四游儀雙環。直徑六尺，闊一寸七分，兩旁外唇厚六分半，内唇半隱起二分，共厚八分半。即《舜典》所謂“璇璣”也。環兩面布周天三百六十五度有畸，其環外與六合、三辰儀三重相疊，其南、北端兩極内置直距，直距中夾横簫，使南北低昂。六合儀不動，以定天體。三辰儀則隨天運環動轉，以追天運。若四游儀則有時轉動，亦追天運，以横簫窺測，無所不至。

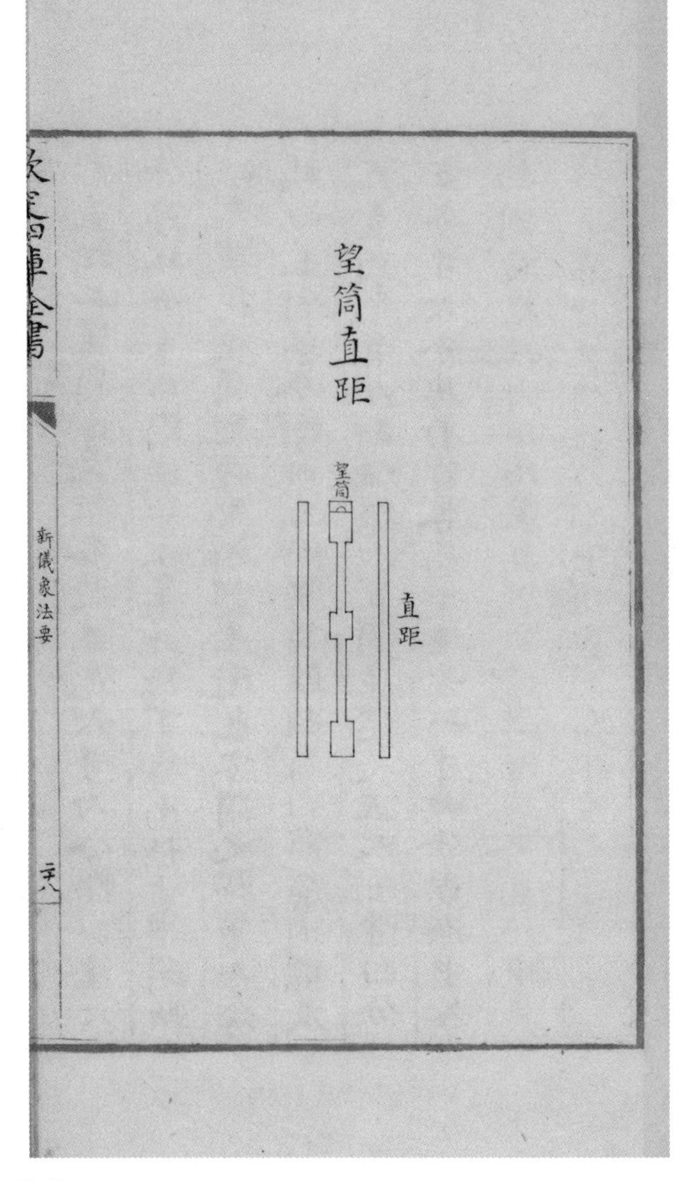

望筒、直距

直距　望筒

欽定四庫全書　卷上

右直距二望筒一直距各長五尺六寸六分闊一寸六
分厚八分安四游儀中上屬北極下屬南極中施關軸
以夾望筒望筒即舜典所謂玉衡也亦謂之橫簫李淳
風曰玉衡梁令瓚曰玉衡望筒韓顯符曰窺管周琮及
元豐所制并今新儀復曰望筒中空長五尺七寸四分
方一寸六分其兩首各為方掩方一寸七分方掩中各
為圜孔孔徑七分半望其上孔適周日體於直距中南
北低昂旋運持正窺測七曜與列宿距度之遠近

右直距二、望筒一。直距各長五尺六寸六分，闊一寸六分，厚八分。安四游儀中，上屬北極，下屬南極，中施關軸，以夾望筒。望筒即《舜典》所謂“玉衡”也，亦謂之“橫簫”。李淳風曰“玉衡”，梁令瓚曰“玉衡望筒”，韓顯符曰“窺管”，周琮及元豐所制并今新儀復曰“望筒”。中空，長五尺七寸四分，方一寸六分，其兩首各爲方掩，方一寸七分。方掩中各爲圜孔，孔徑七分半，望其上孔，適周日體。於直距中南北低昂，旋運持正，窺測七曜與列宿距度之遠近。

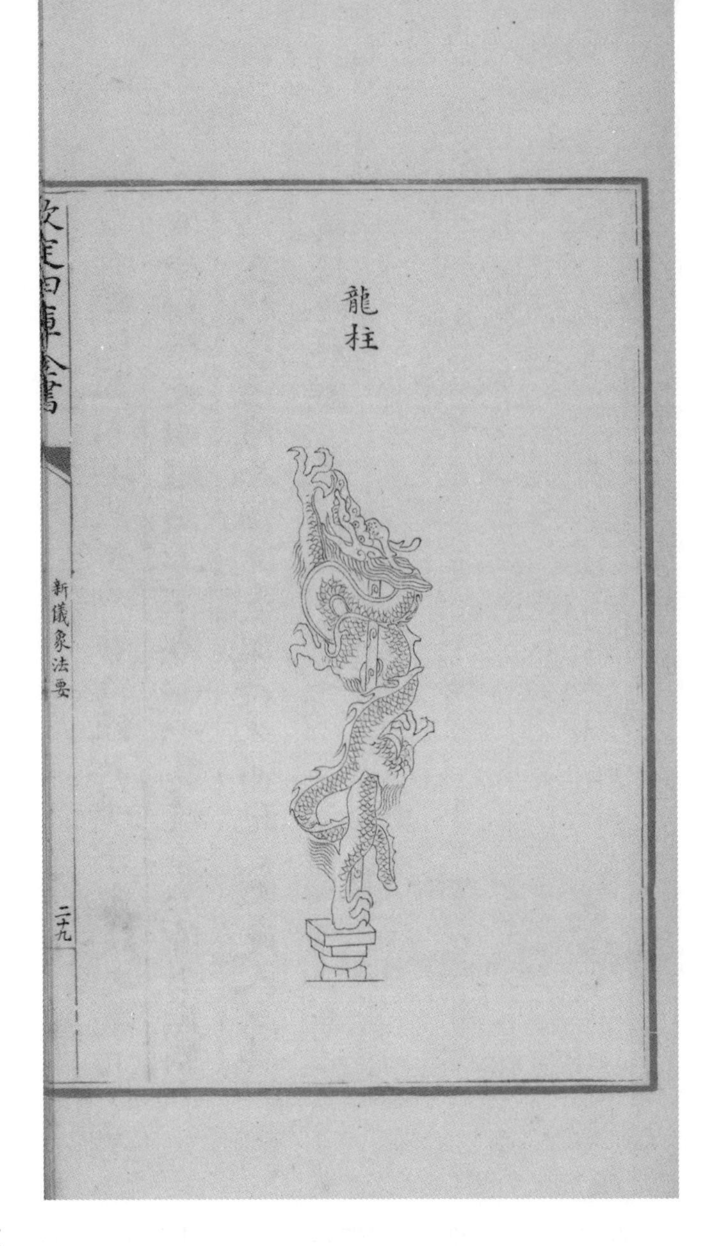

龍柱

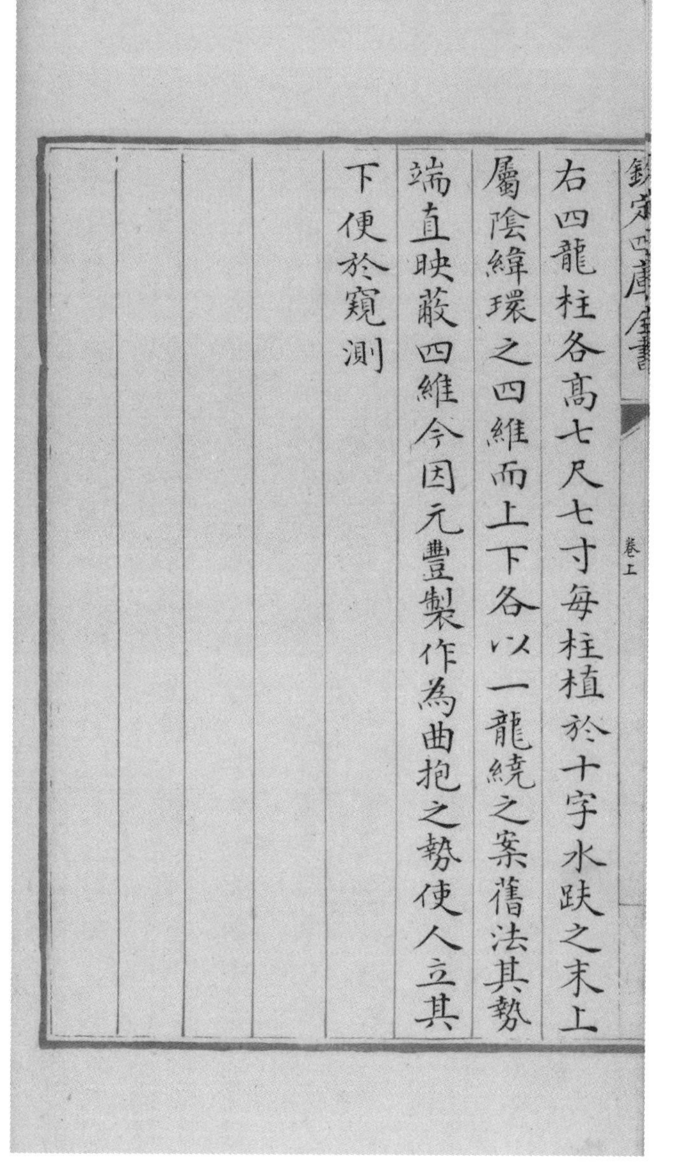

欽定四庫全書　卷上

右四龍柱各高七尺七寸每柱植於十字水趺之末上屬陰緯環之四維而上下各以一龍繞之案舊法其勢端直映蔽四維今因元豐製作為曲抱之勢使人立其下便於窺測

右四龍柱。各高七尺七寸，每柱植於十字水趺之末，上屬陰緯環之四維，而上下各以一龍繞之。案舊法，其勢端直，映蔽四維。今因元豐製作，爲曲抱之勢，使人立其下，便於窺測。

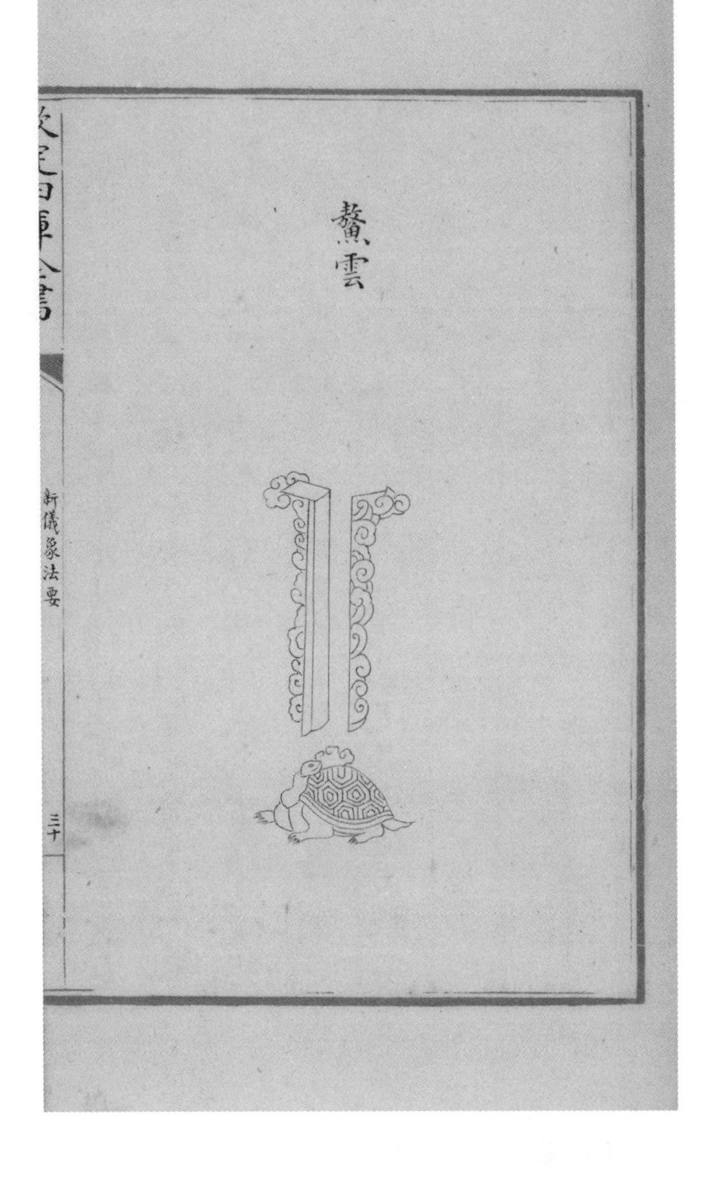

鰲雲

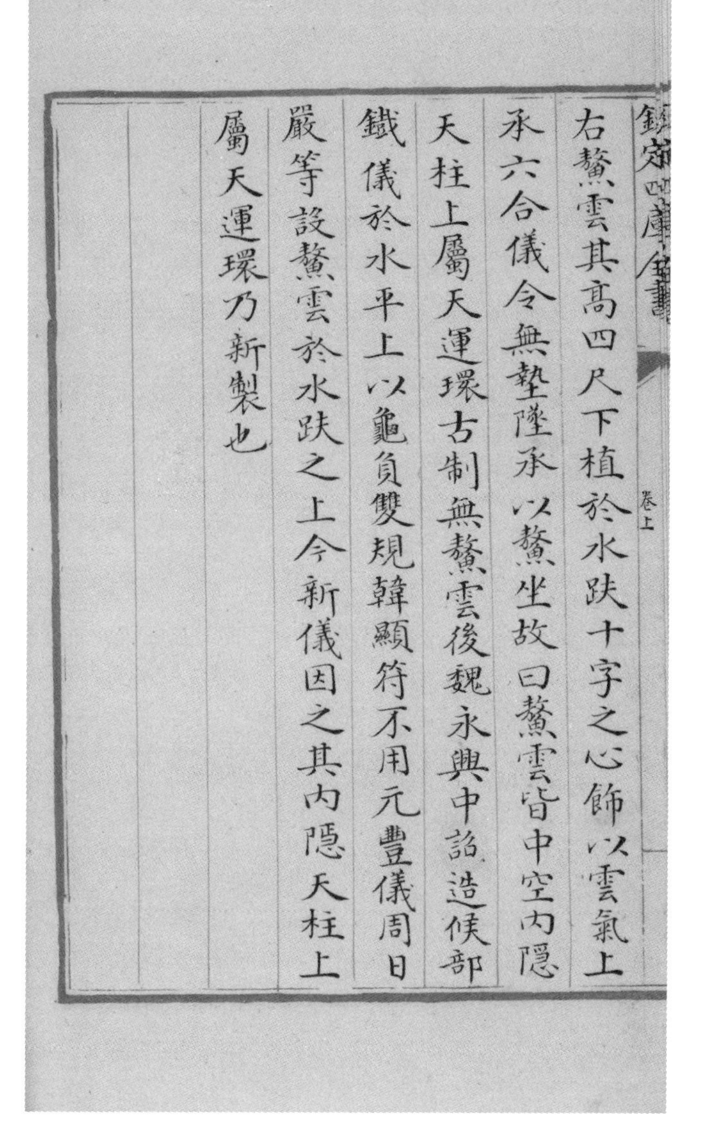

右鼇雲其高四尺下植於水趺十字之心飾以雲氣上承六合儀令無墊墜承以鼇坐故曰鼇雲皆中空内隱天柱上屬天運環古制無鼇雲後魏永興中詔造候部鐵儀於水平上以龜負雙規韓顯符不用元豐儀周日嚴等設鼇雲於水趺之上今新儀因之其内隱天柱上屬天運環乃新製也

右鼇雲。其高四尺，下植於水趺十字之心，飾以雲氣，上承六合儀，令無墊墜，承以鼇坐，故曰“鼇雲”。皆中空，内隱天柱，上屬天運環。古制無鼇雲，後魏永興中詔造“候部鐵儀”，於水平上以龜負雙規。韓顯符不用。元豐儀、周日嚴等設鼇雲於水趺之上，今新儀因之。其内隱天柱，上屬天運環，乃新製也。

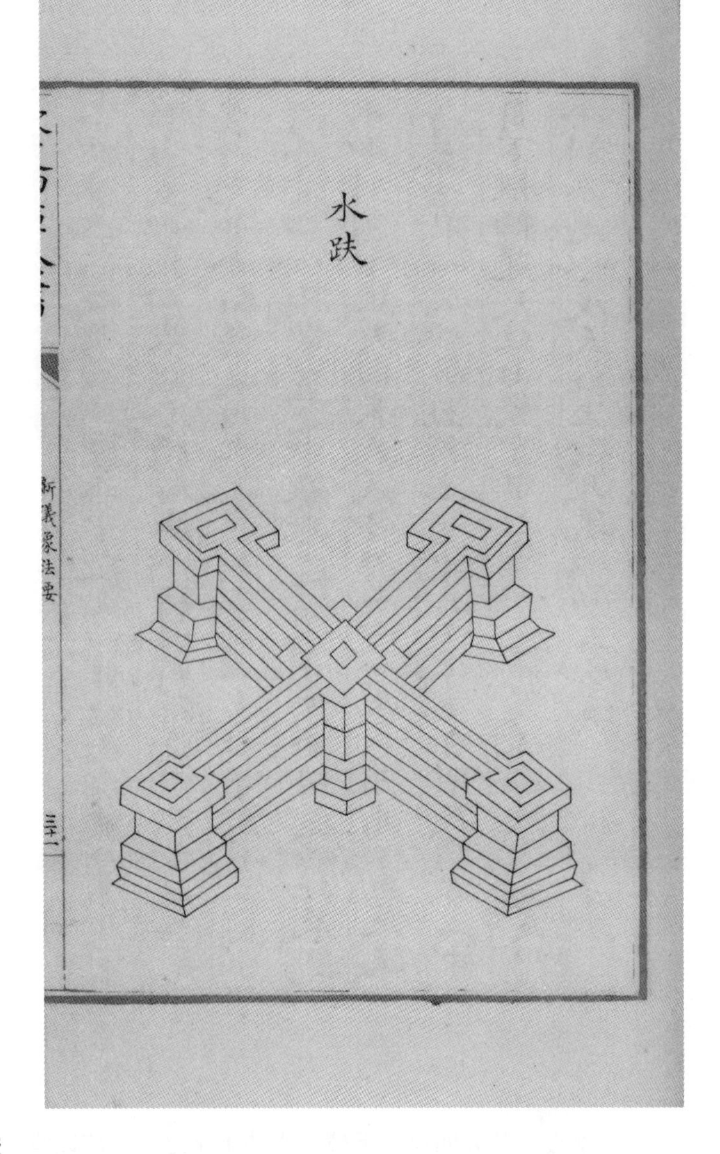

水趺

欽定四庫全書　卷上

右十字水趺後魏曰十字水中植立四龍柱李淳風曰準基末
植鼇足以張四表梁令瓚曰水平槽韓顯符復曰十字水平元
豐所制并今新儀復曰水趺其制各長一丈四寸高七寸五分
闊八寸四分十字置之中鑿水道深一寸五分相通以行水視
水平則高下正矣四末為水斗外各方一尺二寸高下與水趺
等鑿方孔以受四龍柱於水斗中其十字之會開天門方二寸
自下樞軸運天柱由鼇雲中上屬六合儀雙環水趺舊無天門
今創為之以度天柱上撥天運環動三辰儀

右十字水趺。後魏曰“十字水平[1]”，植立四龍柱。李淳風曰“準基”，末植鼇足，以張四表。梁令瓚曰“水平槽”，韓顯符復曰“十字水平”。元豐所制并今新儀復曰“水趺”。其制各長一丈四寸，高七寸五分，闊八寸四分，十字置之。中鑿水道，深一寸五分，相通以行水，視水平則高下正矣。四末爲水斗，外各方一尺二寸，高下與水趺等，鑿方孔，以受四龍柱於水斗中。其十字之會開天門，方二寸，自下樞軸運天柱，由鼇雲中上屬六合儀雙環。水趺舊無天門，今創爲之，以度天柱，上撥天運環，動三辰儀。

1 十字水平，原作“十字水中”，《儀象法纂》本、文淵閣本、傅圖本及《守山閣叢書》本亦同，《隋書·天文志》及下文“韓顯符復曰十字水平”，此處“中”應作“平”。

欽定四庫全書
新儀象法要
三十二

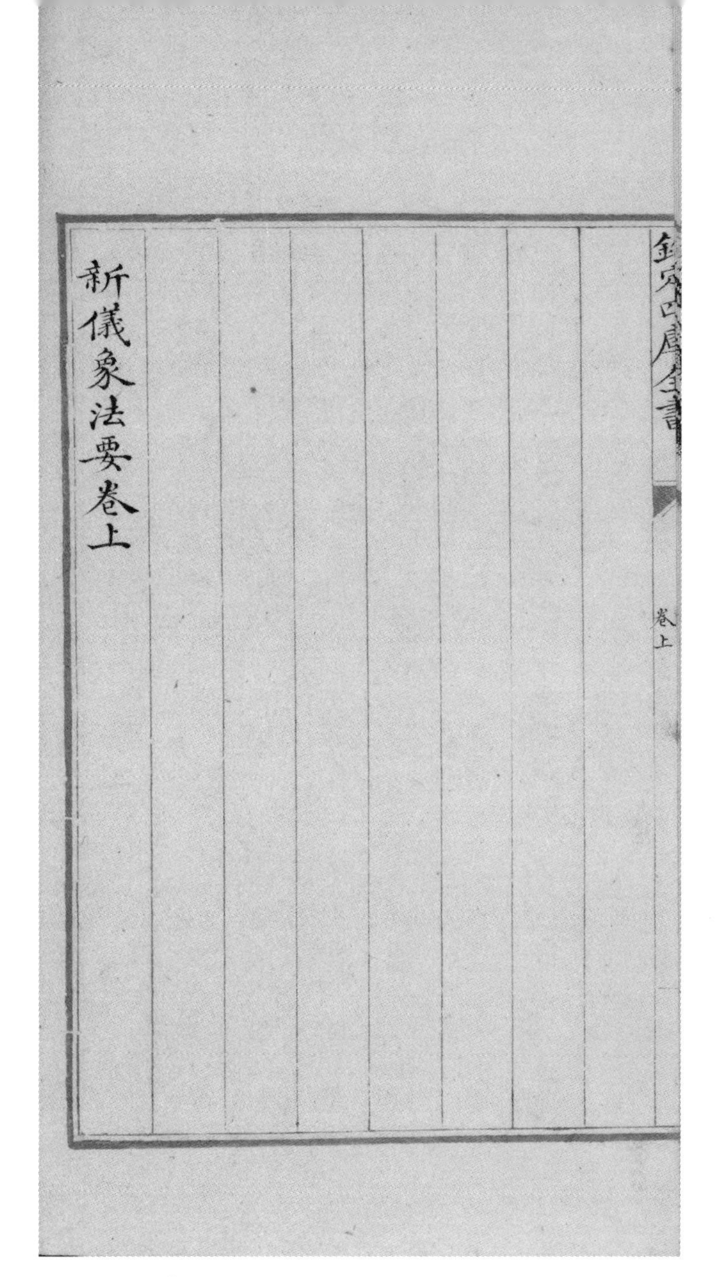
欽定四庫全書

卷上

新儀象法要卷上

《新儀象法要》卷上

欽定四庫全書

新儀象法要卷中　　宋　蘇頌　撰

渾象　　渾象六合儀

渾象地櫃　　渾象赤道牙

渾象紫微垣星圖　　渾象東北方中外官星圖

渾象西南方中外官星圖　　渾象北極星圖

渾象南極星圖　　四時昏曉加臨中星圖

《欽定四庫全書》

《新儀象法要》 卷中　　宋　蘇頌 撰

渾象	渾象六合儀
渾象地櫃	渾象赤道牙
渾象紫微垣星圖	渾象東北方中外官星圖
渾象西南方中外官星圖	渾象北極星圖
渾象南極星圖	四時昏曉加臨中星圖

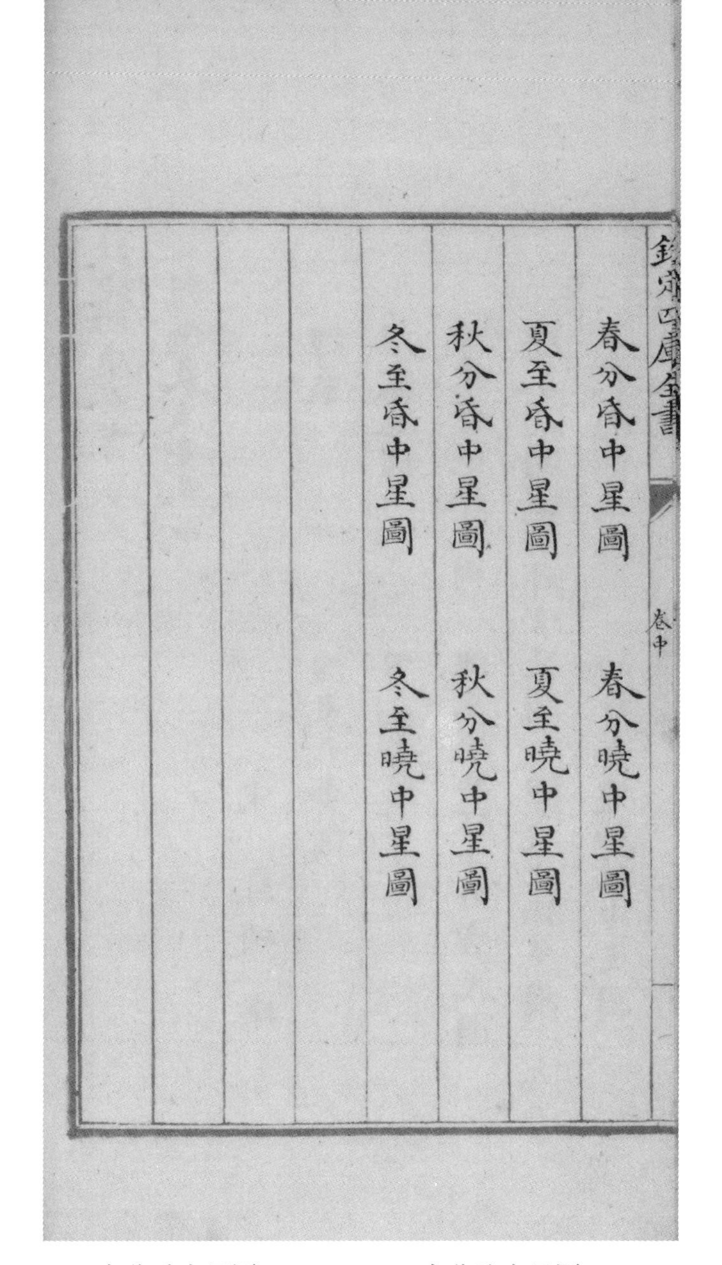
欽定四庫全書　卷中

春分昏中星圖　春分曉中星圖
夏至昏中星圖　夏至曉中星圖
秋分昏中星圖　秋分曉中星圖
冬至昏中星圖　冬至曉中星圖

春分昏中星圖　　春分曉中星圖
夏至昏中星圖　　夏至曉中星圖
秋分昏中星圖　　秋分曉中星圖
冬至昏中星圖　　冬至曉中星圖

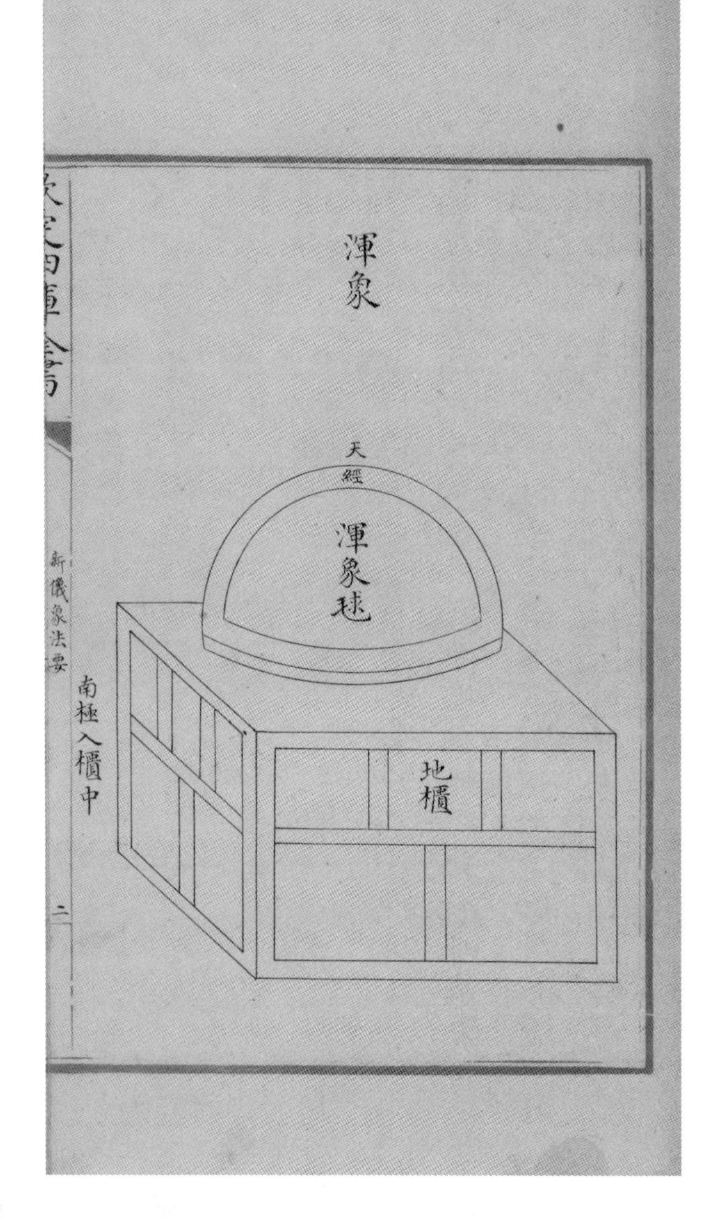

渾象

天經

渾象毬

地櫃　南極入櫃中

右渾象一座太史舊無今倣隋制增損製之上列二十
八宿周天度及紫微垣中外官星以俯視七政之運轉
納於六合儀天經地渾内周以一木櫃載之其中貫以
樞軸軸南北出渾象外南長北短地渾在木櫃面横置之以
象地天經與地渾相結縱置之半在地上半隱地下以
象天其樞軸北貫天經上杠中末與杠平出櫃外三十
五度少弱以象北極出地南亦貫天經出下杠外入櫃
内三十五度少弱以象南極入地就赤道為牙距四百

右渾象一座。太史舊無，今倣隋制增損製之。上列二十八宿、周天度及紫微垣、中外官星，以俯視七政之運轉。納於六合儀天經、地渾内，周以一木櫃載之。其中貫以樞軸，軸南北出渾象外。南長北短。地渾在木櫃面横置之，以象地；天經與地渾相結縱置之，半在地上，半隱地下，以象天。其樞軸北貫天經上杠中，末與杠平，出櫃外三十五度少弱，以象北極出地。南亦貫天經，出下杠外，入櫃内三十五度少弱，以象南極入地。就赤道爲牙距四百

七十八牙以衘天輪隨機輪之地轂以運動按隋志云
渾天象者其制有機而無衡梁末祕府有以木為之其
圓如九其大數圍南北兩頭有軸遍體布二十八宿三
家星黃赤二道及天漢等別為横規以抱其外高下半
之此謂抱規抱渾象高下謂之半以象地南軸頭入地注於南植植柱
也以象南極北軸頭出於地上注於北植以象北極正
東西運轉昏明中星既其應度分至氣節亦驗在不差
而已今所製大率倣此並約梁令瓚張思訓法別為日

七十八牙，以銜天輪，隨機輪之地轂以運動。

按《隋志》云：“渾天象者，其制[1]有機而無衡。梁末秘府有以木爲之，其圓如丸，其大數圍，南、北兩頭有軸。遍體布二十八宿、三家星、黄赤二道及天漢等。別爲横規，以抱其外，高下半之，此謂“抱”，規[2]抱渾象；“高下”謂之“半”。以象地。南軸頭入地，注於南植，植，柱也。[3]以象南極。北軸頭出於地上，注於北植，以象北極。正東西運轉。昏明中星既其應度[4]，分、至、氣節，亦驗在不差而已。”今所製大率倣此，並約梁令瓚、張思訓法，別爲日、

1 制，《儀象法纂》本作“器”。

2 “規”字前，《儀象法纂》本有一“横”字。

3 “植，柱也”，原作正文，文淵閣本、傅圖本、《守山閣叢書》本亦同。《隋書·天文志》無，當係注文誤入，今改。另，傅圖本及國圖本皆誤作“植，挂也”。

4 既其應度，《儀象法纂》本、文淵閣本、傅圖本皆同，《守山閣叢書》本作“既應其度”。

月、五星，循繞三百六十五度，隨天運轉。又王蕃云：“渾象之法，地當在天内，其勢不便，故反觀其形，地爲外郭，而已解者無異在内。詭狀殊體，而合於理，可謂奇巧也。”今地渾亦有[1]渾象外，蓋出於蕃法也。

一云：以象南極入地。别設天運輪一，側置渾象南，其轂貫南樞軸之末。其軸爲牙距六百，以銜[2]天軸，軸下接天輪，隨機軸之地轂以運動。

1有，文淵閣本、傅圖本同，《儀象法纂》本以小字旁注“在”，《守山閣叢書》本作“在”。

2 銜，文淵閣本、傅圖本同，《守山閣叢書》本作“衡”。

月五星循繞三百六十五度隨天運轉又王蕃云渾象
之法地當在天内其勢不便故反觀其形地為外郭而
已解者無異在内詭狀殊體而合於理可謂奇巧也今
地渾亦有渾象外盖出於蕃法也
一云以象南極入地别設天運輪一側置渾象南
其轂貫南樞軸之末其軸為牙距六百以衘天軸
軸下接天輪隨機軸之地轂以運動

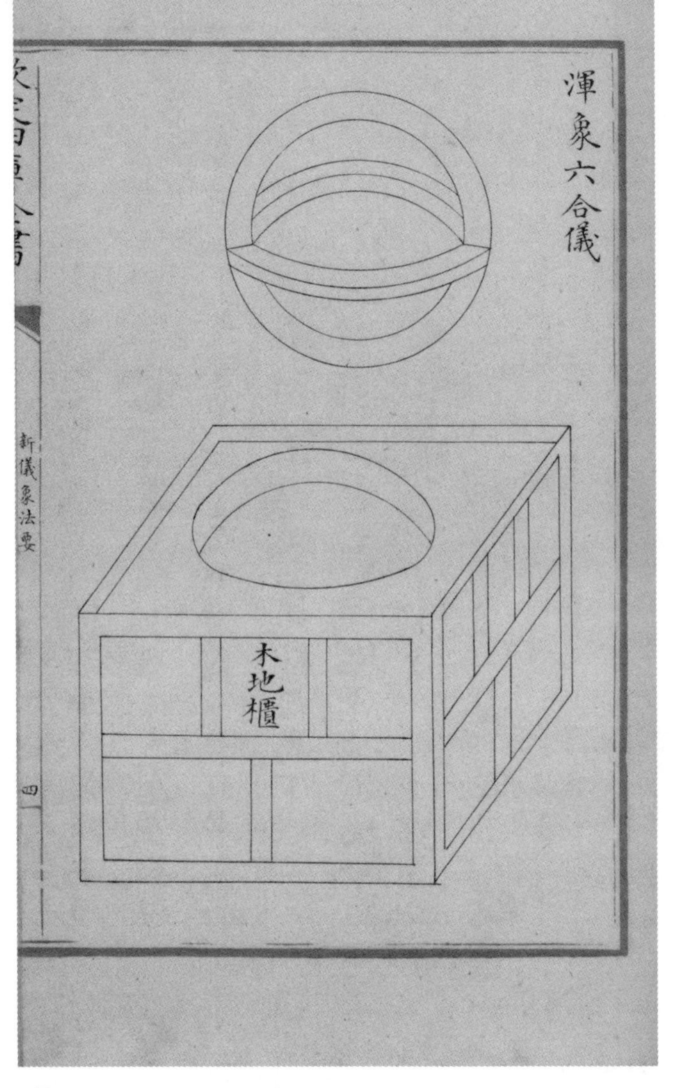

渾象六合儀

木地櫃

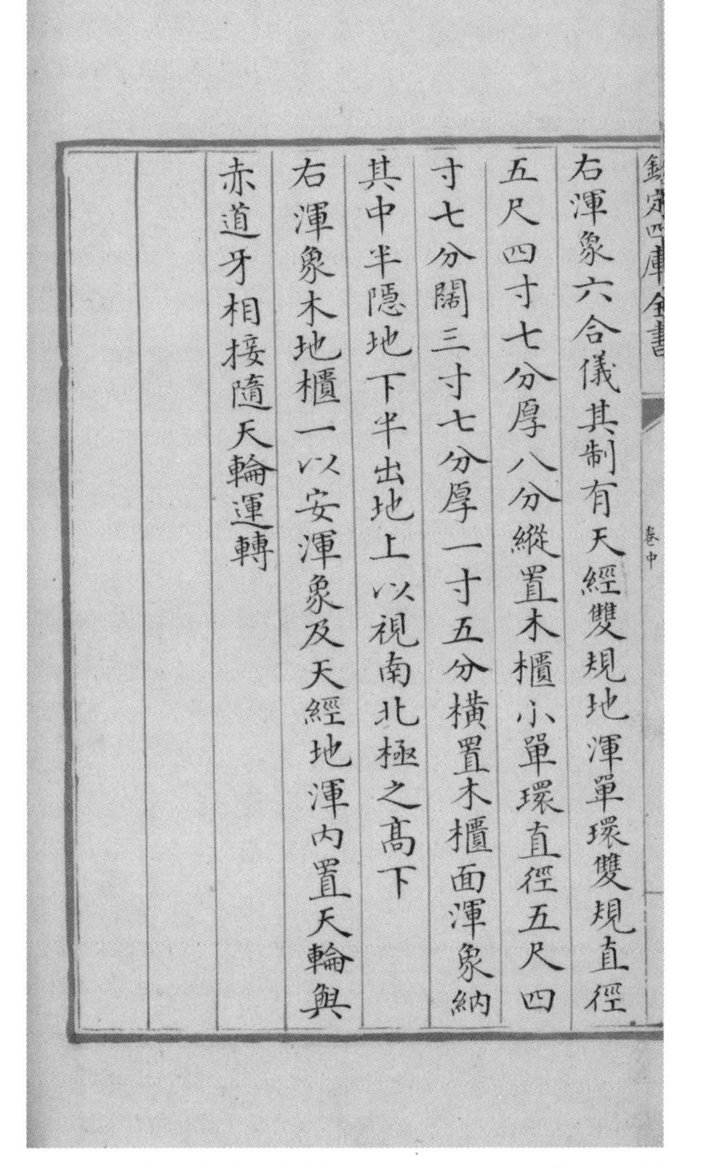
欽定四庫全書　卷中

右渾象六合儀其制有天經雙規地渾單環雙規直徑
五尺四寸七分厚八分縱置木櫃小單環直徑五尺四
寸七分闊三寸七分厚一寸五分横置木櫃面渾象納
其中半隱地下半出地上以視南北極之高下
右渾象木地櫃一以安渾象及天經地渾内置天輪與
赤道牙相接隨天輪運轉

右渾象六合儀。其制有天經雙規、地渾單環。雙規直徑五尺四寸七分，厚八分，縱置木櫃中[1]；單環直徑五尺四寸七分，闊三寸七分，厚一寸五分，横置木櫃面。渾象納其中，半隱地下，半出地上，以視南、北極之高下。

右渾象木地櫃一。以安渾象及天經、地渾。内置天輪，與赤道牙相接，隨天輪運轉。

1 中，原作“小”，文淵閣本亦同，傅圖本及國圖本皆誤作“小”，今據《守山閣叢書》本改。

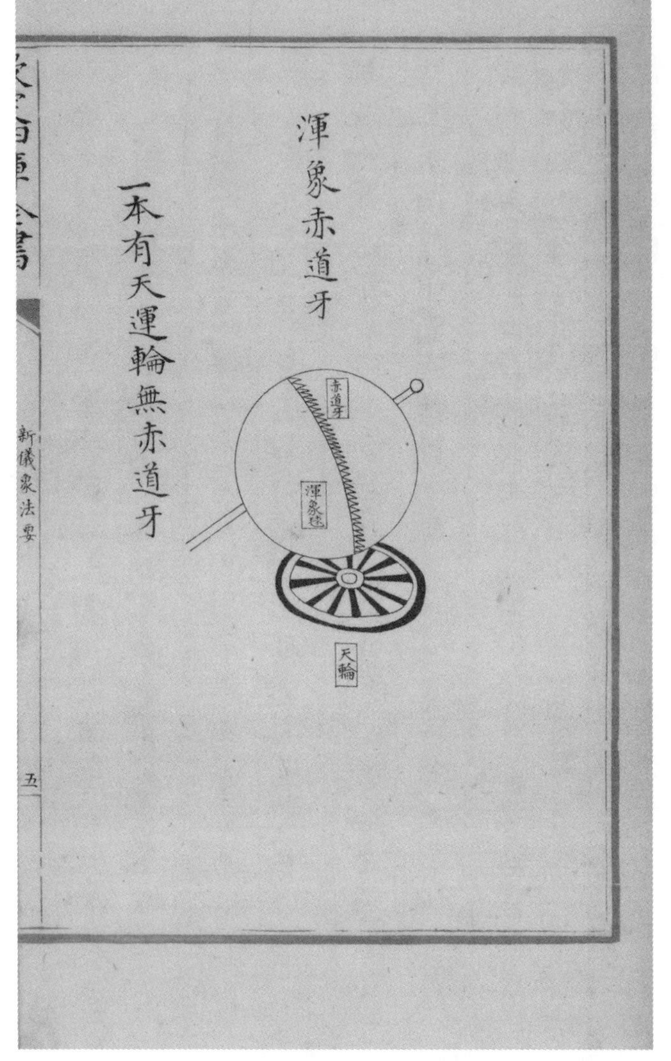

渾象赤道牙

赤道牙
渾象毬
天輪
一本有天運輪，無赤道牙。

右渾象赤道牙一渾象體正圓如毬徑四尺五寸六分
半上布周天三百六十五度有畸中外官星其名二百四
十六其數一千二百八十一紫微垣在渾象北上規星其名三
十七度其數一百八十三二項摠名二百八十三星數一千四
百六十四東西繞以黄赤二道二十八舍相距於四方日
月五星所行中貫以樞軸南北置之赤道牙與天輪相
衡候天輪動則與渾象俱轉其天度星舍等及黄赤道
日月五星所行周旋渾象各有名數距度次序標道

右渾象赤道牙一。渾象體正圓如毬，徑四尺五寸六分半，上布周天三百六十五度有畸，中外官星其名二百四十六、其數一千二百八十一。紫微垣在渾象北上規，星其名三十七[1]，其數一百八十三。二項總名二百八十三，星數一千四百六十四。東西繞以黄、赤二道，二十八舍相距於四方，日月五星所行。中貫以樞軸，南北置之。赤道牙與天輪相銜，候天輪動，則與渾象俱轉。其天度、星舍等及黄赤道、日月五星所行，周旋渾象，各有名數、距度、次序、標道。

1“三十七”後，原本衍一“度”字，今據文淵閣本、傳圖本改。

渾象紫微垣星之圖
八穀
傳舍
少丞
少衛
杠
上衛
內階
四輔
少輔
文昌
上輔
三師
天樞
少尉
璇
天牢
太一
天一
天理
勢
權
機
玉衡
陰德
陽德
相
三公
搖光
六

渾象紫微垣星之圖

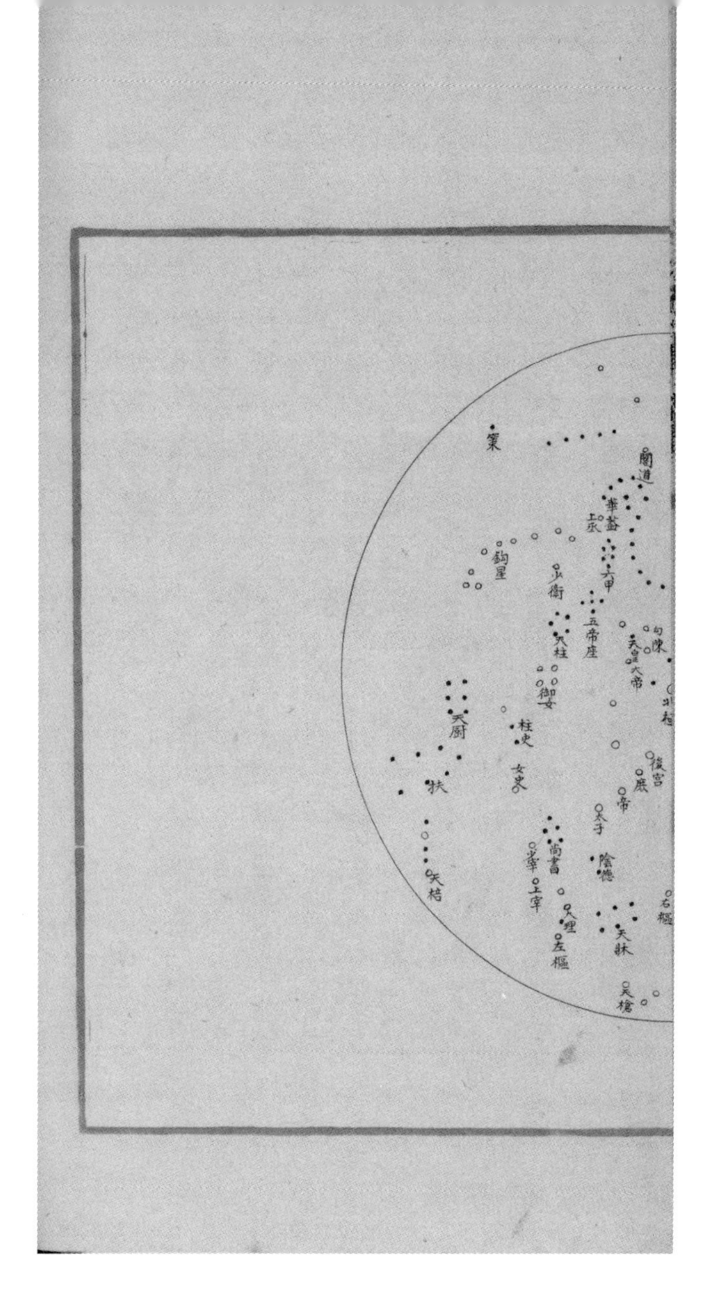
策
閣道
華蓋
上丞
六甲
鉤星
少衛
五帝座
天柱
勾陳
天皇大帝
御女
天廚
柱史
女史
扶
後宮
庶子
帝
太子
天棓
尚書
陰德
少宰
上宰
天理
左樞
天牀
右樞
天槍

右紫微垣星圖一凡三十七名一百八十三星布列渾
象之北上規所以正天地之南北也北斗七星在垣内
所以正四時也史志曰中宮北極五星鈎陳六星皆在
紫宮中北極北辰之最尊者也其細星天之樞也天運
無窮三光迭曜而極星不移故曰居其所而衆星拱之
舊說皆以紐星即天極在正北為天心不動今驗天極
亦晝夜運轉其不移處乃在天極之内一度有半故渾
象杠軸正中置之不動以象天心也自天極外諸星皆

右紫微垣星圖一。凡三十七名，一百八十三星，布列渾象之北上規，所以正天地之南北也。北斗七星在垣内，所以正四時也。

史志曰：“中宮。北極五星，鈎陳六星，皆在紫宮中。北極，北辰之最尊者也；其細星[1]，天之樞也。天運無窮，三光迭曜，而極星不移，故曰‘居其所而衆星拱之’。”舊説皆以紐星即天極，在正北，爲天心，不動。今驗天極，亦晝夜運轉，其不移處乃在天極之内一度有半，故渾象杠軸正中置之不動，以象天心也。自天極外，諸星皆

1 按，細星，文淵閣本、傅圖本、《守山閣叢書》本皆同，據《宋史·藝文志》及下文，應作“紐星”。

欽定四庫全書　　卷中

隨渾象運轉以象列宿隨天左旋也天有二十八宿為十二次舍布列四方三百六十五度有畸而天極亦具其數古人所謂天形如蓋即天心為蓋之杠軸列舍如蓋之橑輻分布十二次舍之度數紫微宫近天極故狹而密列舍布四方故闊而踈也北斗七星所謂璇璣玉衡以齊七政者也魁四星為璿璣杓五星為玉衡杓攜龍角杓斗柄也龍角東方星攜連也衡中南斗衡斗中央之星也魁枕參首斗第一星為魁用昏建者杓斗第七星為杓斗之星也夜半建者衡假令杓昏建寅則夜半衡亦建寅平旦建者

隨渾象運轉，以象列宿隨天左旋也。天有二十八宿，爲十二次舍，布列四方三百六十五度有畸，而天極亦具其數。古人所謂天形如蓋，即天心爲蓋之杠軸，列舍如蓋之橑[1]輻，分步十二次舍之度數。紫微[2]宫近天極，故狹而密；列舍布四方，故闊而疎也。

北斗七星，所謂“璇璣玉衡，以齊七政”者也。魁四星爲璿璣，杓五[3]星爲玉衡。杓攜龍角，杓，斗柄也。龍角，東方星。攜，連也。衡中南斗，衡，斗中央之星也。魁枕参首。斗第一星爲魁。用昏建者杓，斗第七星爲杓，斗之星也。夜半建者衡，假令杓昏建寅，則夜半衡亦建寅。平旦建者

1 橑，文淵閣本、傅圖本同，《守山閣叢書》本誤作“撩”。

2 微，文淵閣本、傅圖本皆脱。

3 五，文淵閣本、傅圖本同，《守山閣叢書》本作“三”。

魁。斗爲帝車，運於中央，照臨四海。分陰陽，建四時，均五行，移節度，定諸紀，皆繫於斗。故揚[1]子雲云：“日一南而萬物死，謂夏至已後，日第[2]南陸。一反南道，群陰漸長，萬物所以死也。日一北而萬物生；謂冬至已後，日窮北陸。一反北道，群陽漸長，萬物所以生也。斗一北而萬物虚，謂立冬已後，斗杓建亥。自亥之後，陰主於時，萬物以斂，故曰“虚”。斗一南而萬物盈。謂立夏已後，斗杓建巳。自巳之後，陽主於時，萬物華盛，故曰“盈”。日之南也，右行而左還；斗之北也，左行而右還。”日則迎天右行，謂：春行西方，歷[3]七星而南；秋行東方，歷[4]七星而北。始行西方，故云“右行”也；還從東方，故云“左還”也。斗則隨天而行：春指東方，歷[5]三辰而南；秋指西方，歷[6]三辰而北。始指東方，故云“左

1 揚，原本作“楊”，揚雄字子雲，另據文淵閣本改。

2 第，文淵閣本、傳圖本同，《守山閣叢書》本作“窮”。

3、4、5、6 歷，原作“歷”，四庫本皆避乾隆皇帝諱，今改。

欽定四庫全書　卷中

行也還從西方故云右還也由是言之天形無垠晝夜不息所以分節候運寒暑日與斗建相推移於上而成歲於下也所以著於圖象者欲俯仰之參合先天而趨務也故人君南面聽天下常視四七之中星察玉衡之杓建考日躔之南北順天時而布民政自唐虞以来莫不尚之然則渾象人居天外故俯視之星圖人在天裏故仰觀之二者相戾盖俯仰之異也其下中外官星亦倣此

行”也；還從西方，故云“右還”也。由是言之，天形無垠，晝夜不息。所以分節候，運寒暑，日與斗建相推移於上，而成歲於下也。所以著於圖象者，欲俯仰之，參合先天而趨務也。故人君南面聽天下，常視四七之中星，察玉衡之杓建，考日躔之南北，順天時而布民政。自唐、虞以來，莫不尚之。然則渾象，人居天外，故俯視之；星圖，人在天裏，故仰觀之。二者相戾，蓋俯仰之異也。其下中外官星亦倣此。

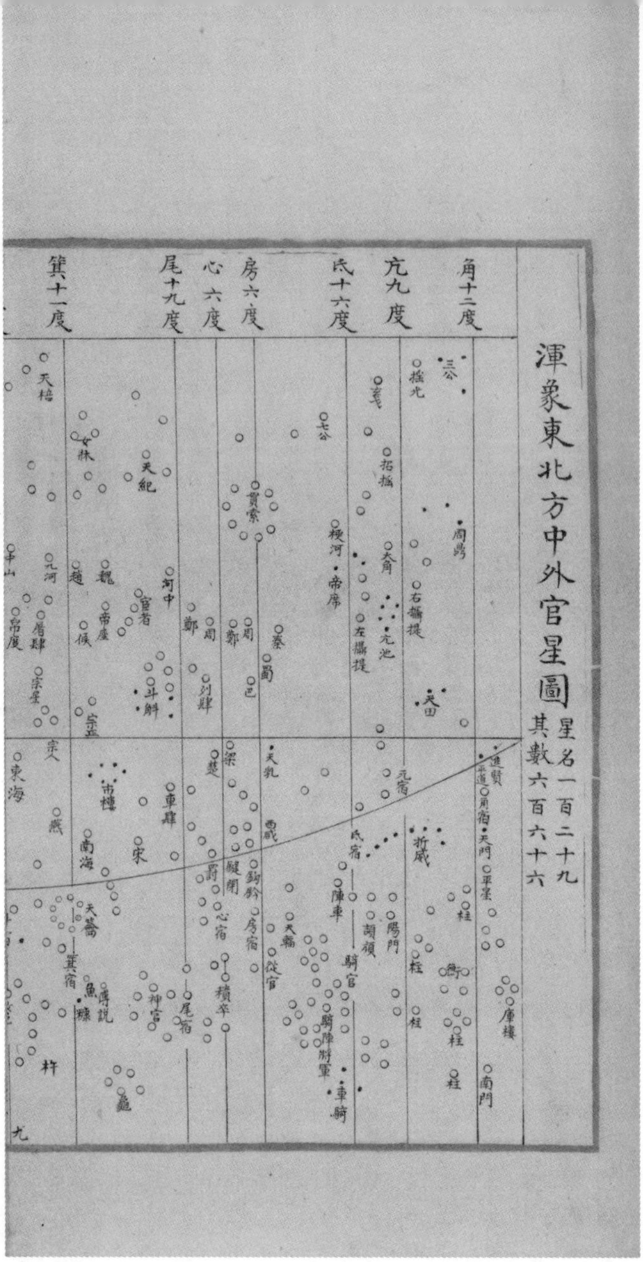

渾象東北方中外官星圖 星名一百二十九 其數六百六十六

角十二度 亢九度 氐十六度 房六度 心六度 尾十九度 箕十一度

渾象東、北方中外官星圖 星名一百二十九，其數六百六十六。

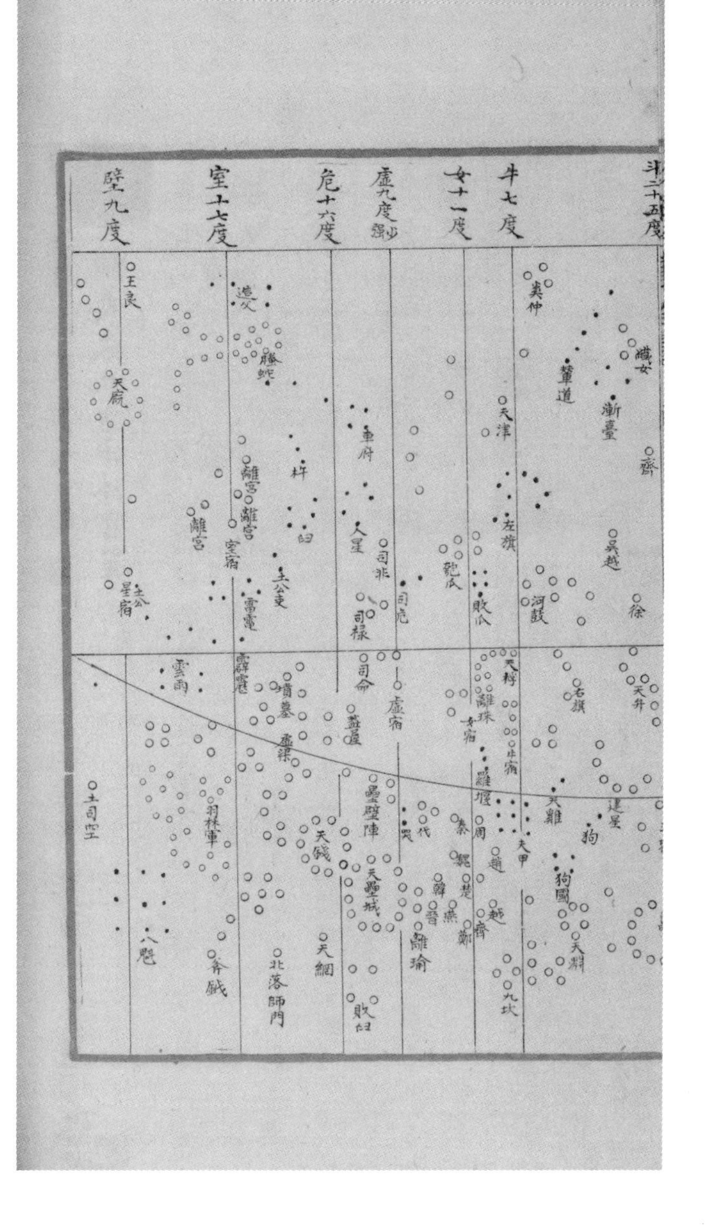

斗二十五度
牛七度
女十一度
虛九度少強
危十六度
室十七度
壁九度

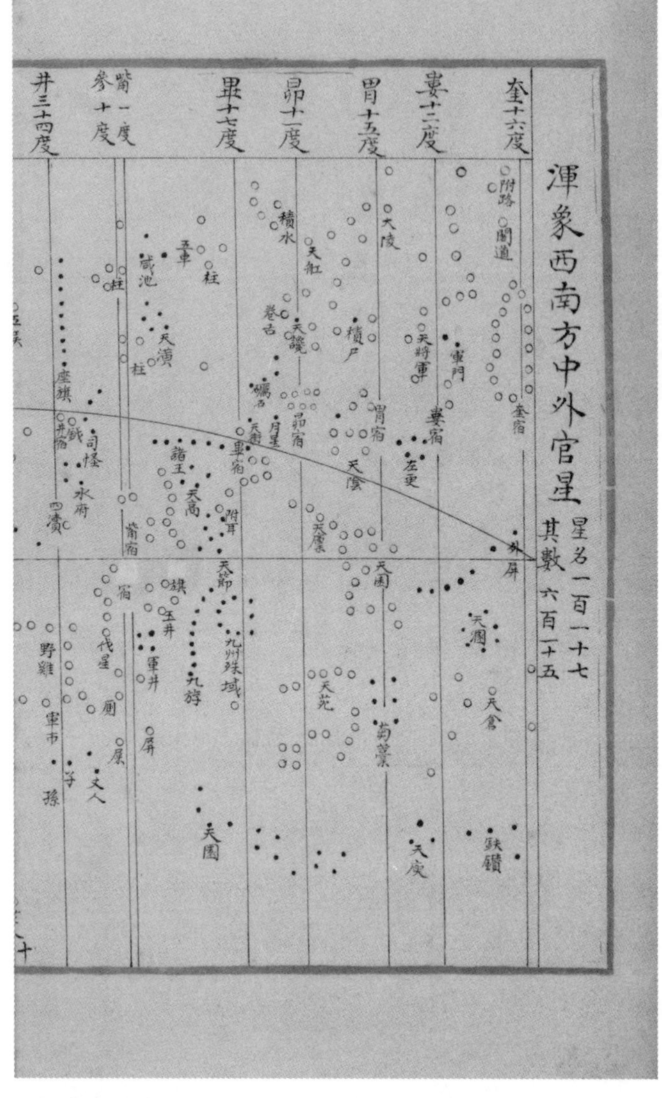

渾象西、南方中外官星 星名一百一十七，其數六百一十五。

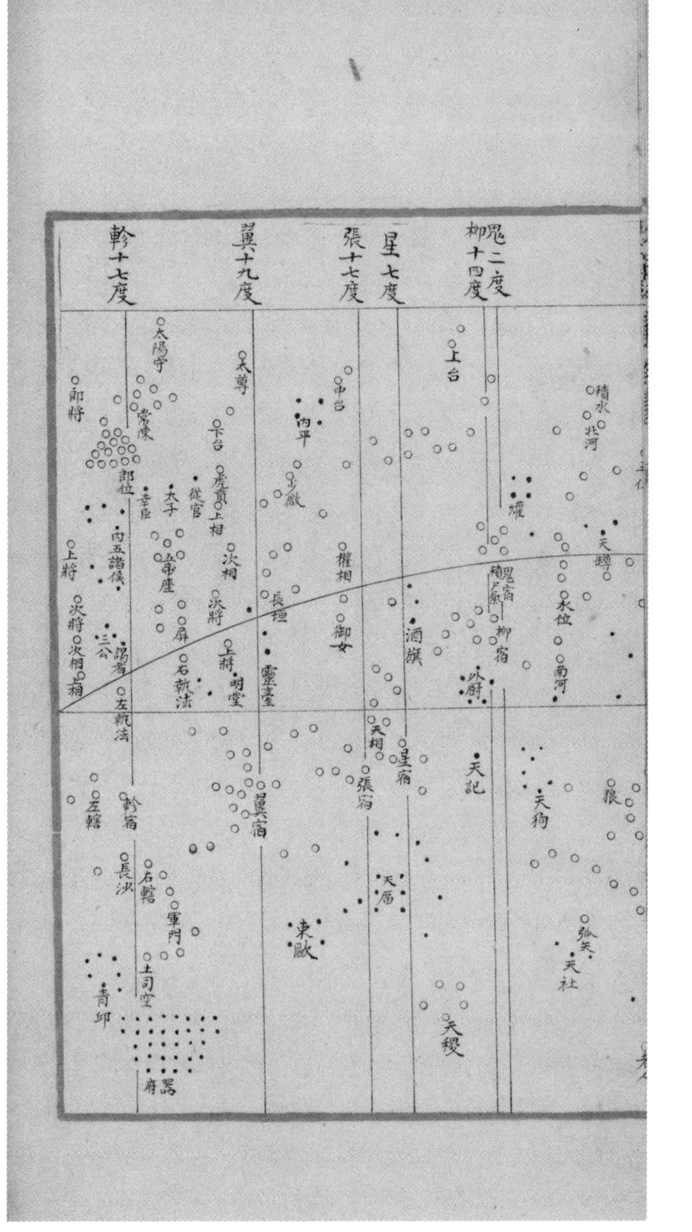

軫十七度
翼十九度
張十七度
星七度
鬼二度
柳十四度

右渾象中外官星圖二凡二百四十六名一千二百八
十一星分布於四方周遍天體惟南極入地常隱不見
紫微宮常見不隱餘星近日而伏遠日而出四時互見
二十八宿為十二次三百六十五度有畸日月五星之
所舍也史志曰東宮蒼龍謂角亢氐房心尾箕七宿其
形如龍在東方故曰蒼龍也南宮朱鳥謂東井輿鬼柳
七星張翼軫七宿其形如鶉鳥在南方故曰朱鳥也西
宮咸池白虎謂奎婁胃昴畢觜觿參為白虎在西方故

右渾象中外官星圖二。凡二百四十六名、一千二百八十一星，分布於四方，周遍天體。惟南極入地常隱不見，紫微宮常見不隱。餘星近日而伏，遠日而出，四時互見。二十八宿爲十二次、三百六十五度有畸，日、月、五星之所舍也。

史志曰：東宮蒼龍，謂角、亢、氐、房、心、尾、箕七宿，其形如龍，在東方，故曰“蒼龍”也。南宮朱鳥，謂東井、輿鬼、柳、七星、張、翼、軫七宿，其形如鶉鳥，在南方，故曰“朱鳥”也。西宮咸池、白虎，謂奎、婁、胃、昴、畢、觜觿、參，爲白虎，在西方，故

欽定四庫全書　　卷中

曰白虎也北方元武謂南斗牽牛女虛危營室東壁有
龜蛇體在北方故曰元武也凡星皆隨天左旋日月五
星常違天右轉昏曉於是乎正寒暑於是乎生歲時於
是乎成所以著於渾象者將以俯察而知七政行度之
所在也著於圖者將以仰觀而上合乎天象也星有三
色所以别三家之異也出於石申者赤出於甘德者黑
出於巫咸者黄紫宫諸星亦同出三家中外官與紫宫
星揔二百八十三名一千四百六十四星漢志所載紫

曰“白虎”也。北方玄武[1]，謂南斗、牽牛、女、虛、危、營室、東壁，有龜、蛇體，在北方，故曰“玄武[2]”也。凡星皆隨天左旋，日、月、五星常違天右轉，昏曉於是乎正，寒暑於是乎生，歲時於是乎成。所以著於渾象者，將以俯察而知七政行度之所在也；著於圖者，將以仰觀而上合乎天象也。星有三色，所以别三家之異也。出於石申者赤[3]，出於甘德者黑，出於巫咸者黄。紫宫諸星亦同出三家。中外官與紫宫星揔[4]二百八十三名、一千四百六十四星。《漢志》所載紫

1 玄武，原作“元武”，四庫本、傅圖本皆避康熙皇帝諱，今改。
2 同上注。
3 “赤”字後，文淵閣本、傅圖本皆有一“也”字。
4 揔，文淵閣本作“總”。

宮及中外官星才百一十八名積數七百八十三星至
晉武帝時太史令陳卓摠三家所著星圖方具上數至
今不改然則施於渾象者惟天極北斗二十八舍為占
候之要其餘備載者所以具上象之全體也

宮及中外官星才百一十八名，積數七百八十三星，至晉武帝時，太史令陳卓摠三家所著星圖，方具上數，至今不改。然則施於渾象者，惟天極、北斗、二十八舍爲占候之要，其餘備載者，所以具上象之全體也。

欽定四庫全書
卷中

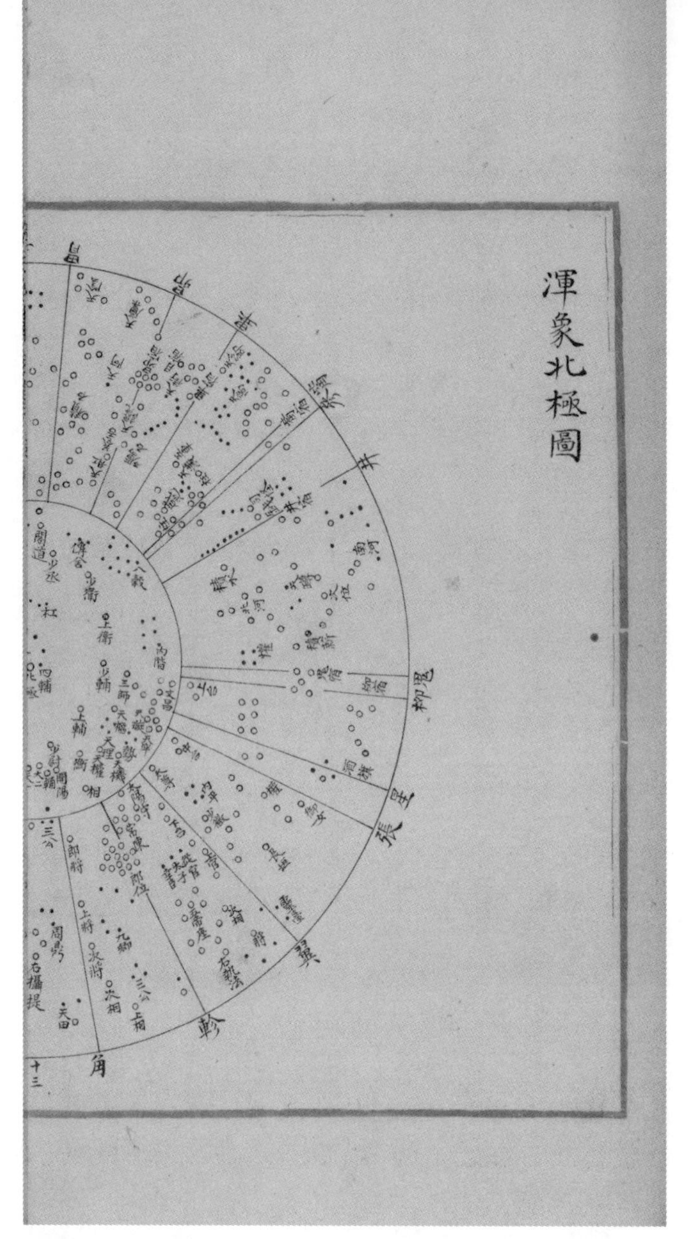

渾象北極圖

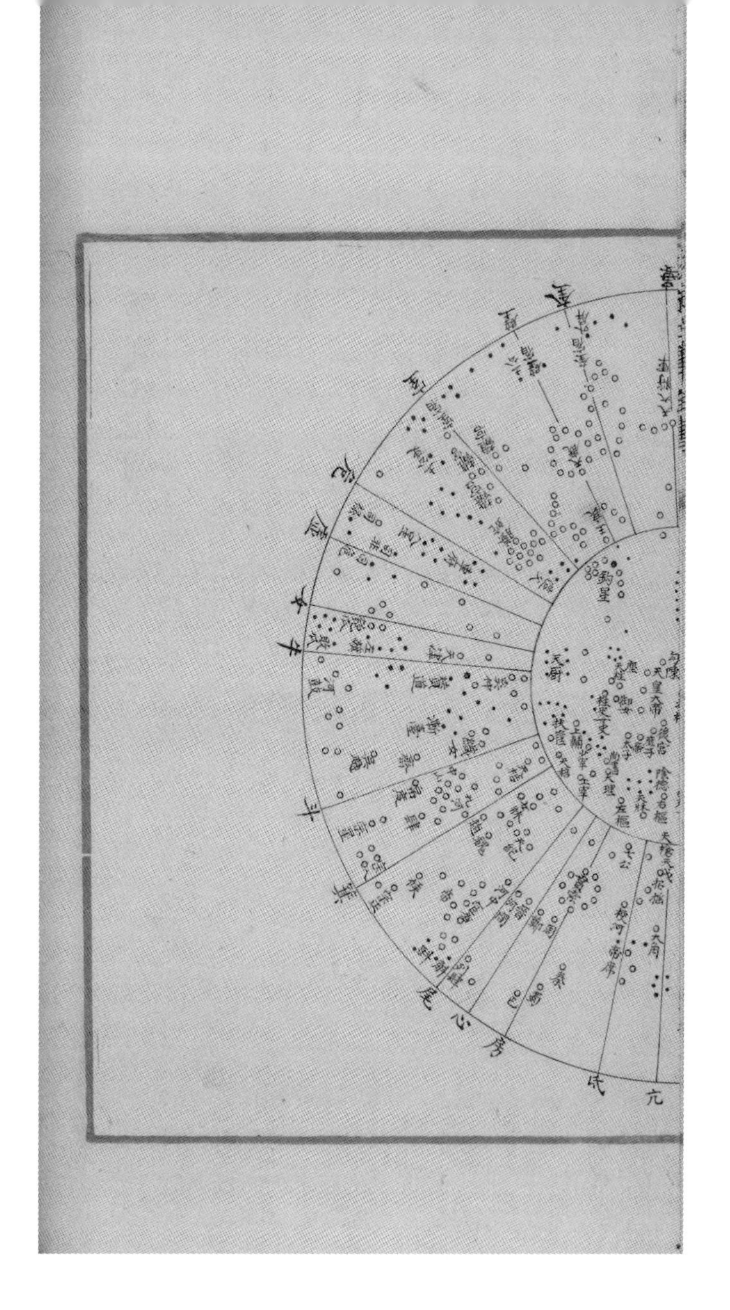

壁
室
危
虛
女
牛
斗
箕
尾
心
房
氐
亢

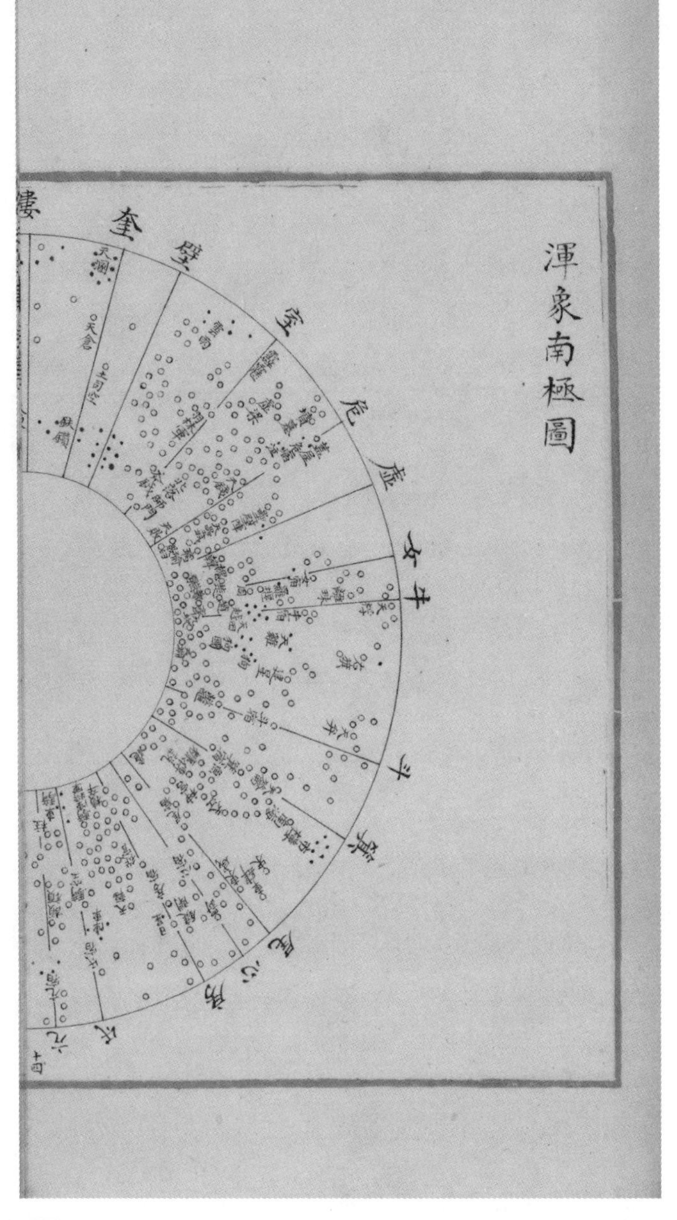

渾象南極圖

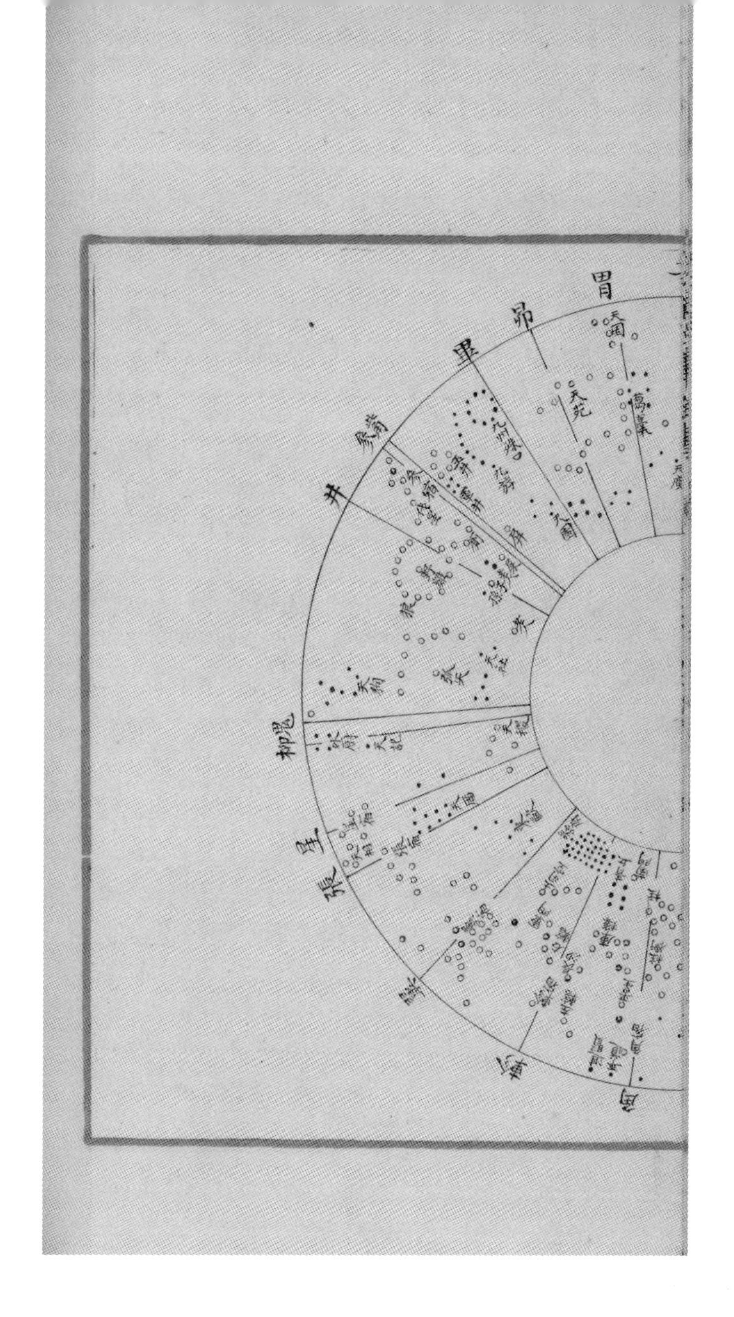
胃
昴
畢
井
鬼
柳
星
張
翼

欽定四庫全書
右渾象北極南極星圖二古圖有圖縱二法圖圖視天
極則親視南極則不及橫圖視列舍則親視兩極則踈
何以言之夫天體正圓如兩蓋之相合南北兩極猶兩
蓋之杠轂二十八宿猶蓋之弓撩周禮考工記蓋弓二十八以象星注云蓋弓撩也然則古之置蓋者亦取法於天赤
道之北為內郭如上覆蓋赤道之南為外郭如下仰蓋
故列弓撩之數近兩轂則狹漸遠漸闊至交則極闊勢
之然也亦猶列舍之度近兩極則狹漸遠漸闊至赤道
新儀象法要 十五

右渾象北極、南極星圖二。古圖有圓、縱二法。圓圖[1]視天極則親，視南極則不及；橫圖視列舍則親，視兩極則踈。何以言之？夫天體正圓，如兩蓋之相合，南北兩極猶兩蓋之杠轂，二十八宿猶蓋之弓撩，《周禮·考工記》："蓋弓二十八以象星。"注云："蓋弓，撩也。"然則古之置蓋者，亦取法於天。赤道橫絡天腹，如兩蓋之交處。赤道之北爲内郭，如上覆蓋；赤道之南爲外郭，如下仰蓋。故列弓撩之數，近兩轂則狹，漸遠漸闊，至交則極闊，勢之然也。亦猶列舍之度，近兩極則狹，漸遠漸闊，至赤道

1 圓圖，此本、文淵閣本及傅圖本皆作"圖圓"，今據上下文及《守山閣叢書》改。

欽定四庫全書　卷中

則極闊也以圓圖視之則近北星頗合天形近南星度當漸狹則反闊矣以横圖視之則去兩極星度皆闊失天形矣今倣天形為覆仰兩圓圖以蓋言之則星度並在蓋外皆以圖心為極自赤道而北為北極内官星圖赤道而南為南極外官星圖兩圖相合全體渾象則星官闊狹之勢脗與天合以之占候則不失毫釐矣

則極闊也。以圓圖視之，則近北星頗合天形，近南星度當漸狹則反闊矣。以横圖視之，則去兩極星度皆闊，失天形矣。今倣天形爲覆仰兩圓圖，以蓋言之，則星度並在蓋外，皆以圖心爲極。自赤道而北爲北極内官星圖，赤道而南爲南極外官星圖。兩圖相合，全體渾象，則星官闊狹之勢脗與天合，以之占候，則不失毫釐矣。

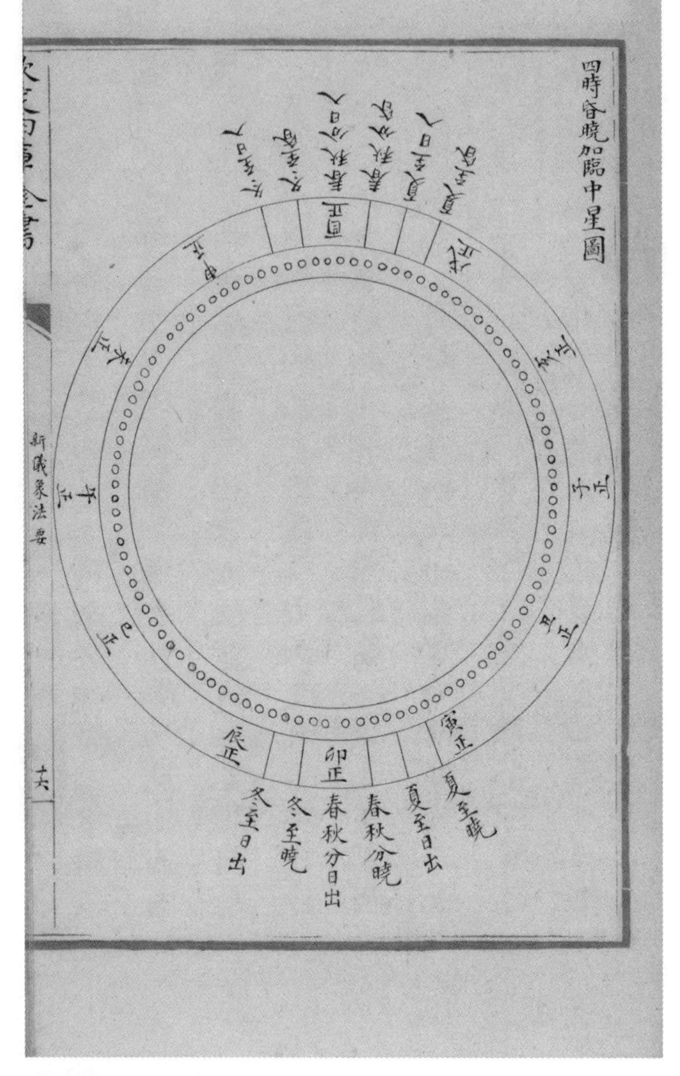

四時昏曉加臨中星圖

右四時昏曉加臨中星圖聖人南面視四時之中所以
候四時之早晚以布民政故堯命羲和歷象日月星辰
敬授人時舜在璿璣玉衡以齊七政皆謂此也然則天
以二十八宿分布四方凡三百六十五度有畸為日月
五星之次舍日行一度為一日周天為一歲月行三十
日一周天為一月故日月一歲十二會為四時時有孟
仲季仲為分至人君不能日夕察候星度故舉四時之
中以驗之曰日中春分也曰日永夏至也曰宵中秋分

右四時昏曉加臨中星圖。聖人南面，視四時之中，所以候四時之早晚，以布民政。故堯命羲和“曆[1]象日月星辰，敬授人時”，舜“在璿璣玉衡，以齊七政”，皆謂此也。然則天以二十八宿分布四方，凡三百六十五度有畸，爲日月五星之次舍。日行一度爲一日，周天爲一歲；月行三十日一周天，爲一月。故日、月一歲十二會，爲四時，時有孟、仲、季，仲爲分、至。人君不能日夕察候星度，故舉四時之中以驗之。曰“日中”，春分也；曰“日永”，夏至也；曰“宵中”，秋分

1 曆，原作“歷”，四庫本皆避諱，今改。

也曰日短冬至也所謂星鳥者南方之星七爲朱鳥體
春分則見於南方也所謂星火者東方之星七爲蒼龍
體夏至則見於南方也所謂星虛者北方之星七爲元
武體秋分則見於南方也所謂星昴者西方之星七爲
白虎體冬至則見於南方也鄭康成云凡記昏明中星
者爲人君南面而聽天下視時候以授民事也既舉四
時之中又昏旦視四方列宿則孟季之月與周天之度
數從可知也故歷代聖王尚之經史記云夏有小正周

也；曰“日短”，冬至也。所謂“星鳥”者，南方之星七，爲朱鳥體，春分則見於南方也。所謂“星火”者，東方之星七，爲蒼龍體，夏至則見於南方也。所謂“星虛”者，北方之星七，爲玄[1]武體，秋分則見於南方也。所謂“星昴”者，西方之星七，爲白虎體，冬至則見於南方也。鄭康成云，凡記昏明中星者，爲人君南面而聽天下，視時候以授民事也，既舉四時之中，又昏旦視四方列宿，則孟、季之月與周天之度數從可知也，故歷[2]代聖王尚之。經史記云：夏有《小正》，周

1 玄，原本作“元”，四庫本皆避諱，今改。
2 歷，原本作“歷”，四庫本皆避諱，今改。

有時訓秦漢暨唐及本朝皆有月令所以順天時而督
民務也詩曰定之方中作于楚宮又有三星在天在隅
在户之候春秋傳曰啓蟄而郊龍見而雩又曰凡土功
水昏正而栽又曰凡馬日中而出日中而入此皆視列
宿而行國政也然其上所記及唐虞之世日行次舍如
此厯三代漢唐至今數千年日行漸遠故中星隨而轉
移今以禮記月令洎唐及本朝所測合為四時昏旦中
星圖所以上備宸庭觀覽順陰陽而頒政令也四仲圖

有《時訓》，秦、漢暨唐及本朝皆有《月令》，所以順天時而督民務也。《詩》曰：“定之方中，作于楚宫”。又有三星“在天”、“在隅”、“在户”之候。《春秋傳》曰：“啟蟄而郊，龍見而雩。”又曰：“凡土功，水昏正而栽。”又曰：“凡馬，日中而出，日中而入。”此皆視列宿而行國政也。然其上[1]所記，及[2]唐虞之世，日行次舍如此，歷[3]三代、漢、唐，至今數千年，日行漸遠，故中星隨而轉移。今以《禮記·月令》洎唐及本朝所測，合爲四時昏旦中星圖，所以上備宸庭觀覽，順陰陽而頒政令也。四仲圖

1 上，此本及文淵閣本、傅圖本有，《守山閣叢書》本無。
2 “及”字前，《守山閣叢書》本有一“上”字，此本及文淵閣本、傅圖本無。
3 歷，原作“厯”，四庫本皆避諱，今改。

別出于後圖稱月令者是漢太初歷星度稱唐者是開元大衍歷星度稱今者是元豐所測見今星度也

別出于後。圖稱"《月令》"者，是漢《太初曆[1]》星度；稱"唐"者，是開元《大衍曆[2]》星度；稱"今"者，是元豐所測見今星度也。

1、2 曆，原作"歴"，四庫本皆避諱，今改。

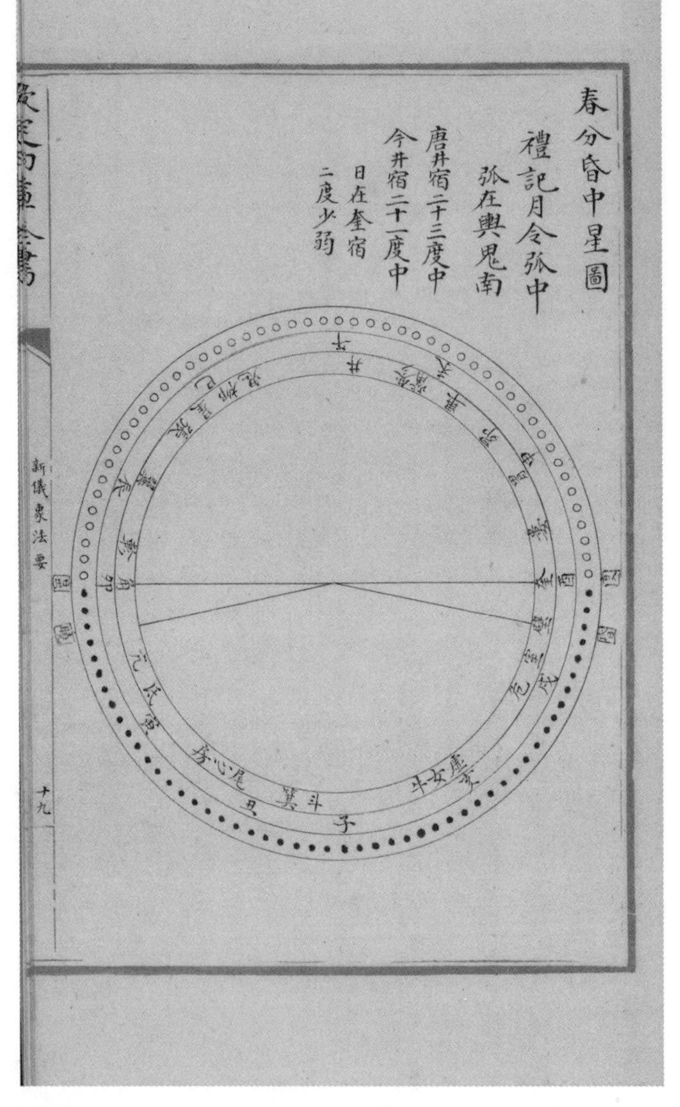

春分昏中星圖

《禮記·月令》:“弧中。”弧在輿鬼南。[1]
唐:井宿二十三度中。
今:井宿二十一度中。日在奎宿,二度少弱。

1 按,“弧在輿鬼南”,語出漢鄭玄注、唐孔穎達正義《禮記正義》。

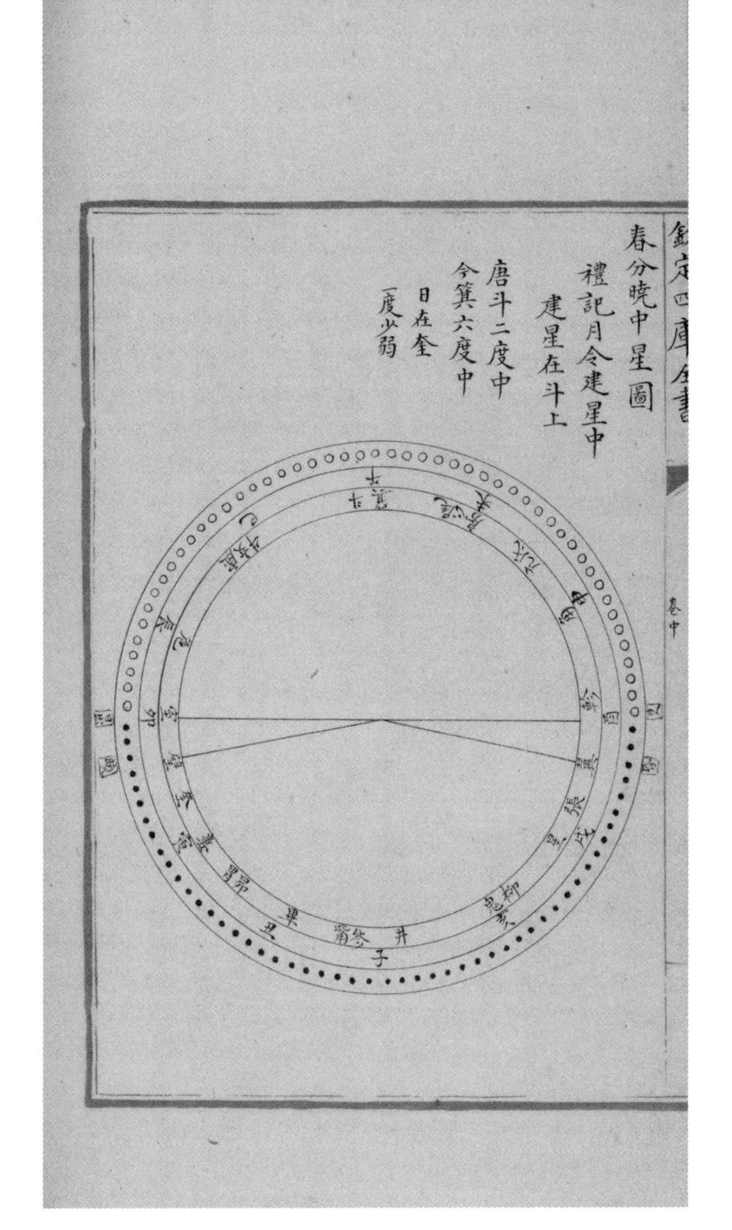
欽定四庫全書
春分曉中星圖
禮記月令建星中
建星在斗上
唐斗二度中
今箕六度中
日在奎
一度少弱

春分曉中星圖

《禮記·月令》：“建星中。”建星在斗上。[1]

唐：斗二度中。

今：箕六度中。日在奎，一度少弱。

1 按，“建星在斗上”，語出漢鄭玄注、唐孔穎達正義《禮記正義》。

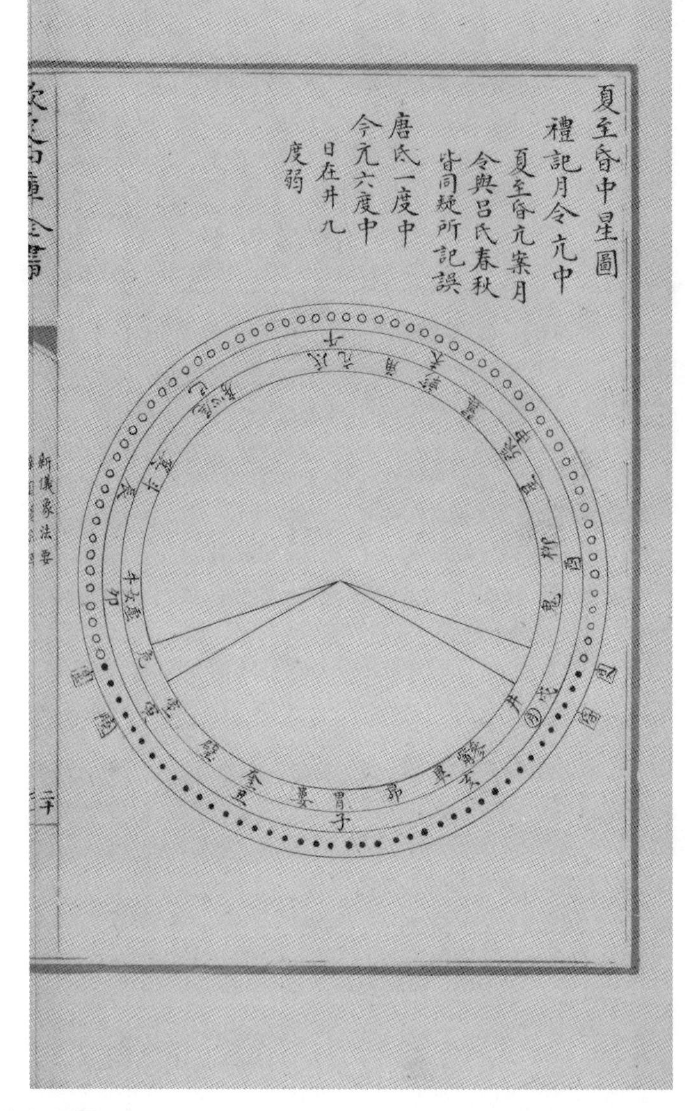

夏至昏中星圖

《禮記·月令》："亢中。"夏至昏亢。案，《月令》與《吕氏春秋》皆同，疑所記誤。

唐：氐一度中。

今：亢六度中。日在井，九度弱。

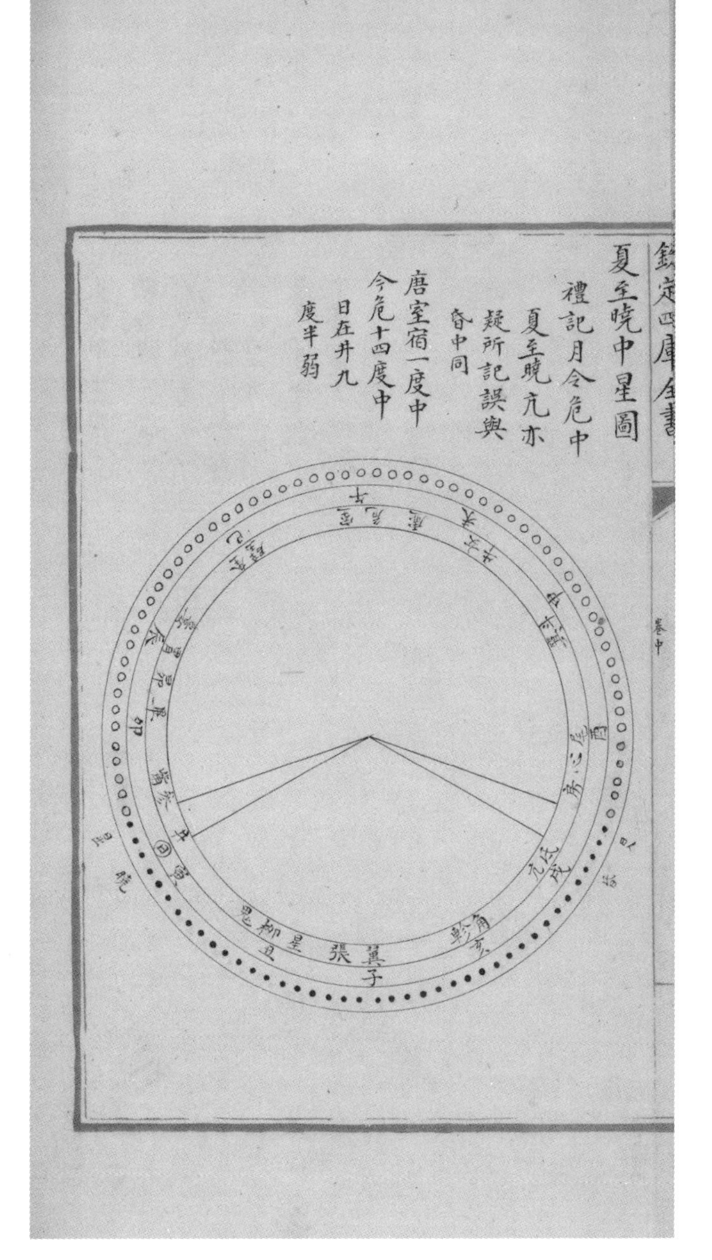

夏至曉中星圖

《禮記·月令》：“危中。”

夏至曉危[1]。亦疑所記誤，與昏中同。

唐：室宿一度中。

今：危十四度中。日在井，九度半弱。

1 危，原本及文淵閣本、《仪象法纂》本、傅圖本皆作“亢”，今據《守山閣叢書》本改。

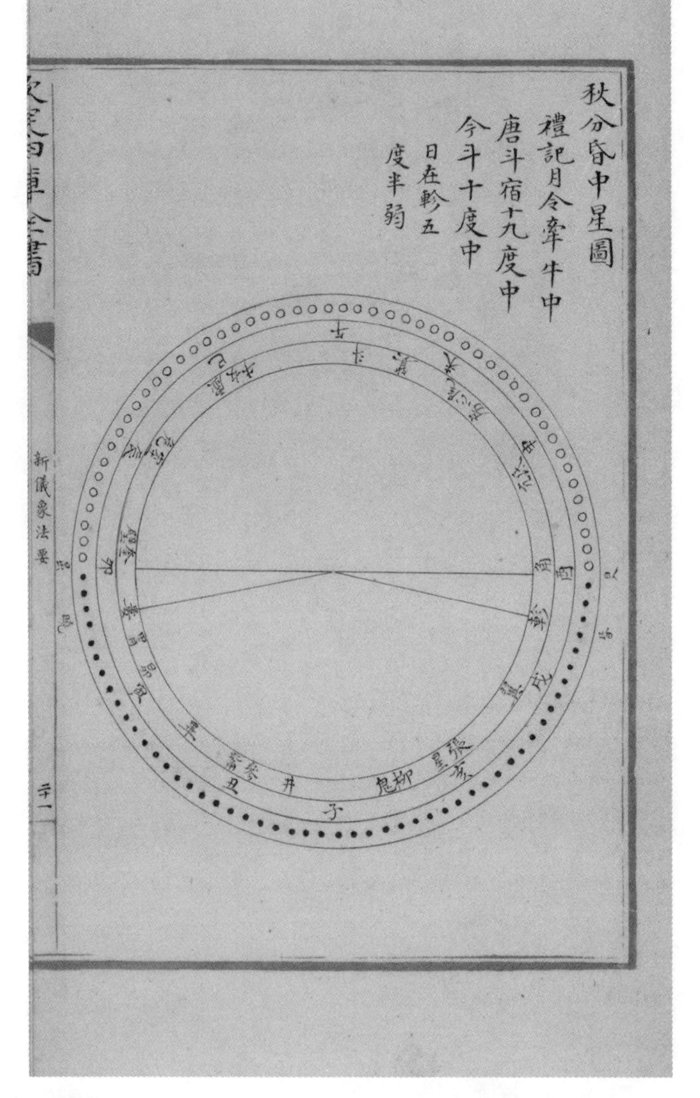

秋分昏中星圖

《禮記·月令》:“牽牛中。”
唐：斗宿十九度中。
今：斗十度中。日在軫，五度半弱。

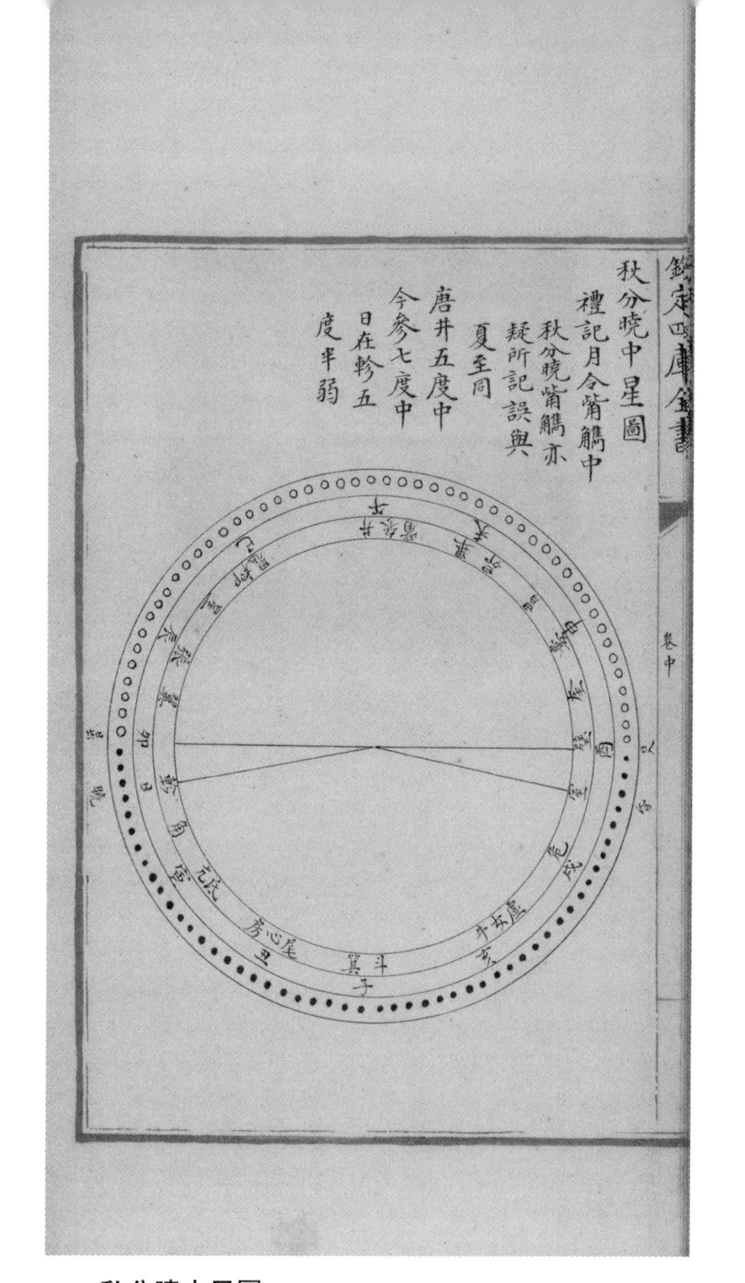

秋分曉中星圖

《禮記·月令》：“觜觿中。”秋分曉觜觿。亦疑所記誤，與夏至同。

唐：井五度中。

今：參七度中。日在軫，五度半弱。

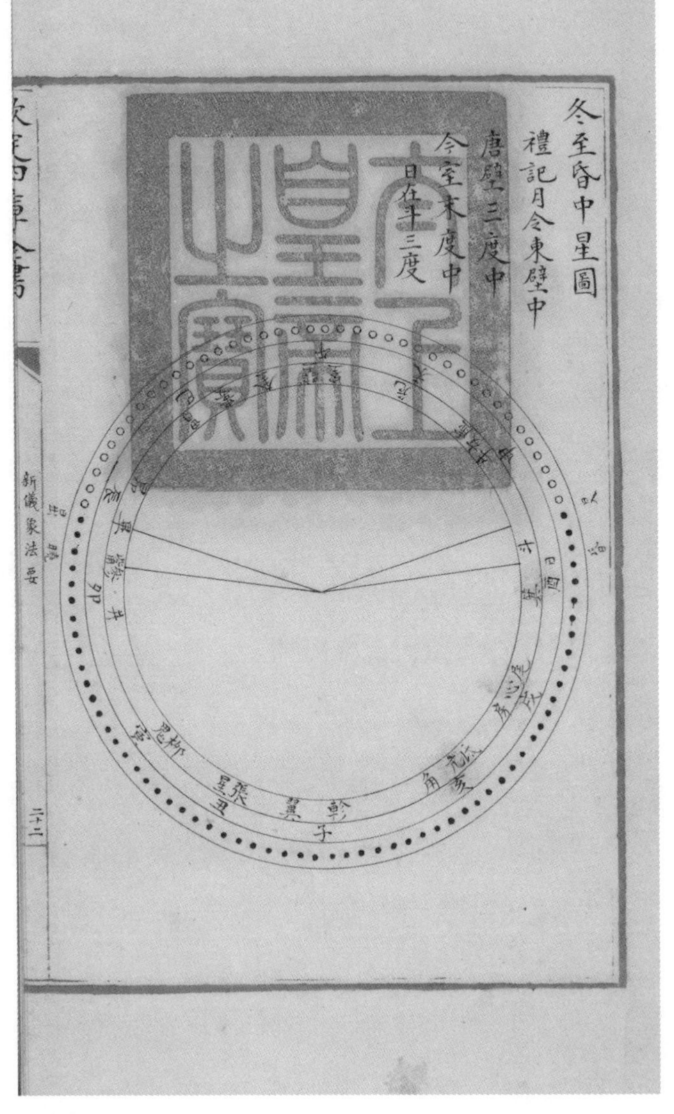

冬至昏中星圖[1]

《禮記·月令》：“東壁中。”
唐：壁三度中。
今：室末度中。日在斗，三度。

1 鈐“太上皇帝之寶”（朱文方印）。

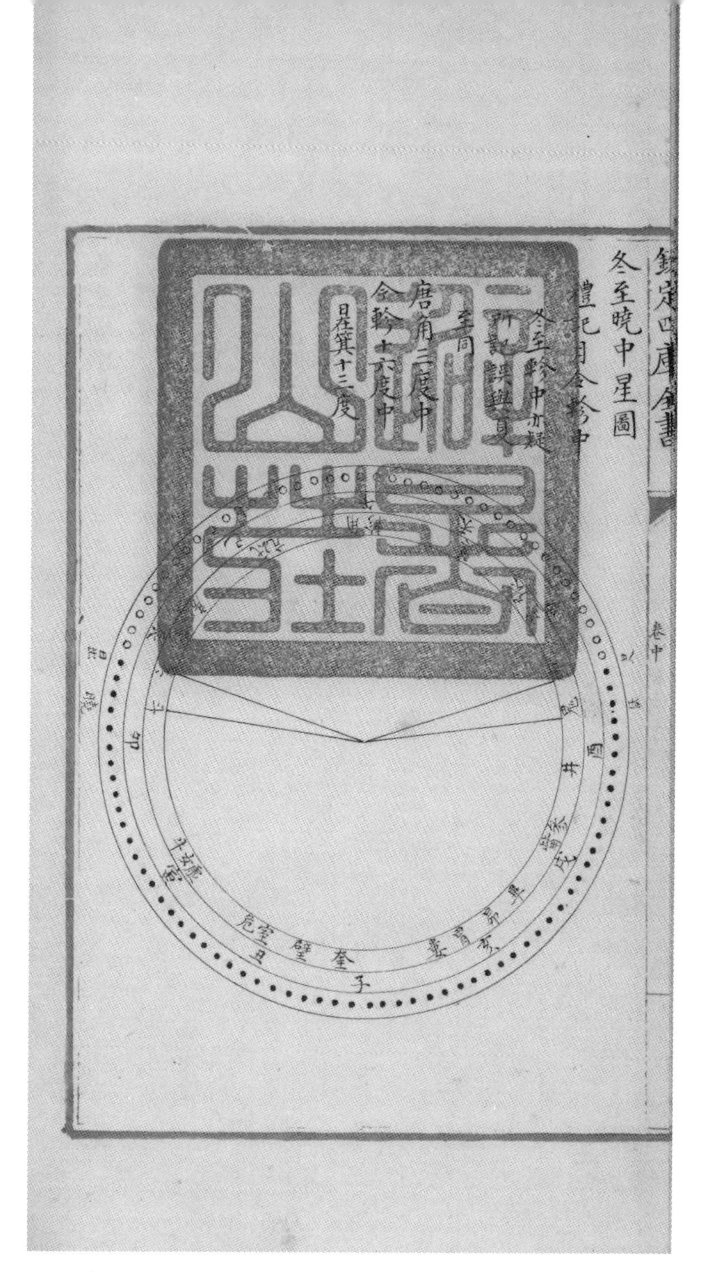

冬至曉中星圖[1]

《禮記·月令》："軫中。"冬至軫中。亦疑所記誤，與夏至同。

唐：角三度中。

今：軫十六度中。日在斗[2]，十三度。

1 鈐"避暑山莊"（朱文方印）。

2 斗，原本及文淵閣本、傳圖本皆誤作"箕"，今據圖上所示及《儀象法纂》本、《守山閣叢書》本改。

欽定四庫全書
新儀象法要
二十三

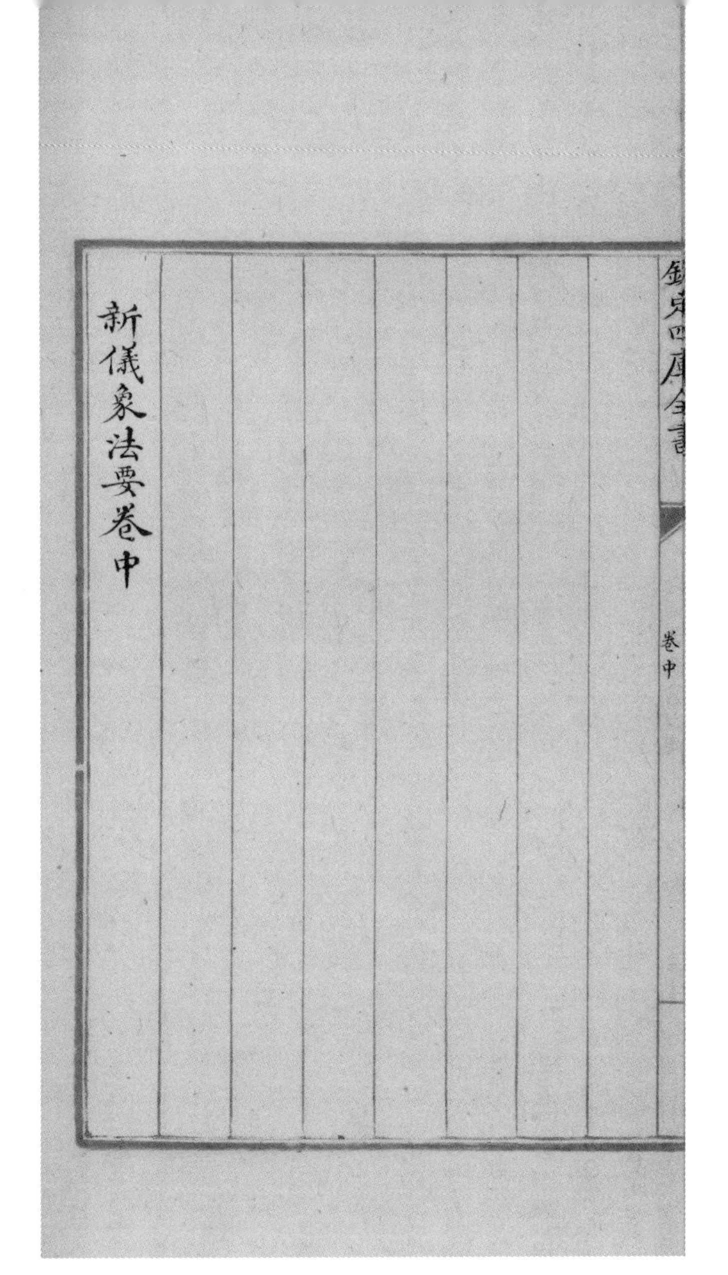

《新儀象法要》卷中

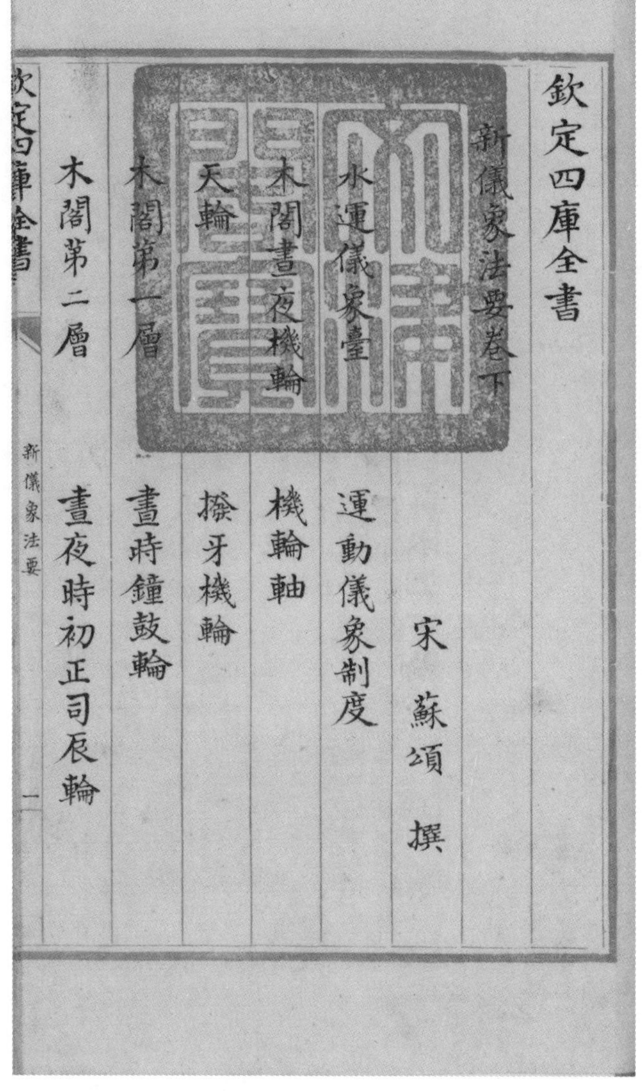

欽定四庫全書

新儀象法要卷下

宋 蘇頌 撰

水運儀象臺

運動儀象制度

木閣晝夜機輪

機輪軸

天輪

撥牙機輪

木閣第一層

晝時鐘鼓輪

木閣第二層

晝夜時初正司辰輪

欽定四庫全書　新儀象法要　一

《欽定四庫全書》[1]

《新儀象法要》 卷下　　宋　蘇頌 撰

水運儀象臺　　運動儀象制度
木閣晝夜機輪　　機輪軸
天輪　　撥牙機輪
木閣第一層　　晝時鐘鼓輪
木閣第二層　　晝夜時初正司辰輪

1 鈐“文津閣寶”（朱文方印）。

木閣第三層　報刻司辰輪
木閣第四層五層　夜漏金鉦輪
夜漏司辰輪　樞輪退水壺
鐵樞軸　天柱
天轂　天池平水壺
天衡　昇水上下輪
河車天河　儀象運水法
渾儀圭表

木閣第三層　報刻司辰輪
木閣第四層、五層　夜漏金鉦輪
夜漏司辰輪　樞輪退水壺
鐵樞軸　天柱
天轂　天池平水壺
天衡　昇水上下輪
河車、天河　儀象運水法
渾儀圭表

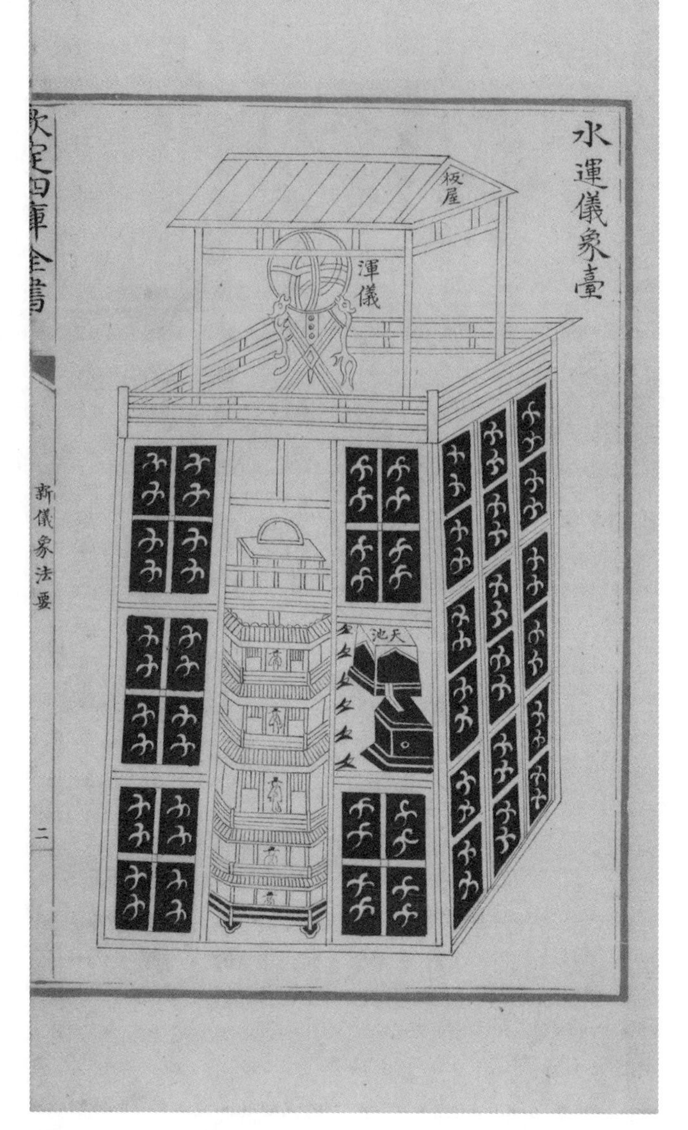

水運儀象臺

板屋
渾儀
天池

右水運儀象臺其制為臺四方而再重上狹下廣高下相地之宜四面以巨枋木為柱柱間各設廣桄周以板壁下布地栿上布板面内設胡梯再休隔上開南北向各一門隔下開二門各南向雙扉別本云再休隔上開南向一門東西向各一門隔下開二門各南向雙扉渾儀置上隔即臺面也儀有三重曰六合儀曰三辰儀曰四游儀其上以脱摘板屋覆之六合儀有陽經雙規為天規縱置之陰緯單規為地渾横置之三辰儀南施天運環天運環係新刱渾象連木地櫃置臺中隔渾

右水運儀象臺。其制爲臺，四方而再重，上狹下廣，高下相地之宜。四面以巨枋木爲柱，柱間各設廣桄，周以板壁。下布地栿，上布板面，内設胡梯[1]。再休隔，上開南北向各一門，隔下開二門，各南向雙扉。別本云：再休隔，上開南向一門，東西向各一門，隔下開二門，各南向雙扉。渾儀置上隔。即臺面也。儀有三重：曰六合儀，曰三辰儀，曰四游儀。其上以脱摘板屋覆之。六合儀有陽經雙規爲天規，縱置之；陰緯單規爲地渾，横置之。三辰儀南施天運環。天運環係新刱。渾象連木地櫃，置臺中隔。渾

1 胡梯，《儀象法纂》本、傅圖本及《守山閣叢書》本皆同，後“運動儀象制度”圖示亦稱胡梯。文淵閣本作“天梯”。

欽定四庫全書

象亦有天經雙規縱置木地櫃中半出地上半隱地下
有地渾單規置地櫃面為櫃之子口渾象等今倣隋書志新剏臺內仰設
晝夜機輪八重貫以機輪軸第一重曰天輪在天東上
與渾象赤道牙相接第二重曰晝時鐘鼓輪第三重曰
時刻鐘鼓輪第四層曰時初正司辰輪第五重曰報刻
司辰輪第六重曰夜漏金鉦輪鉦今號曰錚錚是也第七重曰夜
漏更籌司辰輪最下第八重曰夜漏箭輪外以五層半
座木閣蔽之層皆有門以見木人出入第一層左搖鈴

新儀象法要　三

象亦有天經雙規，縱置木地櫃中，半出地上，半隱地下。有地渾單規，置地櫃面。爲櫃之子口。渾象等，今倣《隋書·志》新剏。臺内仰設晝夜機輪八重，貫以機輪軸。第一重曰天輪，在天東上與渾象赤道牙相接。第二重曰晝時鐘鼓輪。第三重曰時刻鐘鼓輪。第四層曰時初正司辰輪。第五重曰報刻司辰輪。第六重曰夜漏金鉦輪。鉦，今號曰錚錚是也。第七重曰夜漏更籌司辰輪。最下第八重曰夜漏箭輪。外以五層半座木閣蔽之，層皆有門，以見木人出入。第一層，左摇鈴，右扣鐘，中擊鼓。第二層，報時初及時正。第三層，報刻。第四層，擊夜漏金鉦。第五層，報夜漏更籌。又於八輪之北側設樞輪，其輪以七十二輻爲三十六洪，束以三輞，夾持受水三十六壺。轂中横貫鐵樞軸一，南北出。軸南爲地轂，運撥地輪，天柱中動機輪，動渾象，上動渾儀。別本云：又於八輪之北側設樞輪，以九十六幅四十八洪，束以三輞，夾扶受水四十八壺。轂中横鐵樞軸一，南北出。軸南中以天梯下轂，以運天梯，上動渾儀；末以地轂，運撥牙機輪，上動渾象。又樞輪左設天池、平水壺。平水壺受天池水，注入受水壺，以激樞輪。受水

壺水落入退水壺由壺下北竅引水入昇水下壺以昇
水下輪運水入昇水上壺上壺内昇水上輪及河車同
轉上下輪運水入天河天河復入天池周而復始
一云三辰儀南施天運環渾象連木地櫃置臺中
隔渾象云云半隱地下上有池渾雙規置地櫃面
體外亦施天運倣隋志新㪺臺内仰設晝夜機輪

壺水落入退水壺，由壺下北竅引水入昇水下壺，以昇水下輪運水入昇水上壺。上壺内昇水上輪及河車同轉，上下輪運水入天河，天河復入[2]天池。周而復始。

一云：三辰儀南施天運環。渾象連木地櫃，置臺中隔。渾象云云半隱地下；上有地[1]渾雙規，置地櫃面；體外亦施天運。倣《隋志》新㪺。臺内仰設晝夜機輪。

1 地，原作“池”，文淵閣本、傅圖本亦同，今據《守山閣叢書》本改。
2 入，文淵閣本、傅圖本前有一“流”字。

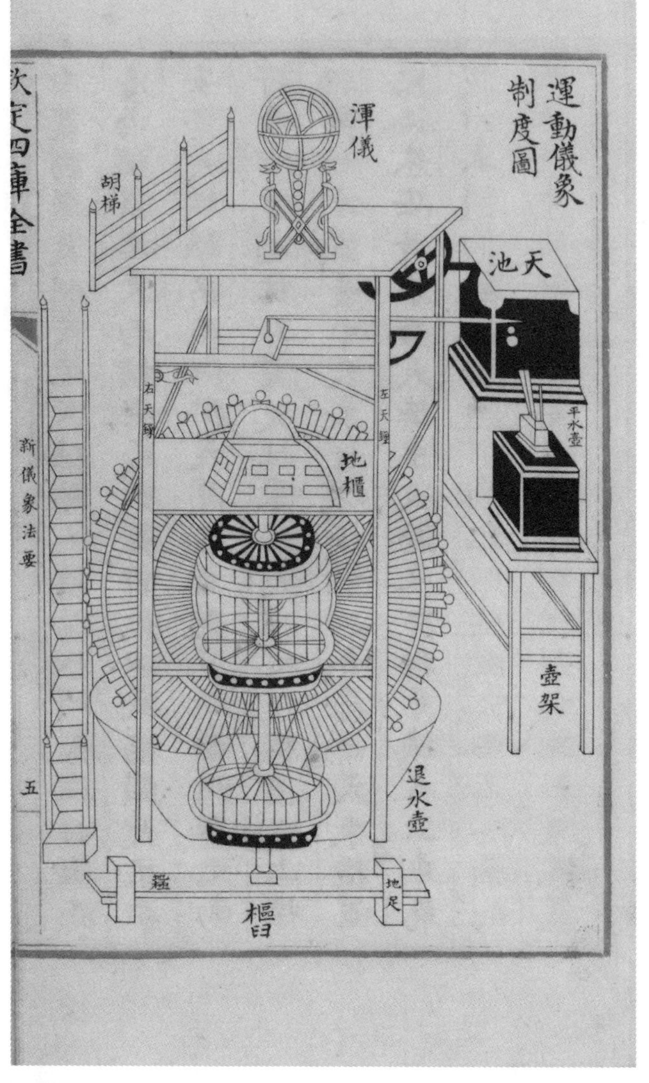

運動儀象制度圖 [1]

渾儀　胡梯
天池　平水壺　壺架
左天鑠　右天鑠
地櫃
退水壺
地足　樞臼　地極

1“運動儀象制度圖”七字，文淵閣本、傅圖本、《守山閣叢書》本皆無。

右運動儀象制度先設樞輪一機輪八以天柱四值於臺内樞梁二東西横安於天柱前後以載樞軸天梁二安於天柱樞梁上以掛天關左右天極二南北置之南寄臺前東西柱北貫天柱東西天梁之下樞梁之上機輪軸一立置臺中天束一以横木二合為一天束横置之兩末安於東西天極中天輪之下撥牙機之上中為竅以束機輪軸機輪軸下為地極横置之兩不安東西兩地足中地極之正中安鐵樞臼一以承機輪軸之纂纂

右運動儀象制度。先設樞輪一，機輪八，以天柱四值於臺内。樞梁二，東西横安於天柱前後，以載樞軸。天梁二，安於天柱樞梁上，以掛天關。左、右天極二，南北置之，南寄臺前東西柱，北貫天柱東西天梁之下、樞梁之上。機輪軸一，立置臺中。天束一，以横木二合爲一。天束横置之，兩末安於東、西天極中，天輪之下、撥牙機之上，中爲竅，以束機輪軸。機輪軸下爲地極，横置之，兩末[1]安東、西兩地足中。地極之正中安鐵樞臼一，以承機輪軸之纂，纂

1 末，原本作“不”，今據《儀象法纂》本及文淵閣本、傳圖本改。

欽定四庫全書　　新儀象法要　　六

亦以鐵為之天池在天柱之左平水壺在天池之南兩
壺各以木架載之平水壺面接天池水竅其底與樞輪
受水壺面相次退水壺在樞輪之下上下昇水軸壺并
河車兩軸並寄樞梁天梁下橫桄之中其晝夜八機輪
同貫機輪軸撥牙軸所以轉七輪樞輪三十六三十六一云四
十八雙輪共貫一轂受水壺三十六在樞輪外輞間所以
受水運樞輪也天衡一置樞輪上天闗一置衡腦天權
一置衡尾天條一在衡之前天衡闗舌一以天條綴之

亦以鐵爲之。天池在天柱之左，平水壺在天池之南，兩壺各以木架載之。平水壺面接天池水竅，其底與樞輪受水壺面相次。退水壺在樞輪之下。上、下昇水輪[1]、壺并河車兩軸，並寄樞梁、天梁下橫桄之中。其晝夜八機輪同貫機輪軸，撥牙軸所以轉七輪。樞輪三十六，三十六，一云：四十八。雙輪共貫一轂。受水壺三十六，在樞輪外輞間，所以受水，運樞輪也。天衡一，置樞輪上。天闗一，置衡腦。天權一，置衡尾。天條一，在衡之前。天衡闗舌一，以天條綴之，

1 輪，原本作軸，文淵閣本、傳圖本同，今據《守山閣叢書》本改。

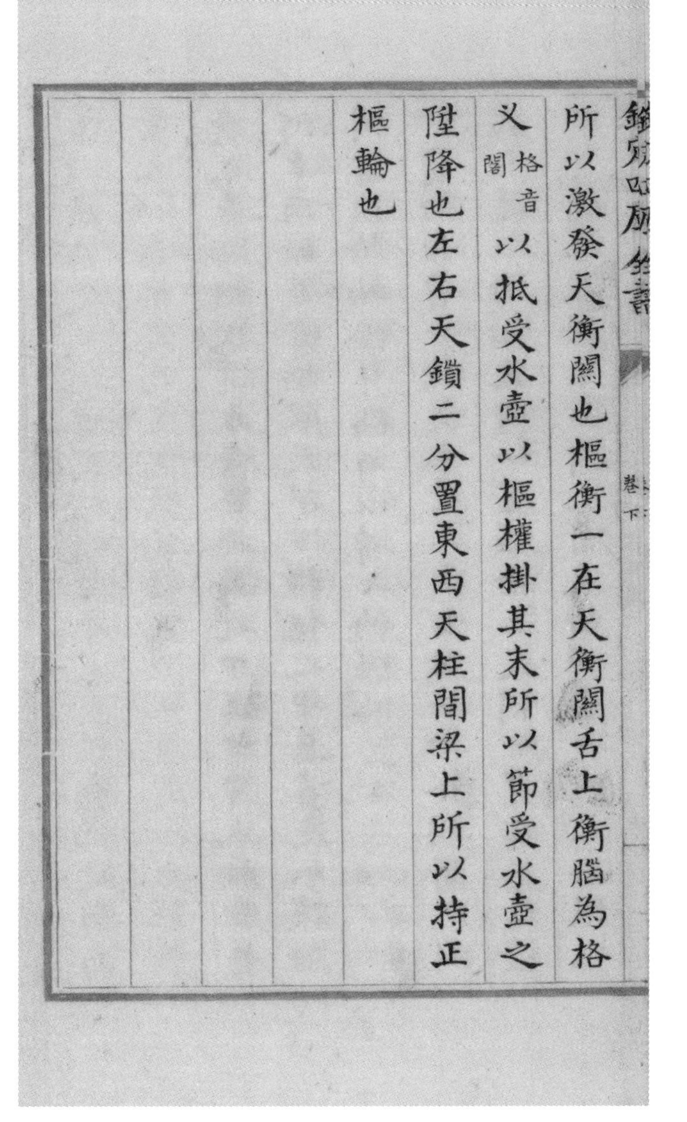

所以激發天衡關也樞衡一在天衡關舌上衡腦為格
叉格音閣以抵受水壺以樞權掛其末所以節受水壺之
陞降也左右天鎖二分置東西天柱間梁上所以持正
樞輪也

所以激發天衡關也。樞衡一，在天衡關舌上，衡腦爲格叉，格，音閣。以抵受水壺；以樞權掛其末，所以節受水壺之陞降也。左、右天鎖二，分置東、西天柱間梁上，所以持正樞輪也。

木閣

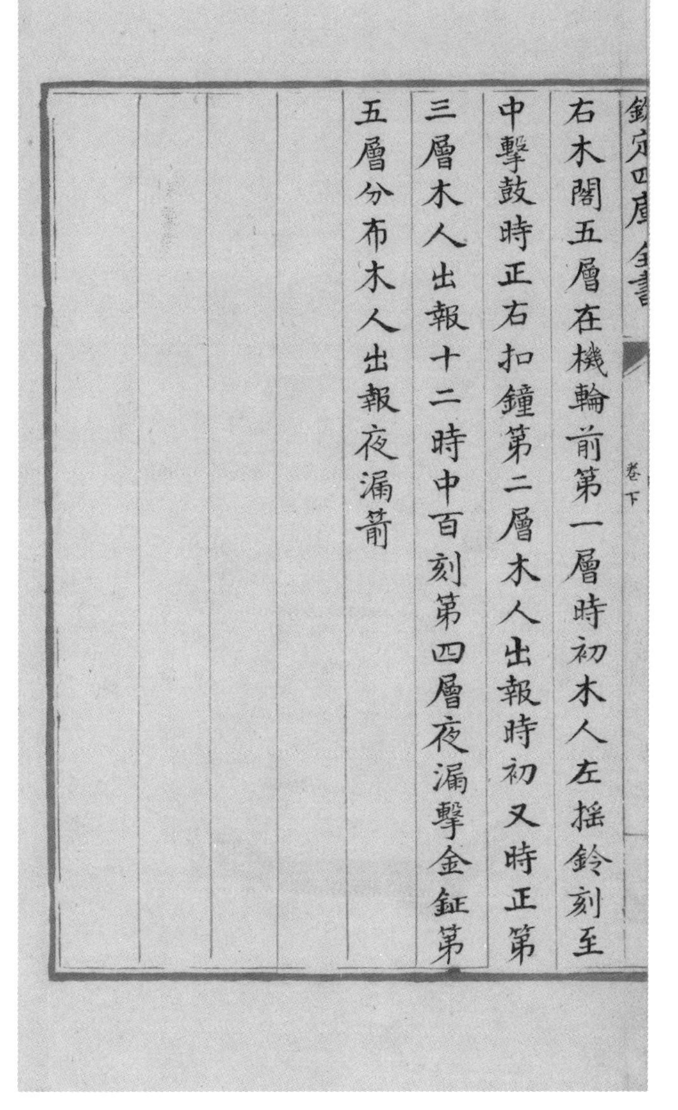
欽定四庫全書　卷下
右木閣五層在機輪前第一層時初木人左摇鈴刻至
中擊鼓時正右扣鐘第二層木人出報時初又時正第
三層木人出報十二時中百刻第四層夜漏擊金鉦第
五層分布木人出報夜漏箭

右木閣五層。在機輪前。第一層，時初，木人左摇鈴。刻至，中擊鼓。時正，右扣鐘。第二層，木人出報時初又[1]時正。第三層，木人出報十二時中、百刻。第四層，夜漏擊金鉦。第五層，分布木人出報夜漏箭。

1 又，文淵閣本、傅圖本同，《守山閣叢書》本作“及”。

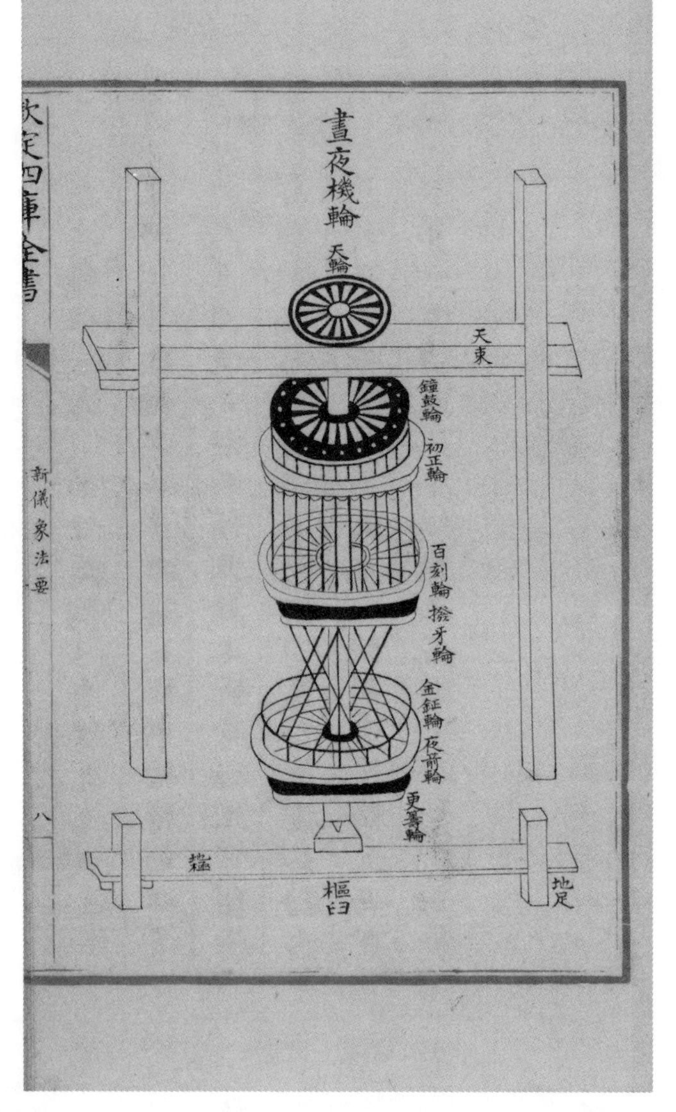

晝夜機輪

天輪
天束
鐘鼓輪
初正輪
百刻輪
撥牙輪
金鉦輪
夜箭輪
更籌輪
地足　樞臼　地極

右晝夜機輪八重第一重曰天輪以撥渾象之赤道牙
第二重曰撥牙機輪上安牙距隨天柱中輪轉動以運
上下七輪第三重曰時刻鐘鼓輪上安時初正百刻撥
牙以擊鐘鼓鈴第四重曰時初正司辰輪上安時初十
二司辰時正十二司辰第五重曰報刻司辰輪上安百
刻司辰第六重曰夜漏金鉦輪上安撥牙以擊夜漏金
鉦第七重曰夜漏更籌司辰輪上安日出入昏曉待旦
更籌司辰第八重曰夜漏箭輪以載金鉦夜漏箭輪以

右晝夜機輪八重。第一重曰天輪，以撥渾象之赤道牙。第二重曰撥牙機輪，上安牙距，隨天柱中輪轉動，以運上下七輪。第三重曰時刻鐘鼓輪，上安時初正、百刻撥牙，以擊鐘、鼓、鈴。第四重曰時初正司辰輪，上安時初十二司辰、時正十二司辰。第五重曰報刻司辰輪，上安百刻司辰。第六重曰夜漏金鉦輪，上安撥牙，以擊夜漏金鉦。第七重曰夜漏更籌司辰輪，上安日出入、昏曉、待旦、更籌司辰。第八重曰夜漏箭輪，以載金鉦夜漏箭輪。以

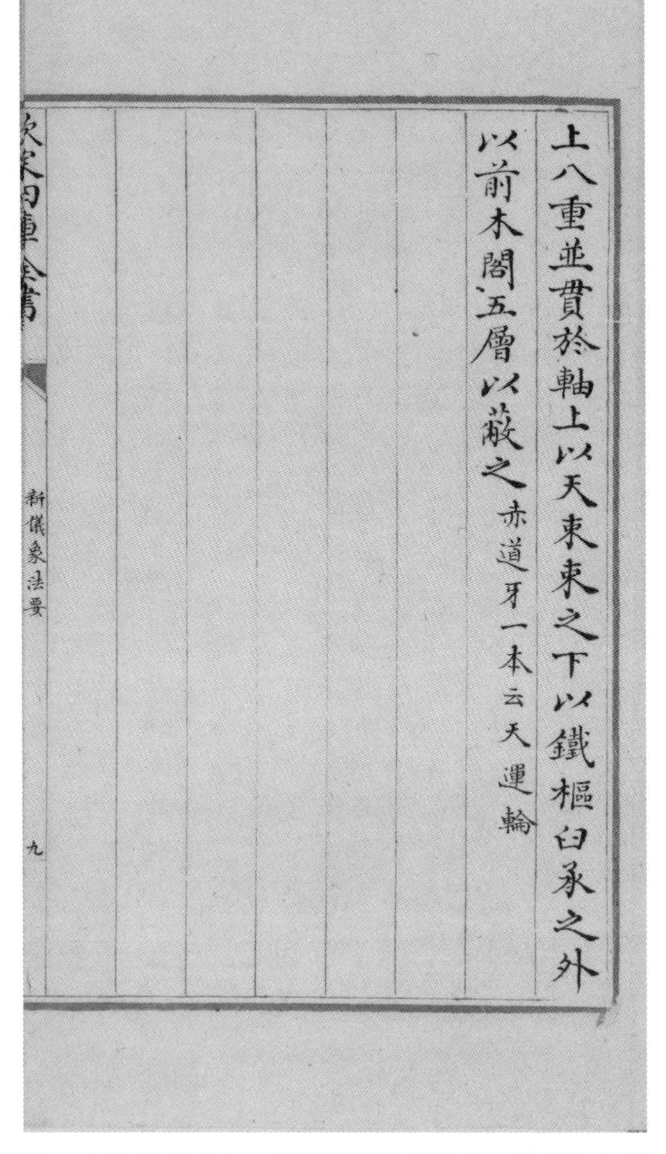
上八重並貫於軸上以天束束之下以鐵樞臼承之外
以前木閣五層以蔽之赤道牙一本云天運輪

欽定四庫全書　新儀象法要　九

上八重並貫於軸，上以天束束之，下以鐵樞臼[1]承之，外以前木閣五層以蔽之。赤道牙，一本云：天運輪。

1 臼，文淵閣本誤作“曰”，《守山閣叢書》本不誤。

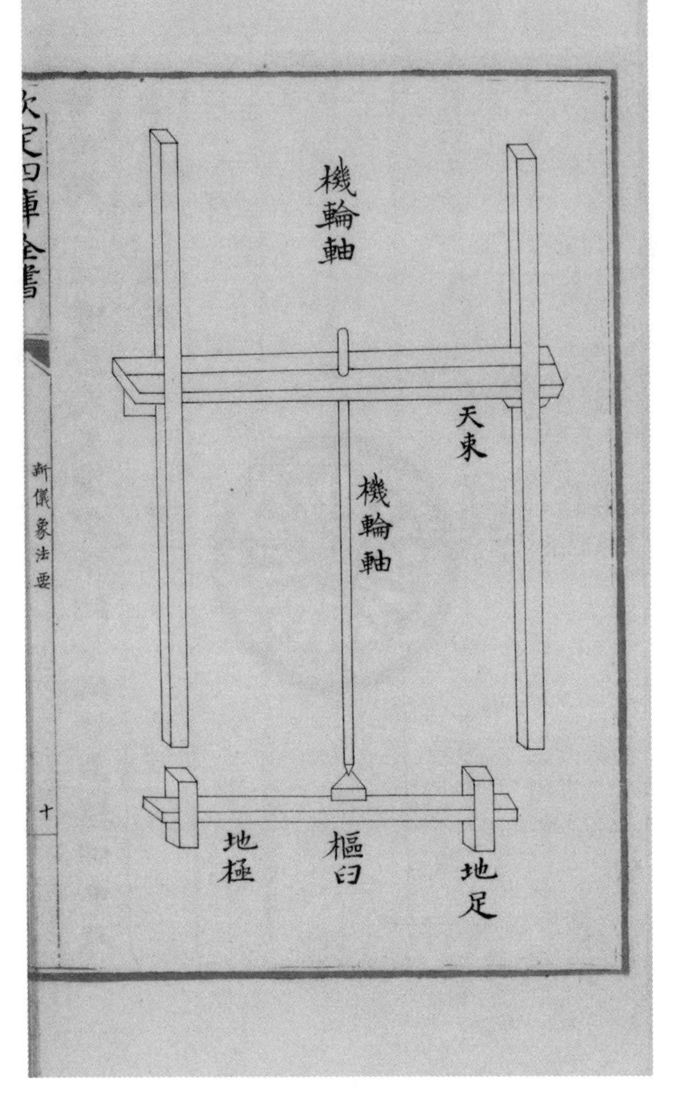

機輪軸

天束
機輪軸
地足　樞臼　地極

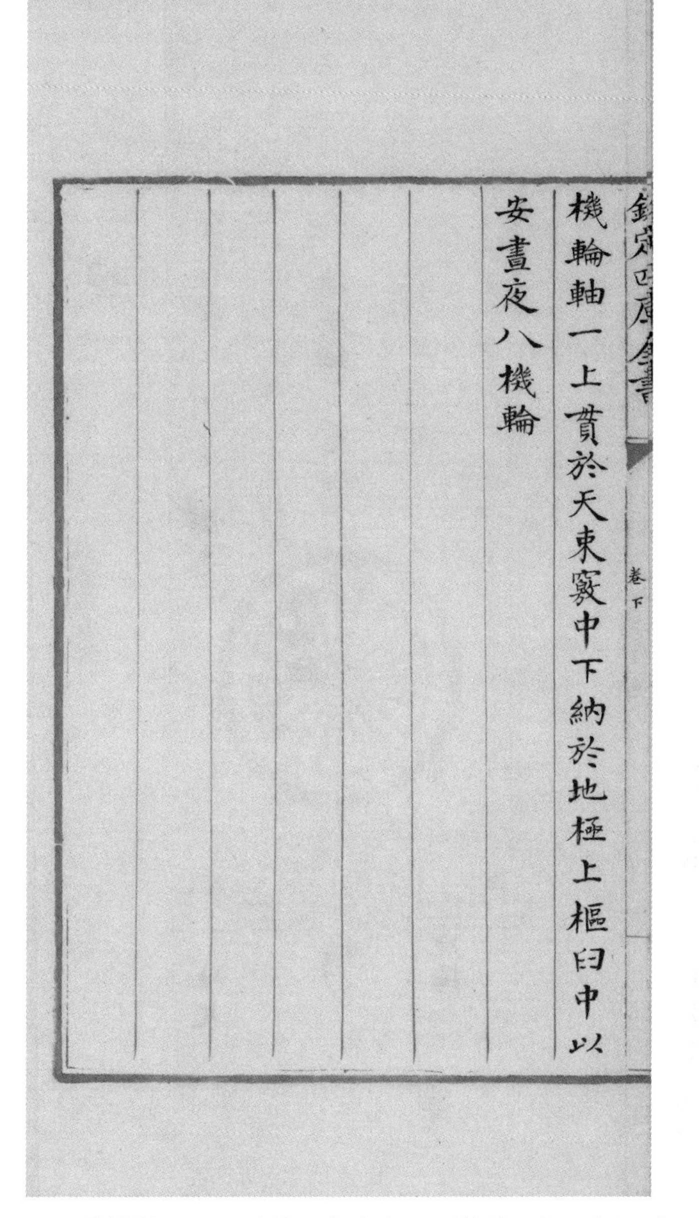
欽定四庫全書　卷下

機輪軸一上貫於天束竅中下納於地極上樞臼中以
安晝夜八機輪

機輪軸一。上貫於天束竅中，下納於地極上樞臼中，以安晝夜八機輪。

天輪

右天輪直徑三尺八寸上安六百牙距其轂貫於鐵軸在天東上與渾象天運輪相接於輪之南輞上銜天軸所以運天運輪天運輪斜對南極之中如側蓋之勢以天軸撥其牙距以運渾象故下機輪軸上貫天機輪動則天輪西轉天輪西轉則天軸東向及使天運輪與渾象同時西旋

右天輪。直徑三尺八寸，上安六百牙距，其轂貫於鐵軸。在天東上與渾象天運輪相接於輪之南輞，上銜天軸，所以運天運輪。天運輪斜對南極之中，如側蓋之勢，以天軸撥其牙距，以運渾象。故下機輪軸上貫天機輪，動則天輪西轉；天輪西轉，則天軸東向，及使天運輪與渾象同時西旋。

撥牙機輪

右撥牙機輪隨天柱中輪轉動在晝時鐘鼓輪上直徑六尺七寸輪下施六百牙距以待中輪動作每中輪動機輪六牙距為一刻五十牙距為一時其六百牙為十二時者元豐法也

一本云撥牙機輪與後樞輪相對在第三層閣内與報刻司辰輪相疊直徑六尺七寸下施六百牙距以待樞輪動作每樞輪動機輪六牙距

右撥牙機輪，隨天柱中輪轉動，在晝時鐘鼓輪上。直徑六尺七寸，輪下施六百牙距，以待中輪動作。每中輪動，機輪六牙距爲一刻，五十牙距爲一時。其六百牙爲十二時者，元豐法也。

一本云：撥牙機輪與後樞輪相對，在第三層閣内與報刻司辰輪相疊。直徑六尺七寸，下施六百牙距，以待樞輪動作。每樞輪動機輪六牙距。

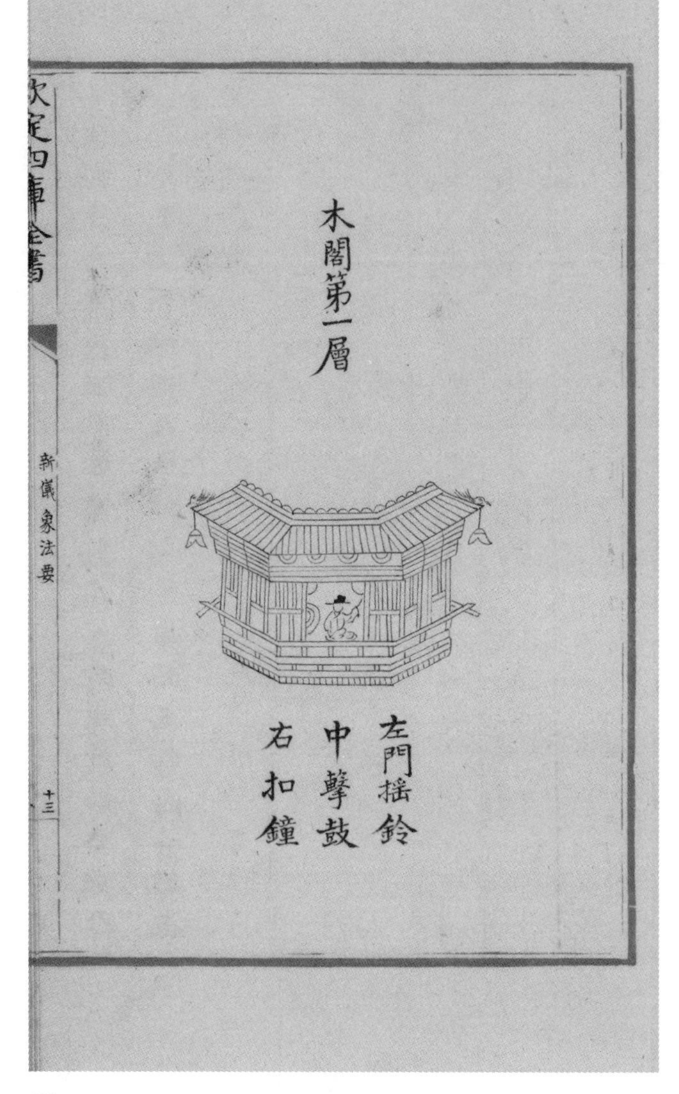

木閣第一層

左門搖鈴
中擊鼓
右扣鐘

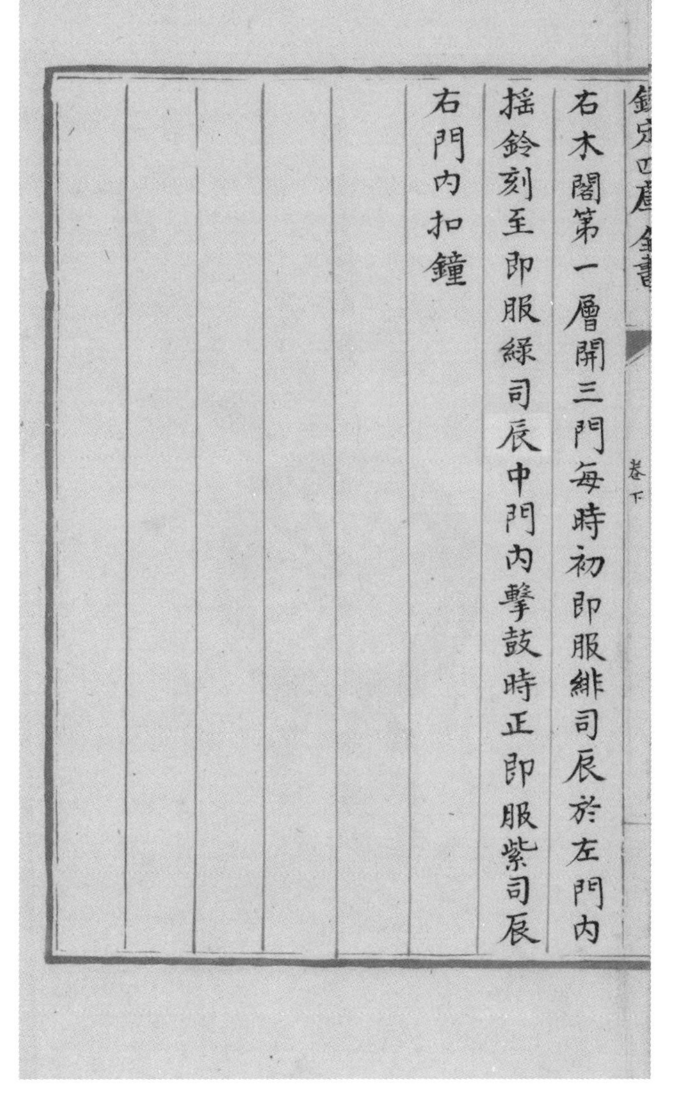
欽定四庫全書　卷下

右木閣第一層開三門每時初即服緋司辰於左門内
摇鈴刻至即服緑司辰中門内擊鼓時正即服紫司辰
右門内扣鐘

右木閣第一層，開三門。每時初，即服緋司辰於左門内摇鈴；刻至，即服緑司辰[1]中門内擊鼓；時正，即服紫司辰右門内扣鐘。

1 辰，文淵閣本誤作“晨”，傅圖本及《守山閣叢書》本不誤。

晝時鐘鼓輪

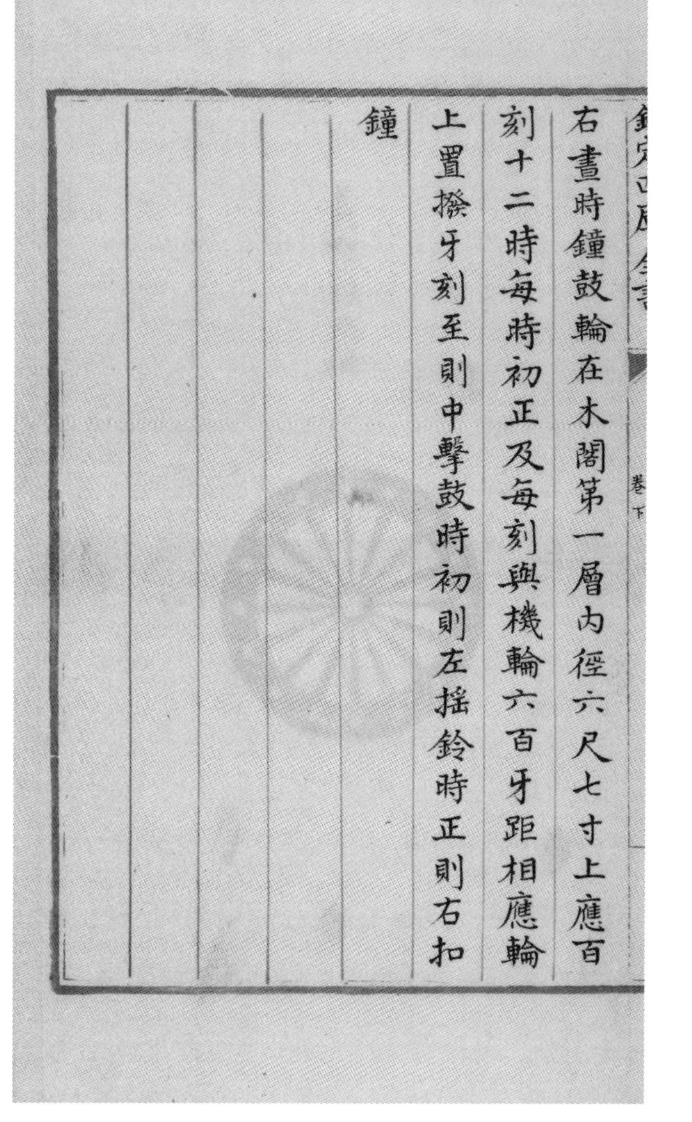
欽定四庫全書　卷下

右晝時鐘鼓輪在木閣第一層内徑六尺七寸上應百刻十二時每時初正及每刻與機輪六百牙距相應輪上置撥牙刻至則中擊鼓時初則左摇鈴時正則右扣鐘

右晝時鐘鼓輪，在木閣第一層内。徑六尺七寸。上應百刻、十二時，每時初、正及每刻與機輪六百牙距相應。輪上置撥牙，刻至，則中擊鼓；時初，則左摇鈴；時正，則右扣鐘。

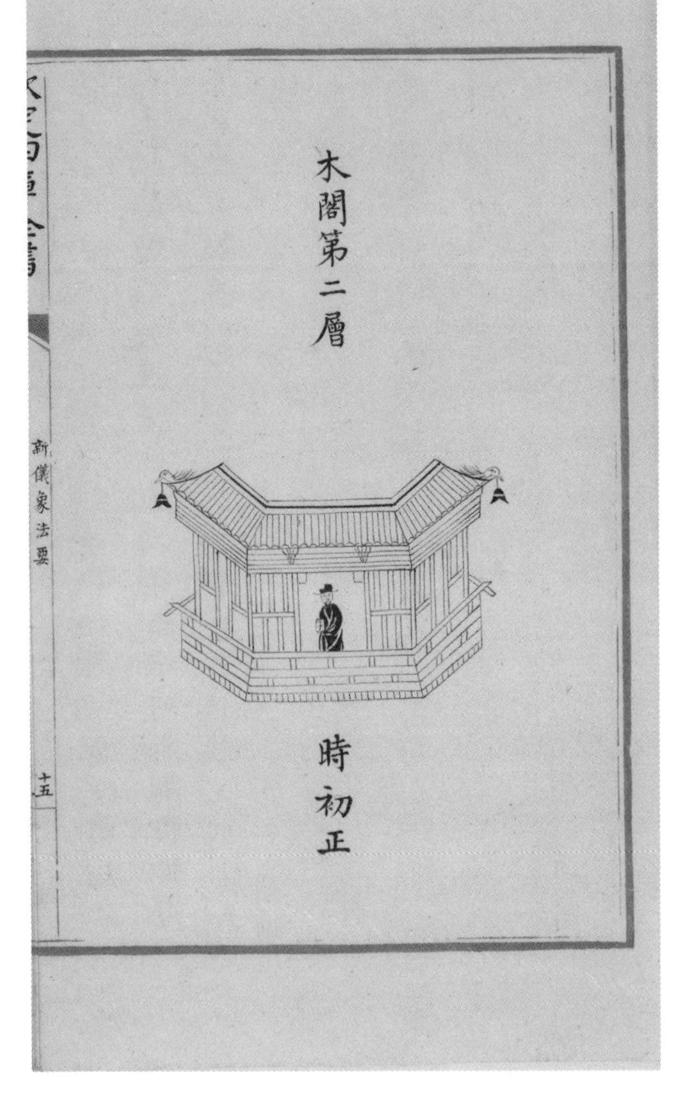

木閣第二層

時初正

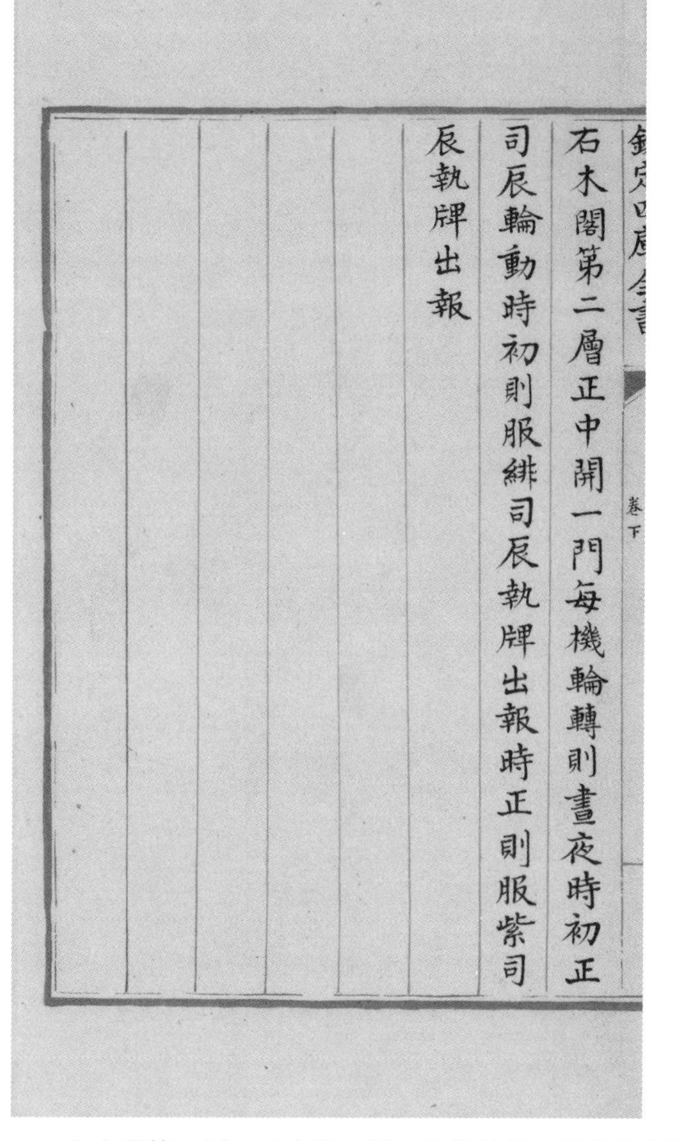

右木閣第二層，正中開一門。每機輪轉，則晝夜時初正司辰輪動。時初，則服緋司辰執牌出報；時正，則服紫司辰執牌出報。

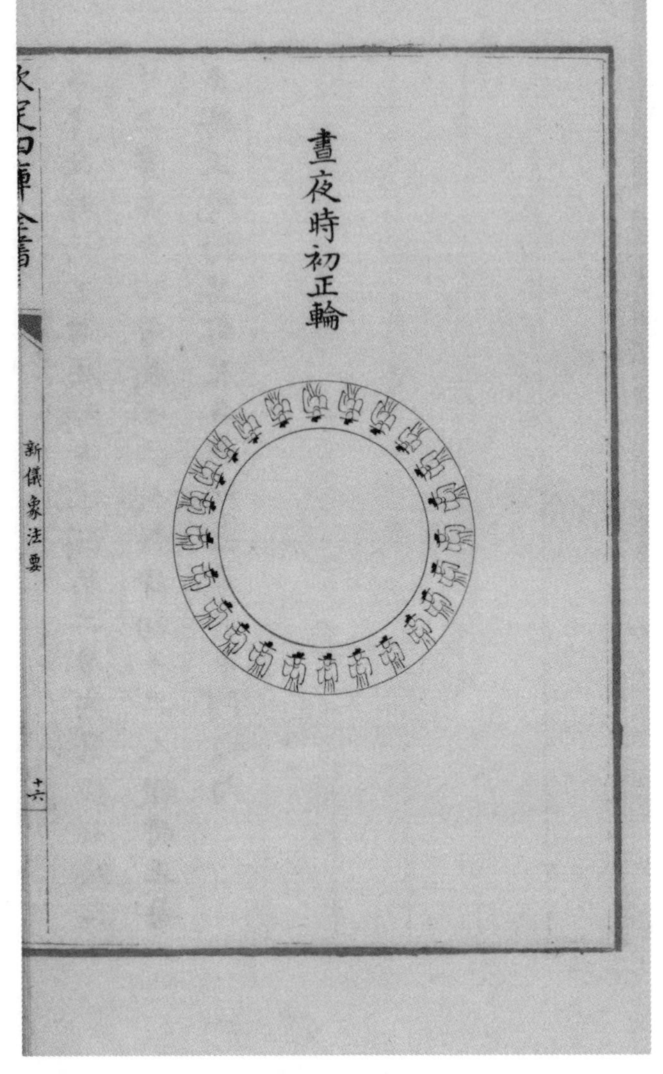

晝夜時初正輪

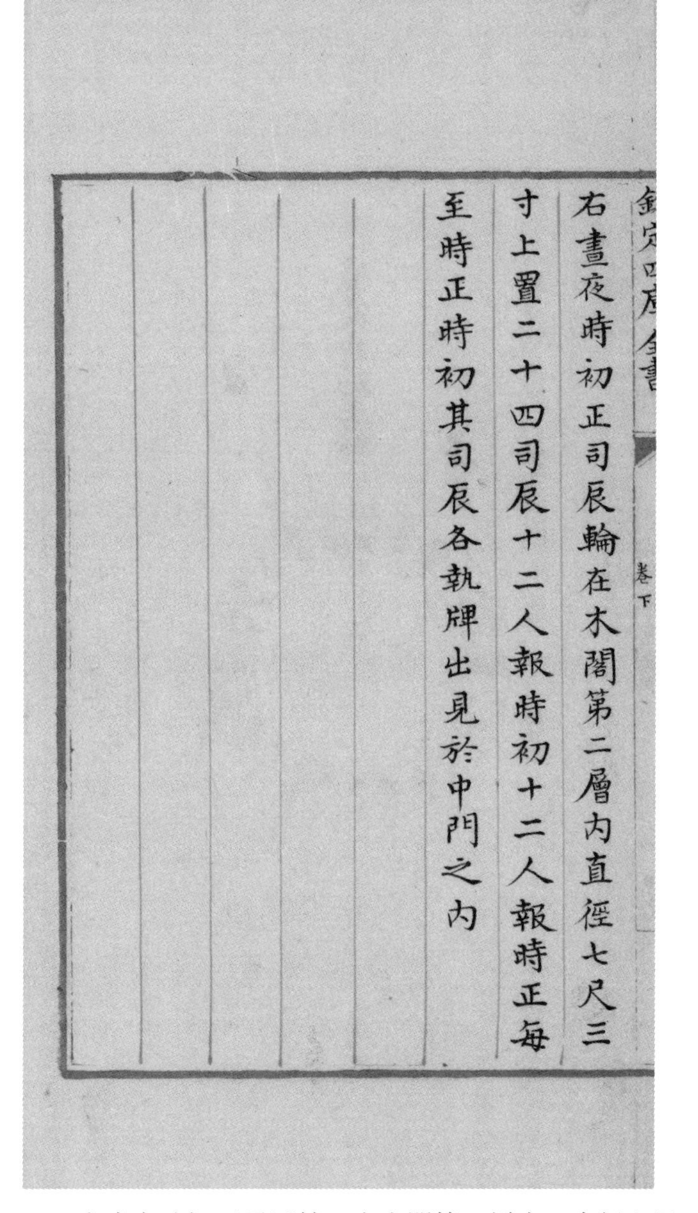
欽定四庫全書　卷下

右晝夜時初正司辰輪在木閣第二層内直徑七尺三寸上置二十四司辰十二人報時初十二人報時正每至時正時初其司辰各執牌出見於中門之内

右晝夜時初正司辰輪，在木閣第二層内。直徑七尺三寸。上置二十四司辰，十二人報時初，十二人報時正。每至時正、時初，其司辰各執牌出見於中門之内。

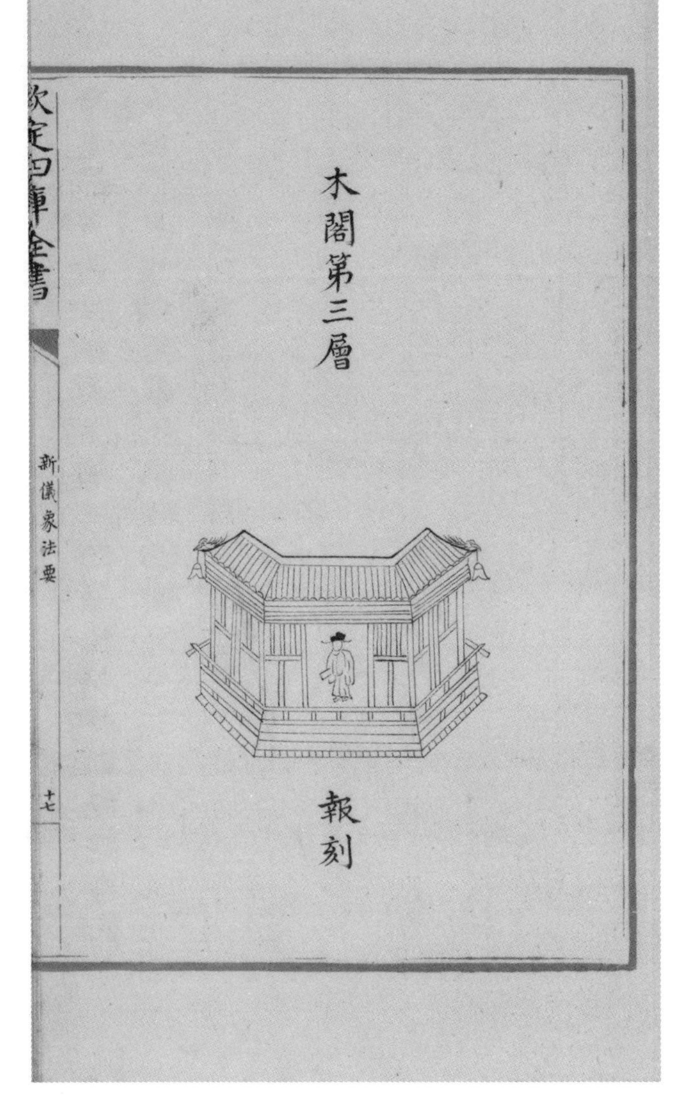

木閣第三層

報刻

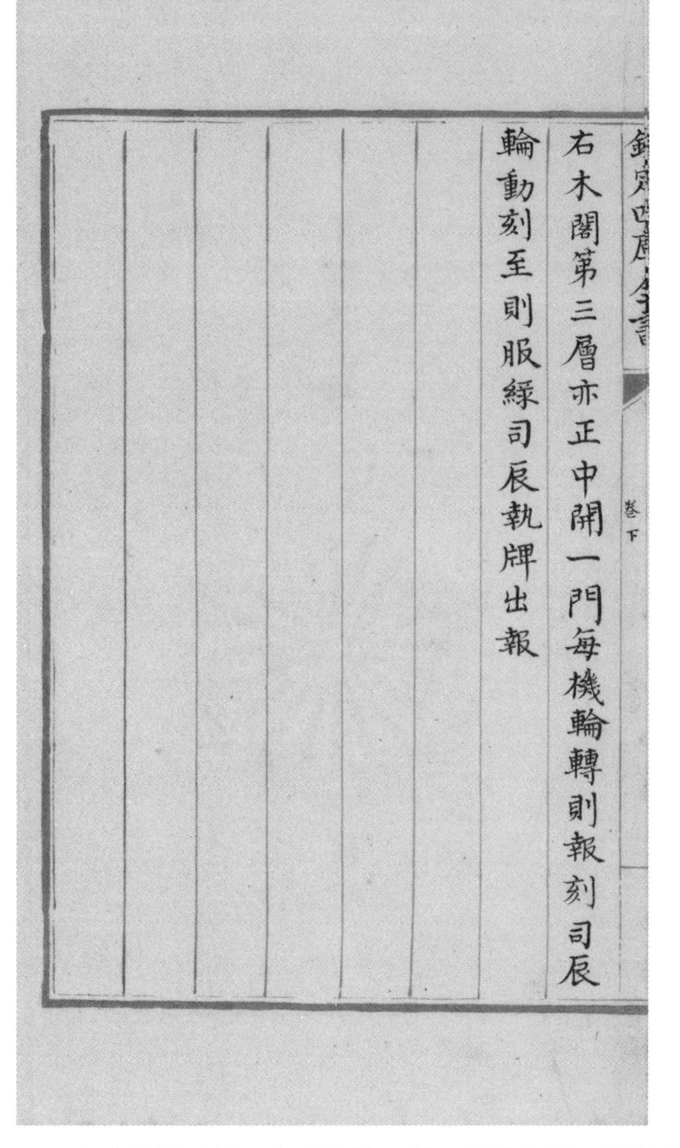
欽定四庫全書　卷下

右木閣第三層亦正中開一門每機輪轉則報刻司辰
輪動刻至則服緑司辰執牌出報

右木閣第三層，亦正中開一門。每機輪轉，則報刻司辰輪動。刻至，則服緑司辰執牌出報。

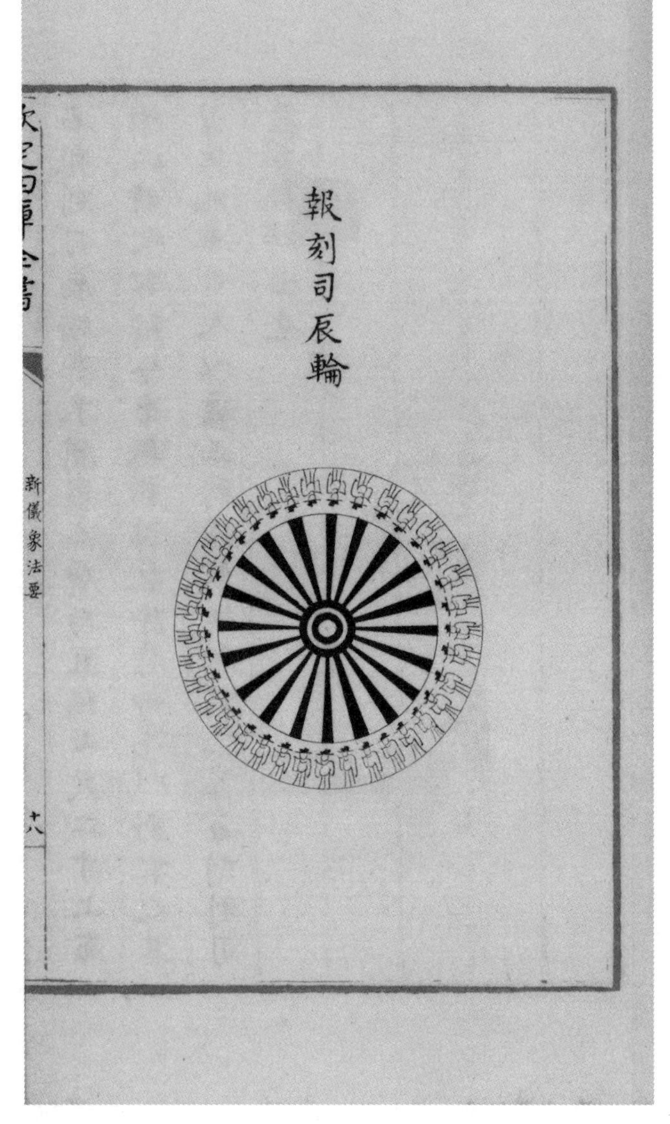

報刻司辰輪

右報刻司辰輪在木閣第三層内直徑七尺二寸上布十二時之百刻分布報刻司辰除時初外以刻言之其司辰九十六人以應正衙鐘鼓樓報刻之節每刻則司辰各執牌出見

右報刻司辰輪，在木閣第三層内。直徑七尺二寸。上布十二時之百刻，分布報刻司辰。除時初外，以刻言之，其司辰九十六人，以應正衙鐘鼓樓報刻之節。每刻，則司辰各執牌出見。

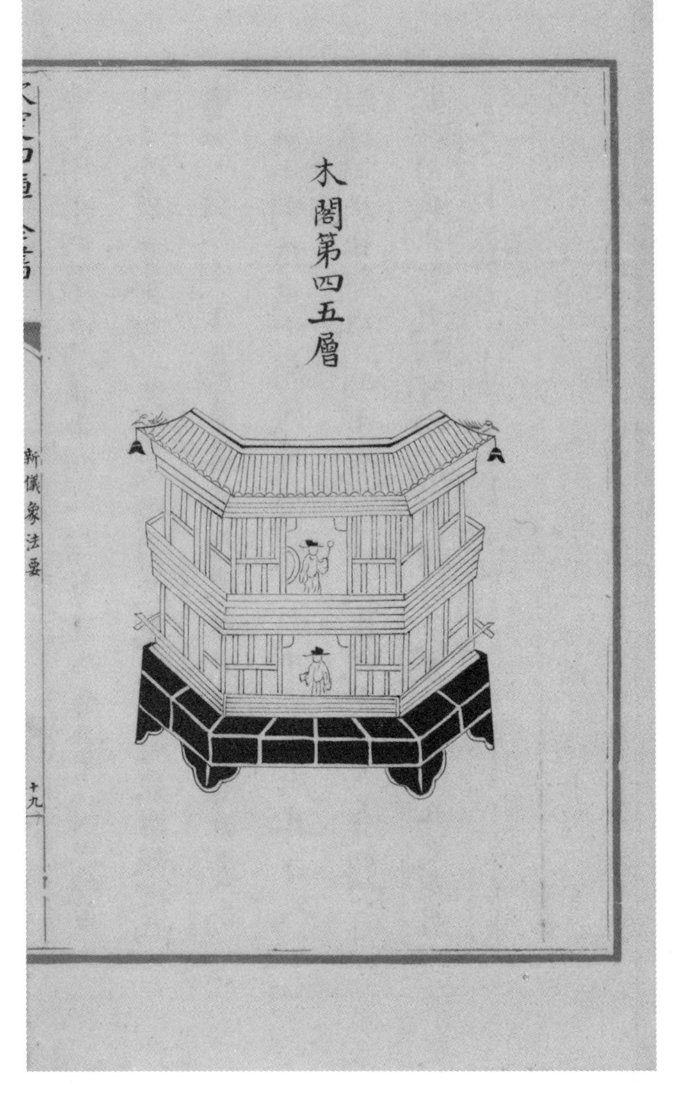

木閣第四、五層

右木閣第四第五層正中開一門每日入昏五更待旦曉日
出木人皆擊金鉦以應第五層司辰第五層司辰出報夜漏
等日入後二刻半為昏昏為初更每更有五籌更盡為
待旦十刻待旦十刻後曉曉後二刻半為日出其日入
服緋司辰出報昏二刻半服緑司辰出報更有五籌初一籌
服緋司辰出報更初餘四籌服緑司辰各出報凡五更總司
辰二十有五待旦十刻服緑司辰各出報曉二刻半服緑司
辰出報日出服緋司辰出報司辰各執牌出見於中門之下

右木閣第四、第五層，正中開一門。每日入、昏、五更、待旦、曉、日出，木人皆擊金鉦，以應第五層司辰。第五層司辰出報夜漏等。日入後二刻半爲昏，昏爲初更。每更有五籌，更盡爲待旦十刻。待旦十刻後曉，曉後二刻半爲日出。其日入，服緋司辰出報。昏二刻半，服緑司辰出報。更有五籌，初一籌，服緋司辰出報更初；餘四籌，服緑司辰各出報。凡五更，總司辰二十有五。待旦十刻，服緑司辰各出報。曉二刻半，服緑司辰出報。日出，服緋司辰出報。司辰各執牌出見於中門之外[1]。

1 外，原作“下”，今據文淵閣本、傅圖本及《守山閣叢書》本改。

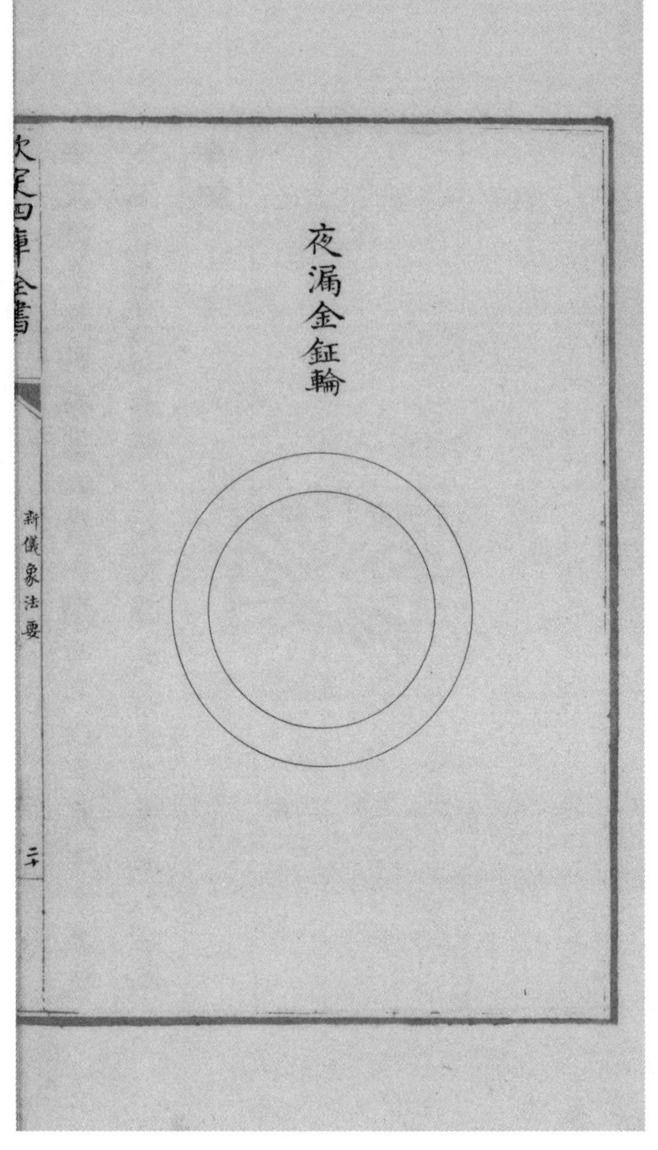

夜漏金鉦輪

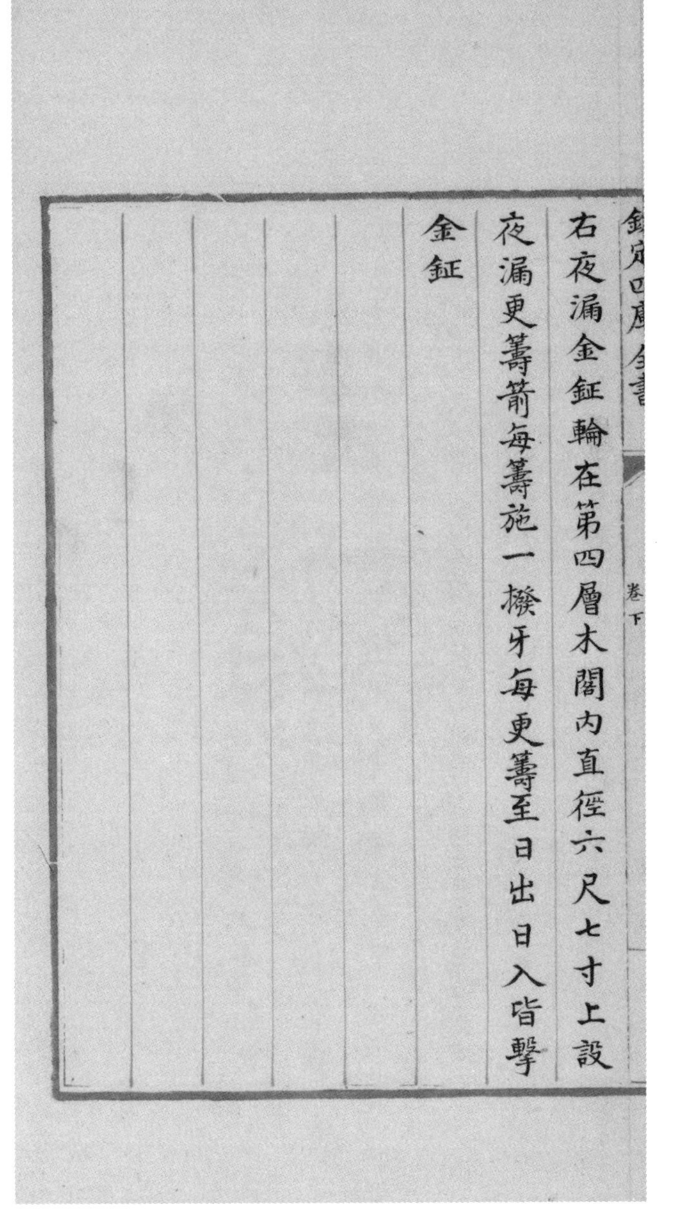
欽定四庫全書　卷下

右夜漏金鉦輪在第四層木閣内直徑六尺七寸上設夜漏更籌箭每籌施一撥牙每更籌至日出日入皆擊金鉦

右夜漏金鉦輪，在第四層木閣内。直徑六尺七寸。上設夜漏更籌箭，每籌施一撥牙，每更籌至日出、日入，皆擊金鉦。

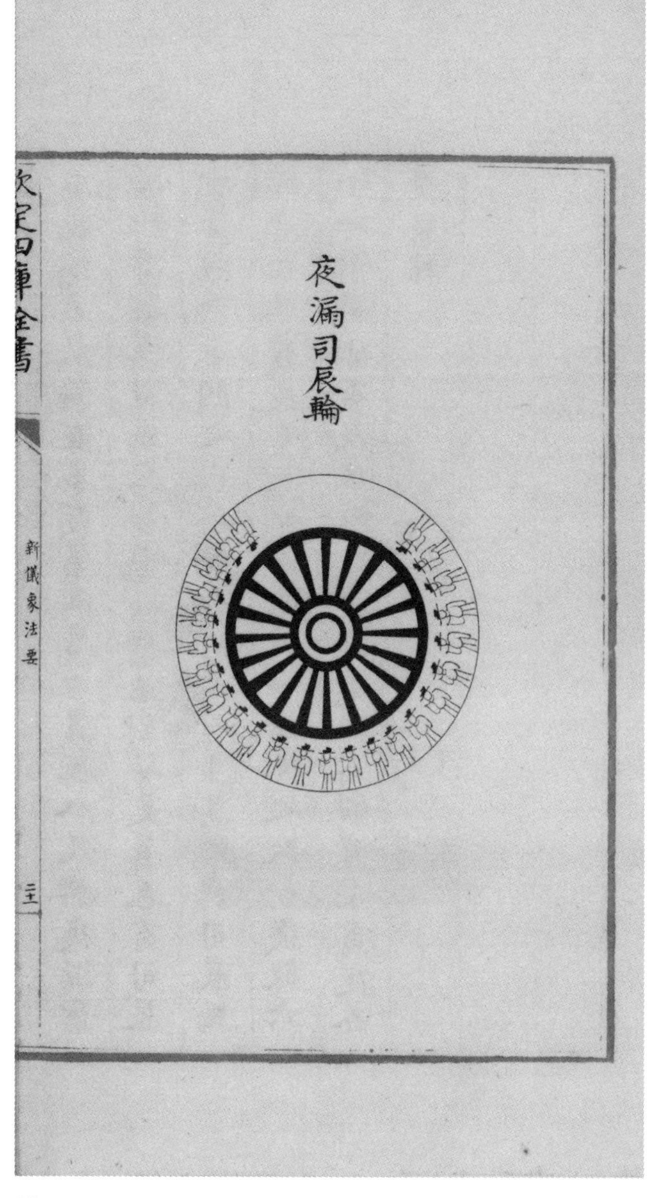

夜漏司辰輪

右夜漏司辰輪在木閣第五層內直徑八尺與夜漏箭輪相疊每至日出入昏曉及待旦刻并更籌各有司辰牌出報於中門之內箭輪徑六尺七寸其輪與司辰輪相疊凡冬夏夜有長短不可以一法測之故一歲設六十一箭箭亦有長短故隨節氣更換則四時之晝夜各無差舛

右夜漏司辰輪，在木閣第五層内。直徑八尺，與夜漏箭輪相疊。每至日出入、昏曉及待旦刻并更籌，各有司辰牌出報於中門之内。箭輪徑六尺七寸，其輪與司辰輪相疊。凡冬、夏，夜有長短，不可以一法測之，故一歲設六十一箭。箭亦有長短，故隨節氣更換，則四時之晝夜各無差舛。

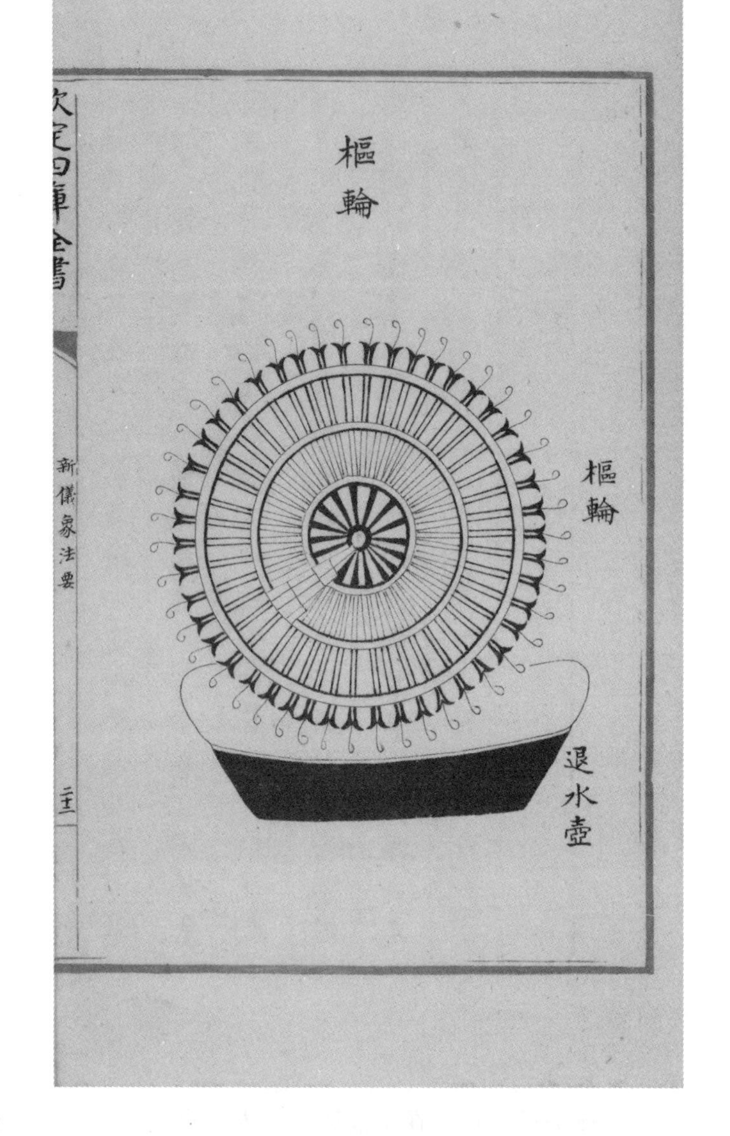

樞輪

樞輪
退水壺

右樞輪一退水壺一樞輪直徑一丈一尺以七十二輻七十二一本云九十六雙植於一轂為三十六三十六一本云四十八洪東以三輞每洪夾持受水壺一總三十六壺每壺長一尺闊五寸深四寸於壺側置鐵撥牙以撥天衡關舌樞輪轂中貫以鐵樞軸南北出南以運儀象退水壺長一丈一尺四寸闊一尺九寸東高三尺二寸西高二尺五寸五分中高一尺五寸五分置樞輪下以接退水每受水一壺過水落入退水壺北下為竅水由下竅北流入昇水下壺

右樞輪一、退水壺一。樞輪直徑一丈一尺，以七十二輻，七十二，一本云：九十六。雙植於一轂，爲三十六。三十六，一本云：四十八。洪，東以三輞。每洪夾持受水壺一，總三十六壺。每壺長一尺，闊五寸，深四寸。於壺側置鐵撥牙，以撥天衡關舌。樞輪轂中貫以鐵樞軸，南北出，南以運儀象。退水壺長一丈一尺四寸，闊一尺九寸，東高三尺二寸，西高二尺五寸五分，中高一尺五寸五分，置樞輪下，以接退水。每受水一壺過，水落入退水壺。北下爲竅，水由下竅北流入昇水下壺。

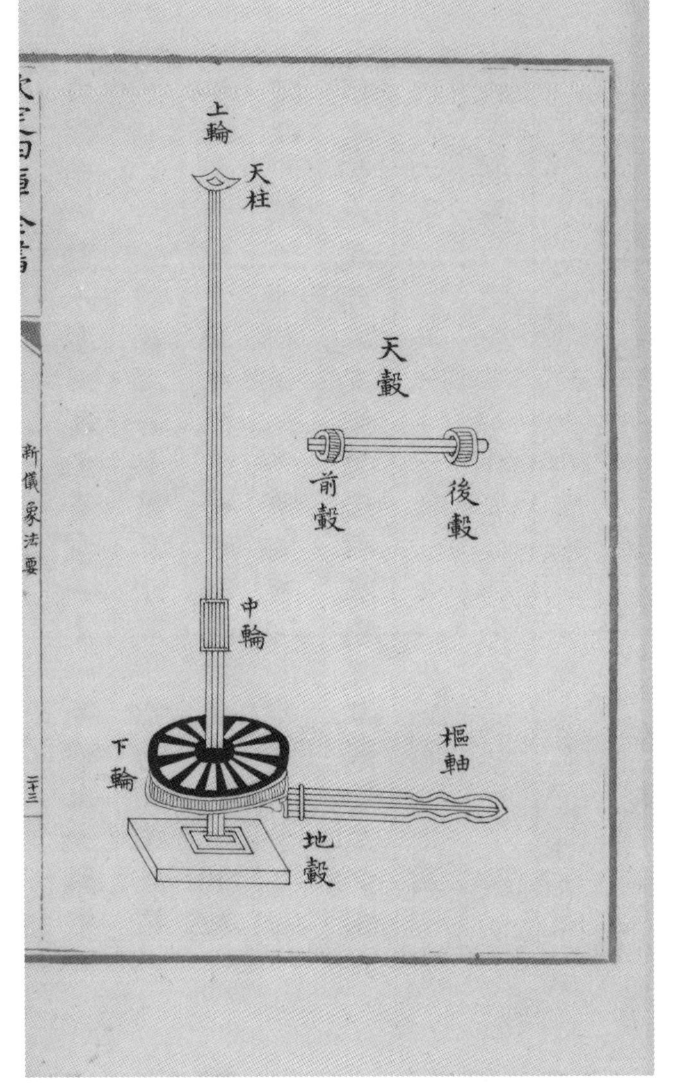

上輪　天柱

天轂　後轂　前轂

中輪

樞軸　地轂　下輪

右鐵樞輪軸一長五尺九寸方一寸八分貫樞輪轂中
南北出於轂前後相隨去樞梁闊狹鑪為兩圓項於樞
梁上為鐵仰月承之使運轉安南地轂以撥天柱下輪
運轉天柱　一本云前後相去隨
右天柱長丈九尺五寸其法以木為之上弗鼇雲中為
天柱上輪以動天轂中為天柱中輪以動機輪下為天
柱下輪以待樞輪地轂動作
右天轂二置於渾儀天經中以仰月承之後天轂以待

右鐵樞輪軸一，長五尺九寸，方一寸八分，貫樞輪轂中，南北出於轂，前後相隨，去樞梁闊狹鑪爲兩圓項，於樞梁上爲鐵仰月承之，使運轉。安南地轂，以撥天柱下輪，運轉天柱。一本云：前後相去隨。

右天柱。長丈九尺五寸，其法以木爲之，上弗鼇雲中爲天柱上輪，以動天轂；中爲天柱中輪，以動機輪；下爲天柱下輪，以待樞輪地轂動作。

右天轂二，置於渾儀天經中，以仰月承之。後天轂以待

天柱上輪動作前天轂與天運環相銜與後轂貫於一
軸後轂動則前轂動前轂動則天運環動
一本無天柱天轂有天梯天托
一本云仰月承之使運轉軸南安地轂以撥機輪
牙距次安梯下轂以撥天梯

天柱上輪動作。前天轂與天運環相銜，與後轂貫於一軸。後轂動，則前轂動；前轂動，則天運環動。

一本無天柱、天轂，有天梯、天托。

一本云：仰月承之，使運轉。軸南安地轂，以撥機輪牙距，次安梯下轂以撥天梯。

欽定四庫全書
卷下

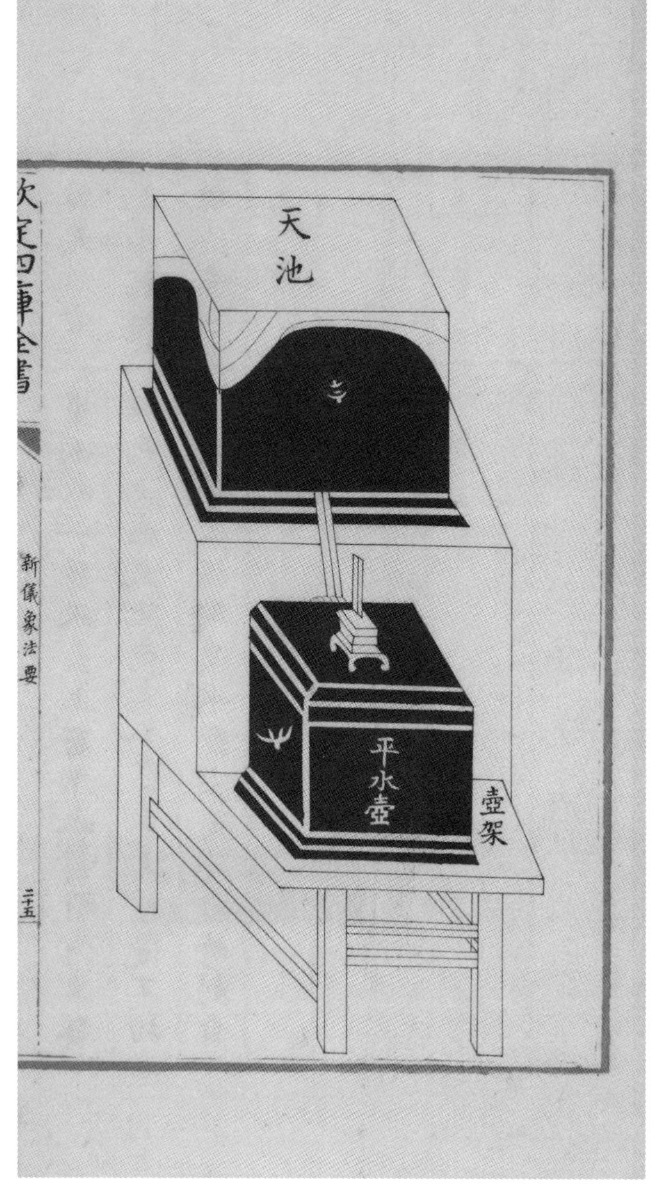

天池、平水壺

天池
壺架　平水壺

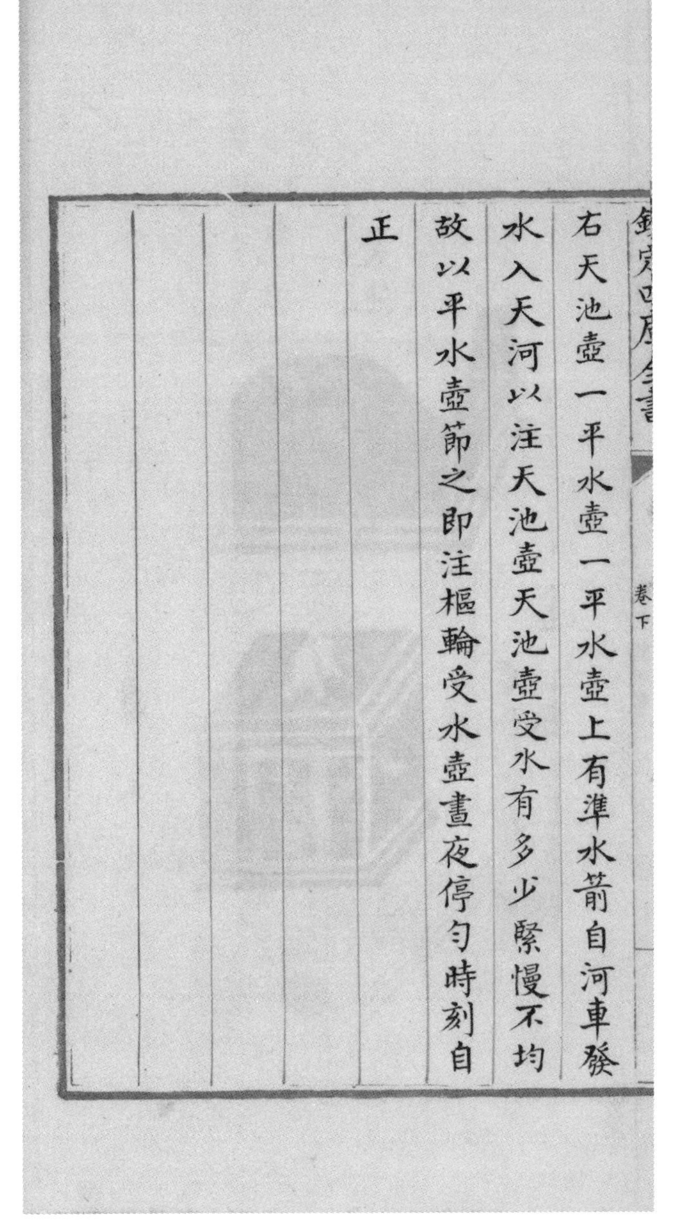
欽定四庫全書　卷下

右天池壺一平水壺一平水壺上有準水箭自河車發
水入天河以注天池壺天池壺受水有多少緊慢不均
故以平水壺節之即注樞輪受水壺晝夜停勻時刻自
正

右天池壺一、平水壺一。平水壺上有準水箭。自河車發水入天河，以注天池壺。天池壺受水有多少，緊慢不均，故以平水壺節之，即注樞輪受水壺，晝夜停勻，時刻自正。

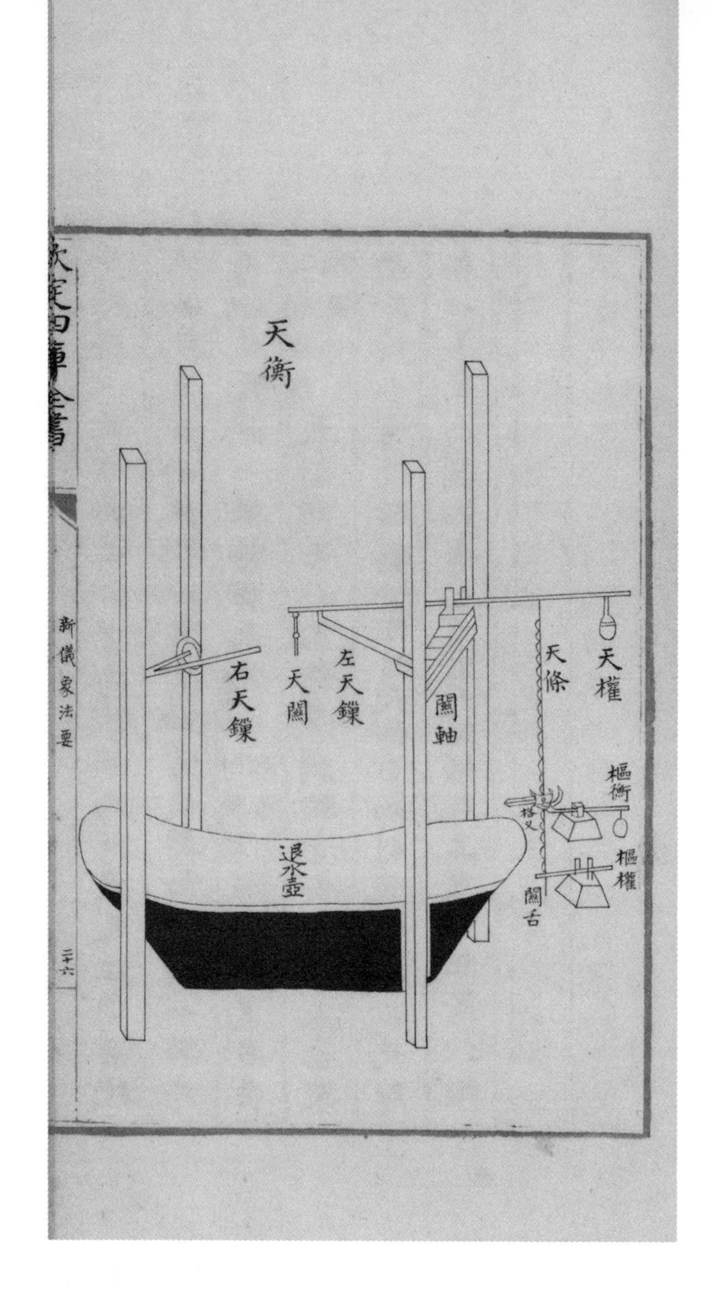

天衡

天權　天條　闕軸　左天鑠　天闕　右天鑠
樞衡　格叉
樞權　關舌　退水壺

右天衡一在樞軸之上中為鐵闗軸於東天柱間横桄上為駞峯植兩鐵頰以貫其軸常使轉動天權一掛於天衡尾天闗一掛於腦天條一即鐵鶴膝也綴於權裏右垂長短隨樞輪高下天衡闗舌一末為鐵闗軸寄安於平水壺架南北桄上常使轉動首綴於天條舌動則闗起左右天鑠各一末皆為闗軸寄安左右天柱横桄上東西相對以拒樞輪之輻樞衡樞權各一在天衡闗舌上正中為闗軸於平水壺南北横桄上為兩頰以貫其軸常使運動首為

右天衡一，在樞軸之上，中爲鐵關軸。於東天柱間横桄上爲駞峯，植兩鐵頰，以貫其軸，常使轉動。天權一，掛於天衡尾。天關一，掛於腦。天條一，即鐵鶴膝也。綴於權裏。右垂長短隨樞輪高下。天衡關舌一，末爲鐵關軸，寄安於平水壺架南北桄上，常使轉動。首綴於天條，舌動則關起。左、右天鑠各一，末皆爲關軸，寄安左、右天柱横桄上，東西相對，以拒樞輪之輻。樞衡、樞權各一，在天衡關舌上，正中爲關軸，於平水壺南北横桄上爲兩頰，以貫其軸，常使運動。首爲

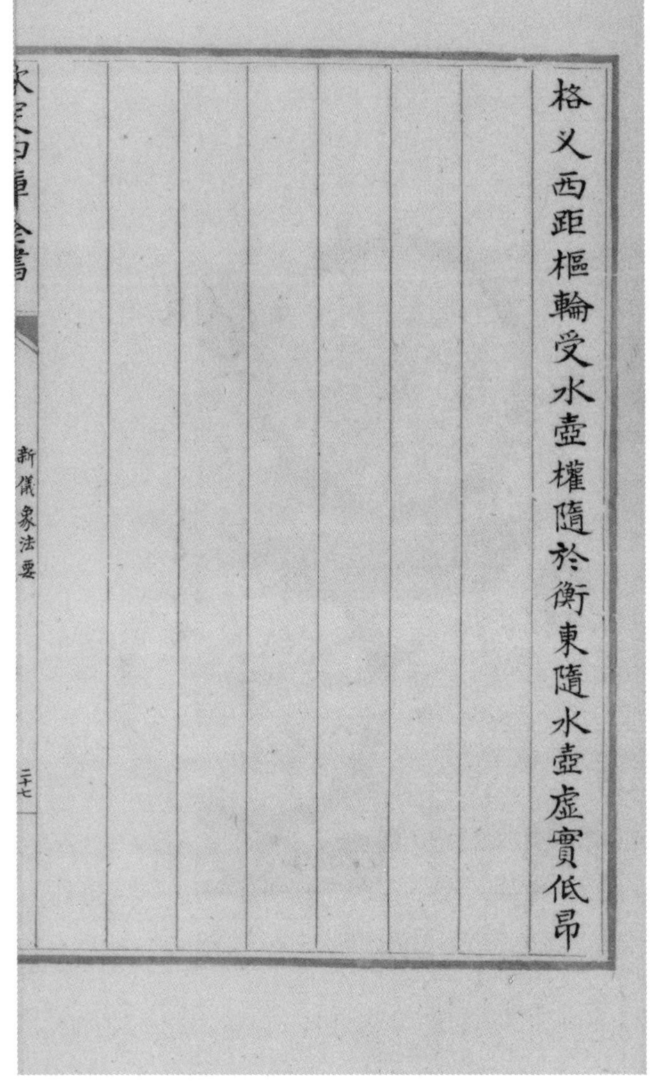
格叉西距樞輪受水壺權隨於衡東隨水壺虛實低昂
新儀象法要
二十七

格叉，西距樞輪受水壺。權隨於衡東，隨水壺虛實低昂。

欽定四庫全書

卷下

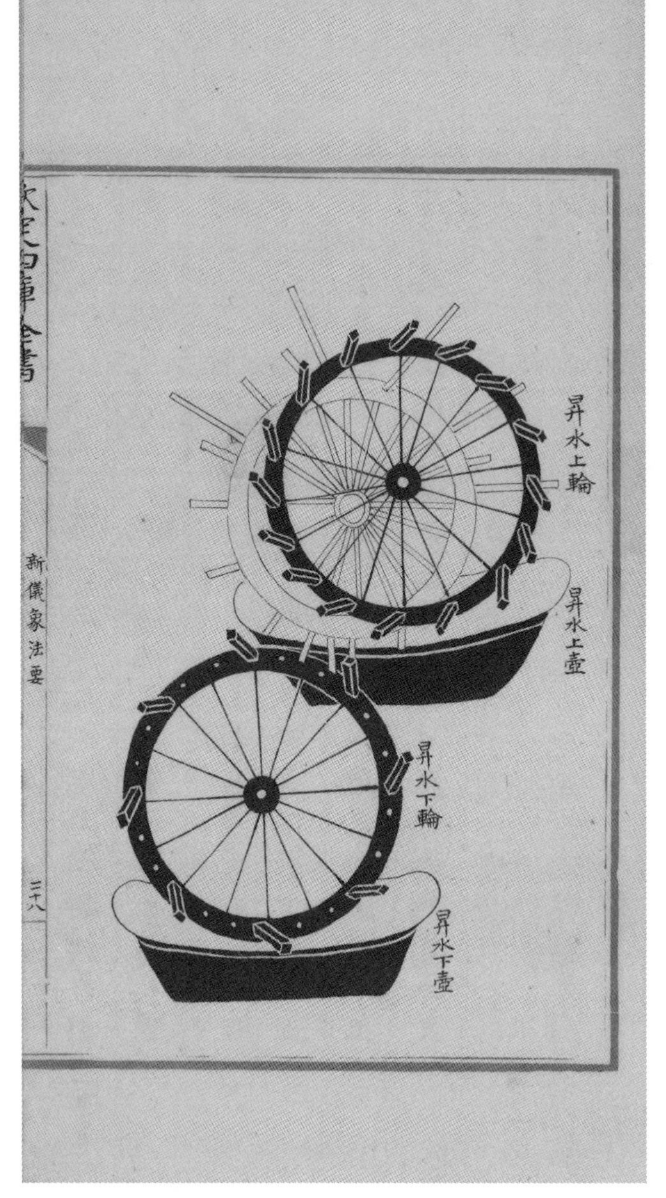

昇水上輪　昇水上壺　昇水下輪　昇水下壺

右昇水上下輪各一直徑各五尺六寸上輪與河車同貫一軸軸末南寄天梁下横桄上正中北寄臺腹木閣横桄上為杈手柱載之木閣高七尺一寸長七尺三寸闊二尺五寸上布板面板面南下立木柱二北寄臺桄上使人在其上運河車下輪軸末南置樞梁下横桄正中北亦為杈手柱載之柱寄於臺後地面板上昇水上下壺各一上壺長七尺四寸闊九寸五分兩頭高二尺三寸中一尺五寸下壺長七尺二寸闊一尺六寸高二尺一寸並在二輪下以承輪天河在昇水上輪之上以

右昇水上、下輪各一，直徑各五尺六寸。上輪與河車同貫一軸，軸末南寄天梁下横桄上正中，北寄臺腹木閣横桄上，爲杈手柱載之。木閣高七尺一寸、長七尺三寸、闊二尺五寸，上布板面。板面南下立木柱二，北寄臺桄上，使人在其上運河車。下輪軸末南置樞梁下横桄正中，北亦爲杈手柱載之，柱寄於臺後地面板上。昇水上、下壺各一。上壺長七尺四寸，闊九寸五分，兩頭高二尺三寸，中一尺五寸。下壺長七尺二寸，闊一尺六寸，高二尺一寸。並在二輪下，以承輪。天河在昇水輪之上，以

受上輪水下壺南為水竅與退水壺竅相通河車轉則
昇水上下輪俱轉河車與上輪俱東向即下輪逆行西
向昇水下輪發昇水下壺水右上入昇水上壺昇水上
輪發昇水上壺水左入天河注入天池

受上輪水。下壺南爲水竅，與退水壺竅相通。河車轉，則昇水上、下輪俱轉。河車與上輪俱東向，即下輪逆行西向。昇水下輪發昇水下壺水，右上入昇水上壺；昇水上輪發昇水上壺水，左入天河，注入天池。

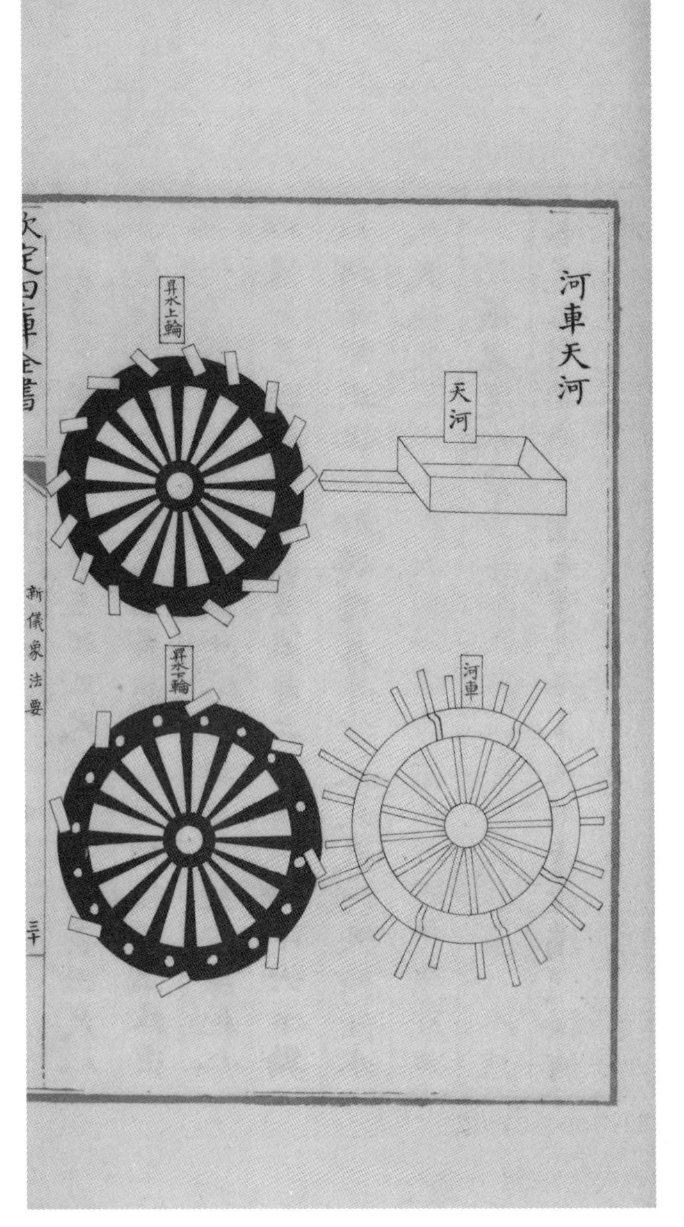

河車、天河

天河　昇水上輪
河車　昇水下輪

右河車一天河一河車直徑四尺八寸天河長三尺八寸闊七寸高六寸東為水竅與天池面相接河車外出十六撥牙以撥昇水下輪十六距對撥牙北安手把八以運河車二輪輞外斜安戽斗二十四上輪十六下輪八河車轉則上下輪俱帶戽斗運水入天河天河注水入天池

儀象運水法

水運之制始於下壺先實水於昇水下壺壺滿則撥河

右河車一，天河一。河車直徑四尺八寸。天河長三尺八寸，闊七寸，高六寸，東爲水竅，與天池面相接。河車外出十六撥牙，以撥昇水下輪十六距對撥牙。北安手把八，以運河車。二輪輞外斜安戽斗二十四，上輪十六，下輪八。河車轉，則上、下輪俱帶戽斗運水入天河，天河注水入天池。

儀象運水法

水運之制，始於下壺。先實水於昇水下壺，壺滿，則撥河

車八距河車動則昇水上下輪俱動昇水下輪以八戽
斗運水入昇水上壺昇水上輪以十六戽斗運水入天
河天河東流入天池天池水南出渴烏注入平水壺由
渴烏西注入樞輪受水壺受水壺之東與鐵樞衡格叉
相對格叉以距受水壺壺虛即為格叉所格所以能受
水水實即格叉不能勝壺故格叉落格叉落即壺側鐵撥
擊開天衡關舌掣動天條天條動則天衡起發動天衡
關左天鏁開即於樞輪一輻過一輻逼即樞軸動其樞

車八距。河車動，則昇水上、下輪俱動。昇水下輪以八戽斗運水入昇水上壺，昇水上輪以十六戽斗運水入天河；天河東流入天池，天池水南出渴烏，注入平水壺；由渴烏西注，入樞輪受水壺。受水壺之東與鐵樞衡格叉相對，格叉以距受水壺。壺虛，即爲格叉所格，所以能受水；水實，即格叉不能勝壺，故格叉落；格叉落，即壺側鐵撥擊開天衡關舌，掣動天條；天條動，則天衡起，發動天衡關；左天鏁開，即放[1]樞輪一輻過；一輻過[2]，即樞軸動。其樞

1 放，原作“於”，今據文淵閣本、傅圖本改。
2 過，此本、文淵閣本、傅圖本及《守山閣叢書》本皆作“逼”，今據上下文意及《儀象法纂》本改。

輪所檢括者二一以運渾儀二以動機輪所謂運渾儀
者樞輪動即地轂動地轂動即天柱下輪動天柱下輪
動則天轂後輪動天轂後輪動則天轂前輪動天轂前
輪動則天運環動天運環動則三辰儀隨天運轉此樞
輪所以運渾儀也所謂動機輪者樞輪動則地轂動地
轂動則天柱下輪動天柱下輪動則天柱中輪動天柱
中輪動則機輪動則樞輪所以動機輪也機輪所以檢
括者四一以天輪運渾象二以動鐘鼓輪三以動時初

輪所檢括者二：一以運渾儀，二以動機輪。

所謂“運渾儀”者：樞輪動，則[1]地轂動；地轂動，則[2]天柱下輪動；天柱下輪動，則天轂後輪動；天轂後輪動，則天轂前輪動；天轂前輪動，則天運環動；天運環動，則三辰儀隨天運轉。此樞輪所以運渾儀也。

所謂“動機輪”者：樞輪動，則地轂動；地轂動，則天柱下輪動；天柱下輪動，則天柱中輪動；天柱中輪動，則機輪動。則樞輪所以動機輪也。

機輪所以檢括者四：一以天輪運渾象，二以動鐘鼓輪，三以動時初

1、2 則，原作“即”，今據《儀象法纂》本及文淵閣本、傳圖本改。

正司辰輪四以動報刻司辰輪所謂以天輪運渾象者
機輪動則天輪動天輪動則渾象隨天運轉此天輪所
以動渾象也所謂動鐘鼓輪者機輪動則晝時鐘鼓輪
相隨而動其輪上有牙距時初則撥左木人所執鈴竿
以摇鈴時正則撥右木人所執撞竿以扣鐘刻至則撥
中人所執椎以擊鼓三者並在木閣第一層左右及中
門内相應此機輪所以動鐘鼓輪也所謂動時初正司
辰輪者機輪動則晝夜時初正司辰輪相隨而動時至

正司辰輪，四以動報刻司辰輪。

所謂“以天輪運渾象”者：機輪動，則天輪動；天輪動，則渾象隨天運轉。此天輪所以動渾象也。

所謂“動鐘鼓輪”者：機輪動，則晝時鐘鼓輪相隨而動。其輪上有牙距，時初，則撥左木人所執鈴竿以摇鈴；時正，則撥右木人所執撞竿以扣鐘；刻至，則撥中人所執椎以擊鼓。三者並在木閣第一層左、右及中門内相應。此機輪所以動鐘鼓輪也。

所謂“動時初正司辰輪”者：機輪動，則晝夜時初正司辰輪相隨而動。時至，

欽定四庫全書 卷下

則輪上木人執牌出木閣第二層門中以報初及正此
機輪所以動時初正司辰輪也所謂動報刻司辰輪者
機輪動則報刻司辰輪相隨而動刻至則輪上木人於
木閣第三層門中出報此機輪所以動報刻司辰輪也
已上樞輪一輻過則左天鏁及天闗開左天鏁及天闗
開則一受水落入退水壺一壺落則闗鏁再拒次壺則
激輪右回故以右天鏁拒之使不能西也每受水一壺
過水落入退水壺由下竅北流入昇水下壺再動河車

則輪上木人執牌出木閣第二層門中，以報初及正。此機輪所以動時初正司辰輪也。

所謂“動報刻司辰輪”者：機輪動，則報刻司辰輪相隨而動。刻至，則輪上木人於木閣第三層門中出報。此機輪所以動報刻司辰輪也。

已上樞輪一輻過，則左天鏁及天關開[1]；左天鏁及天關開[2]，則一受水落入退水壺；一壺落，則關、鏁再拒次壺，則激輪右回，故以右天鏁拒之，使不能西也。每受水一壺過，水落入退水壺，由下竅北流入昇水下壺。再動河車，

1 開，《儀象法纂》本及文淵閣本、傅圖本皆同，《守山閣叢書》本作“闢”。

2 開，《儀象法纂》本及文淵閣本皆同，《守山閣叢書》本作“闢”。

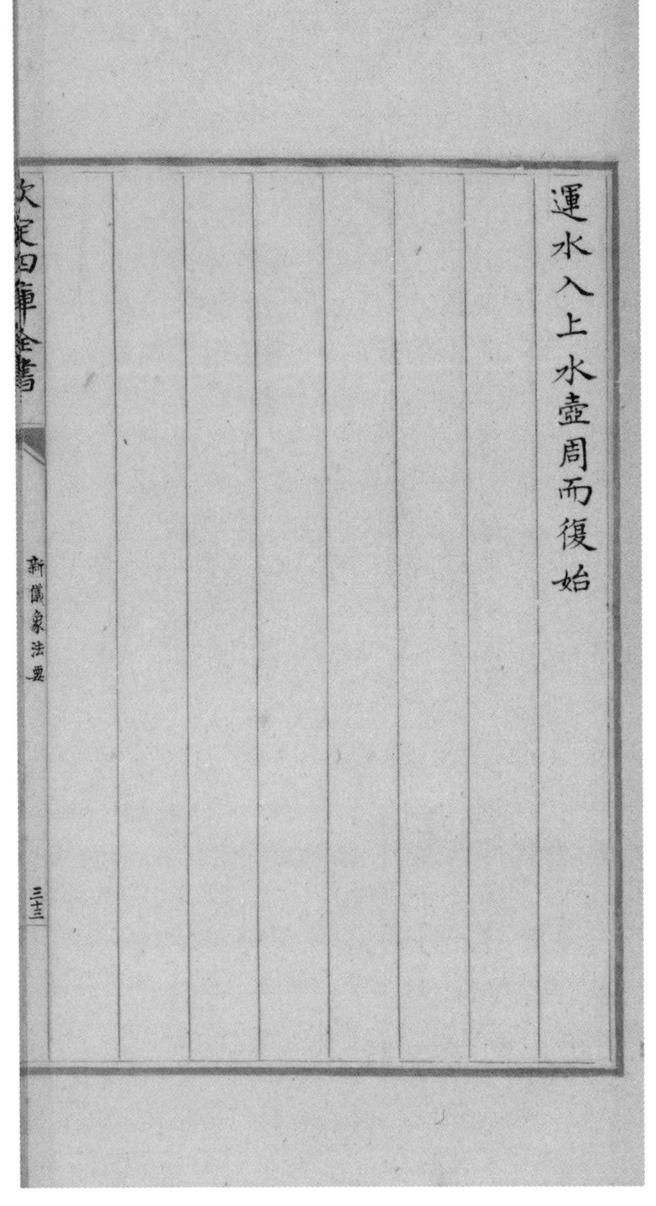

運水入上水壺，周而復始。

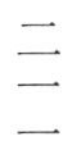

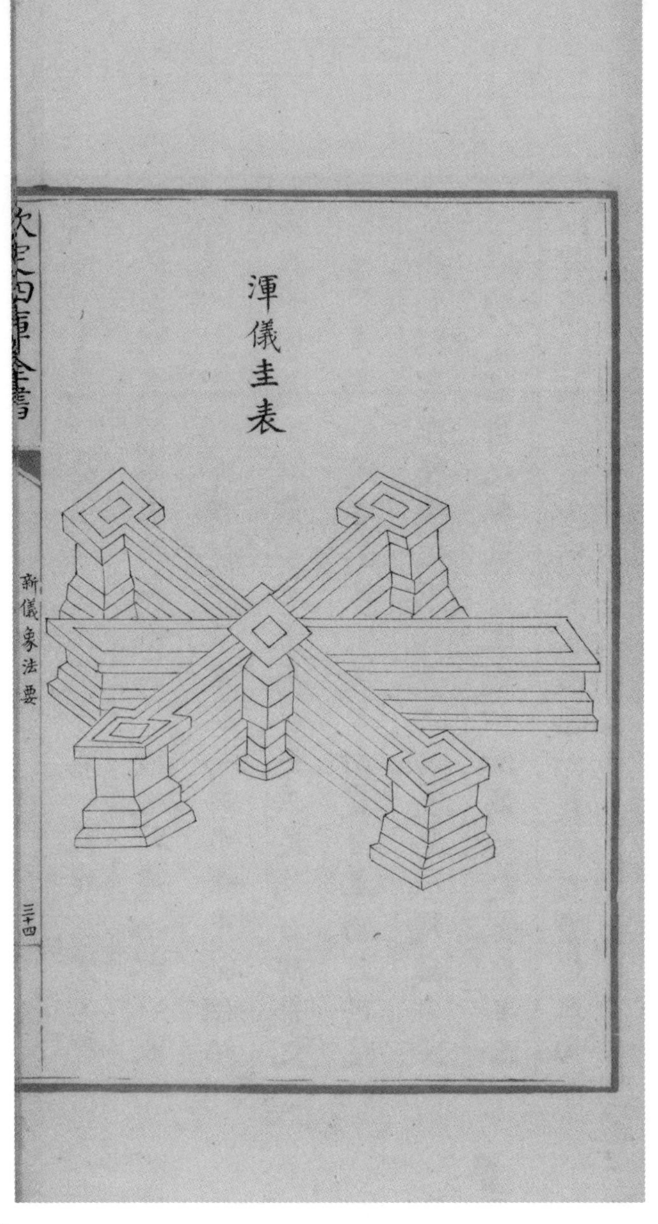

渾儀圭表

欽定四庫全書　卷下

右渾儀圭表一舊法渾儀圭表各為一器故渾儀不能測晷景之長短土圭亦不能驗七政之行度今以二器合為一法其制於渾儀下安圭座面與水趺中心相結各為水溝通流以定平準圭長一丈三尺為日行晷之南北於圭面分尺寸兩旁列二十四氣自圭面上與陰緯環面與直距望筒之半為表之高表高八尺故自陰緯環面及望筒之半至鼇雲之下亦高八尺常於午正以望筒指日令景透筒竅至圭面以竅心之景指圭面

右渾儀圭表一。舊法渾儀、圭表各爲一器，故渾儀不能測晷景之長短，土圭亦不能驗七政之行度。今以二器合爲一法，其制於渾儀下安圭座，面與水趺中心相結，各爲水溝通流，以定平準。圭長一丈三尺，爲日行晷之南北。於圭面分尺寸，兩旁列二十四氣。自圭面上與陰緯環面與直距、望筒之半爲表之高。表高八尺，故自陰緯環面及望筒之半至鼇雲之下，亦高八尺。常於午正以望筒指日，令景透筒竅至圭面，以竅心之景指圭面之尺寸為準望筒所以上考時刻五星留逆徐疾日道昇降黄道去極遠近圭面所以下候二十四氣晷景之長短二法相叅則氣候與上象相合考正歷數免有差舛

欽定四庫全書　新儀象法要　三十五

之尺寸爲準。望筒所以上考時刻、五星留逆徐疾、日道昇降、黄道[1]去極遠近，圭面所以下候二十四氣、晷景之長短。二法相參，則氣候[2]與上象相合，考正曆[3]數，免有差舛。

1 黄道，《守山閣叢書》本脱。

2 候，《守山閣叢書》本作“象”。

3 曆，原作“歷”，文淵閣本亦同，避清帝名諱，今改。

欽定四庫全書
卷下

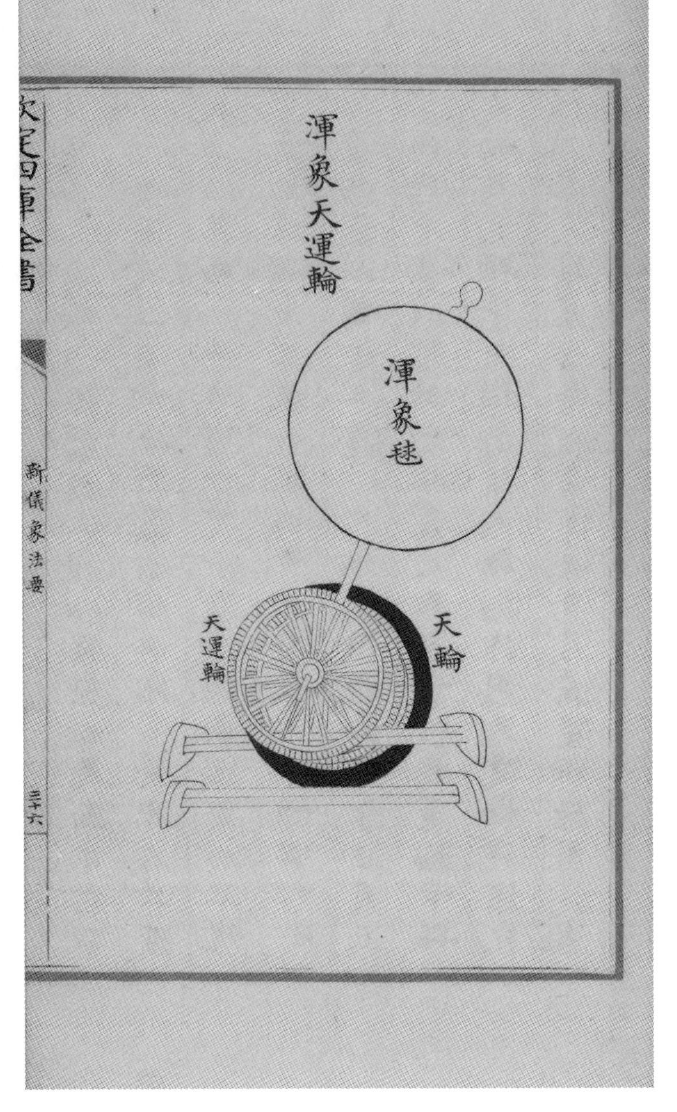

渾象天運輪

渾象毬

天輪　天運輪

右渾象天運輪一渾象體正圓如毬徑四尺五寸六分
半上布周天三百六十五度有畸中外官星其名二百
四十六其數一千二百八十一紫微垣在渾象北上規
星其名三十七其數一百八十三星數一千四百六十
四東西繞以黄赤二道二十八舍相距於四方日月五
星所行中貫以樞軸南北置之軸末貫以天運輪下與
天軸及天轉牙距相銜候天輪動作則天運輪與渾象
俱轉其天度星舍等及黄赤道日月五星所行周旋渾

右渾象天運輪一。渾象體正圓如毬，徑四尺五寸六分半，上布周天三百六十五度有畸，中外官星其名二百四十六、其數一千二百八十一。紫微垣在渾象北上規，星其名三十七、其數一百八十三。星數一千四百六十四[1]。東西繞以黄、赤二道，二十八舍相距於四方，日、月、五星所行。中貫以樞軸，南北置之。軸末貫以天運輪，下與天軸及天輪[2]牙距相銜，候天輪動作，則天運輪與渾象俱轉。其天度、星舍等及黄赤道、日月五星所行，周旋渾

1“星數一千四百六十四”前，卷中“渾象赤道牙”下有“二項總名二百八十三”九字，此本及文淵閣本皆脱。
2 輪，原本及文淵閣本、傅圖本皆作“轉”，今據《守山閣叢書》本改。

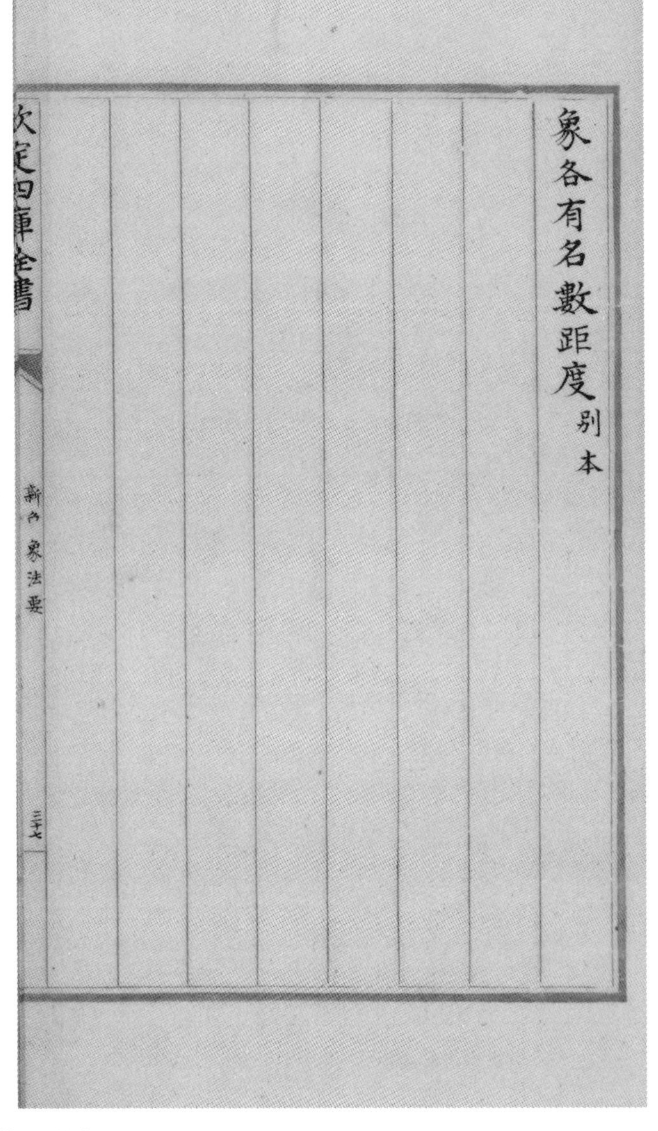
欽定四庫全書

象各有名數距度别本

新儀象法要

三十七

象，各有名數、距度。别本。

欽定四庫全書
卷下

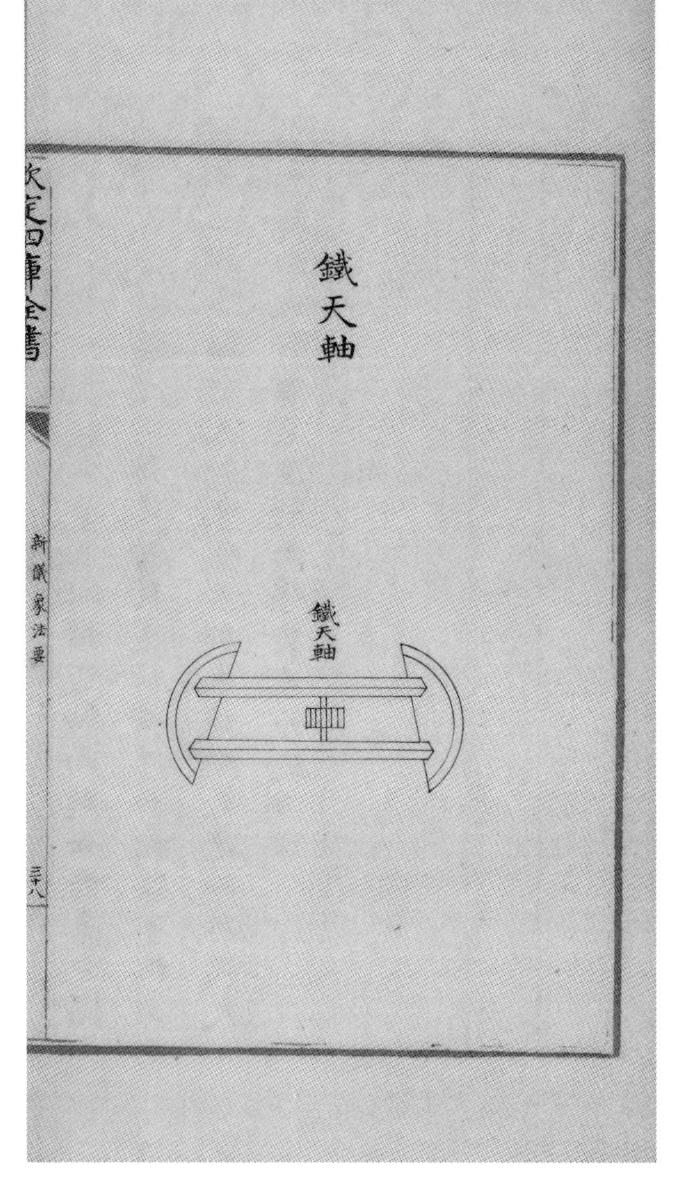

鐵天軸

鐵天軸

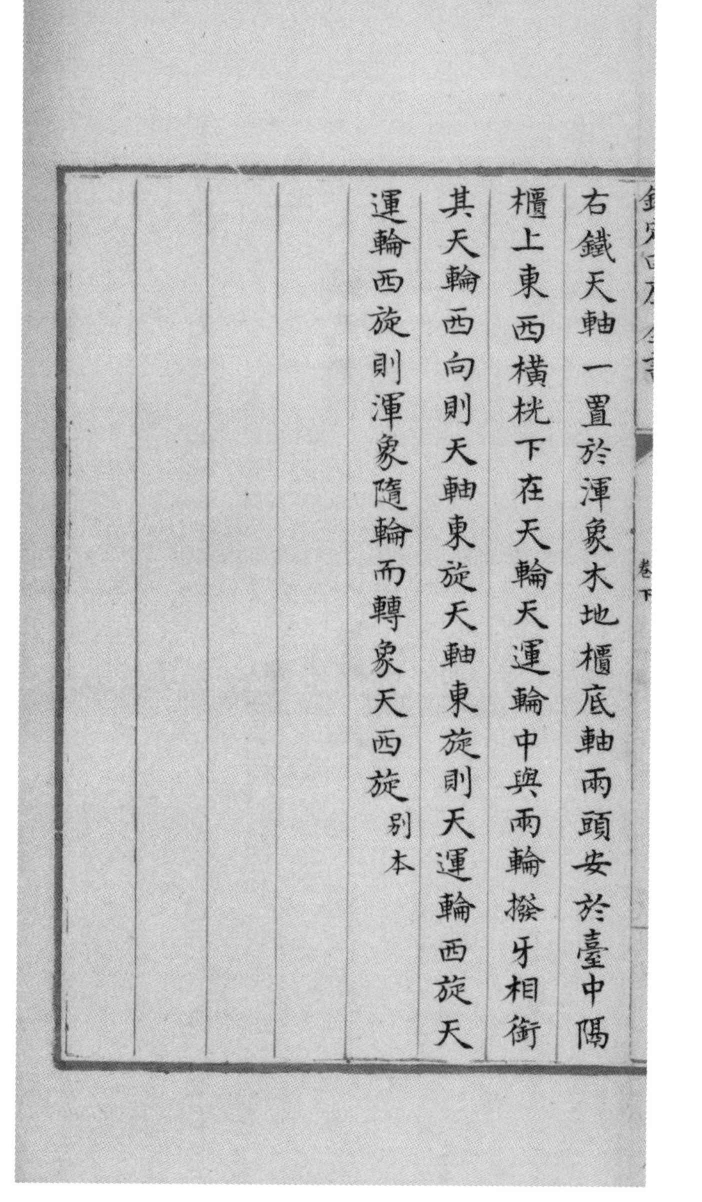
右鐵天軸一置於渾象木地櫃底軸兩頭安於臺中隔
櫃上東西橫桄下在天輪天運輪中與兩輪撥牙相銜
其天輪西向則天軸東旋天軸東旋則天運輪西旋天
運輪西旋則渾象隨輪而轉象天西旋别本

右鐵天軸一。置於渾象木地櫃底，軸兩頭安於臺中隔櫃上、東西橫桄下，在天輪、天運輪中與兩輪撥牙相銜。其天輪西向，則天軸東旋；天軸東旋，則天運輪西旋；天運輪西旋，則渾象隨輪而轉，象天西旋。别本。

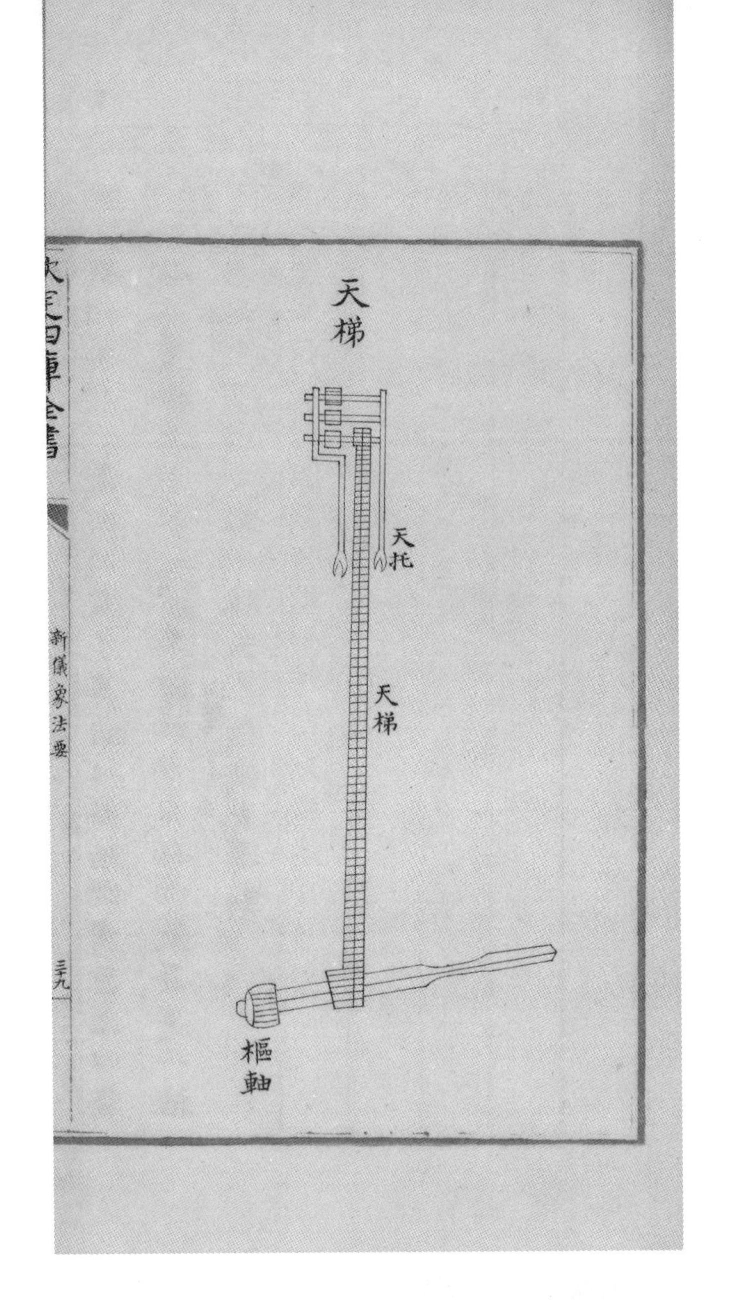

天梯

天托
天梯
樞軸

右天梯長一丈九尺五寸其法以鐵括聯周匝上以鰲雲中天梯上轂掛之下貫樞軸中天梯下轂每運一括則動天運環一距以轉三辰儀隨天運動別本

右天梯。長一丈九尺五寸。其法以鐵括聯周匝，上以鰲雲中天梯上轂掛之，下貫樞軸中天梯下轂。每運一括，則動天運環一距，以轉三辰儀，隨天運動。別本。

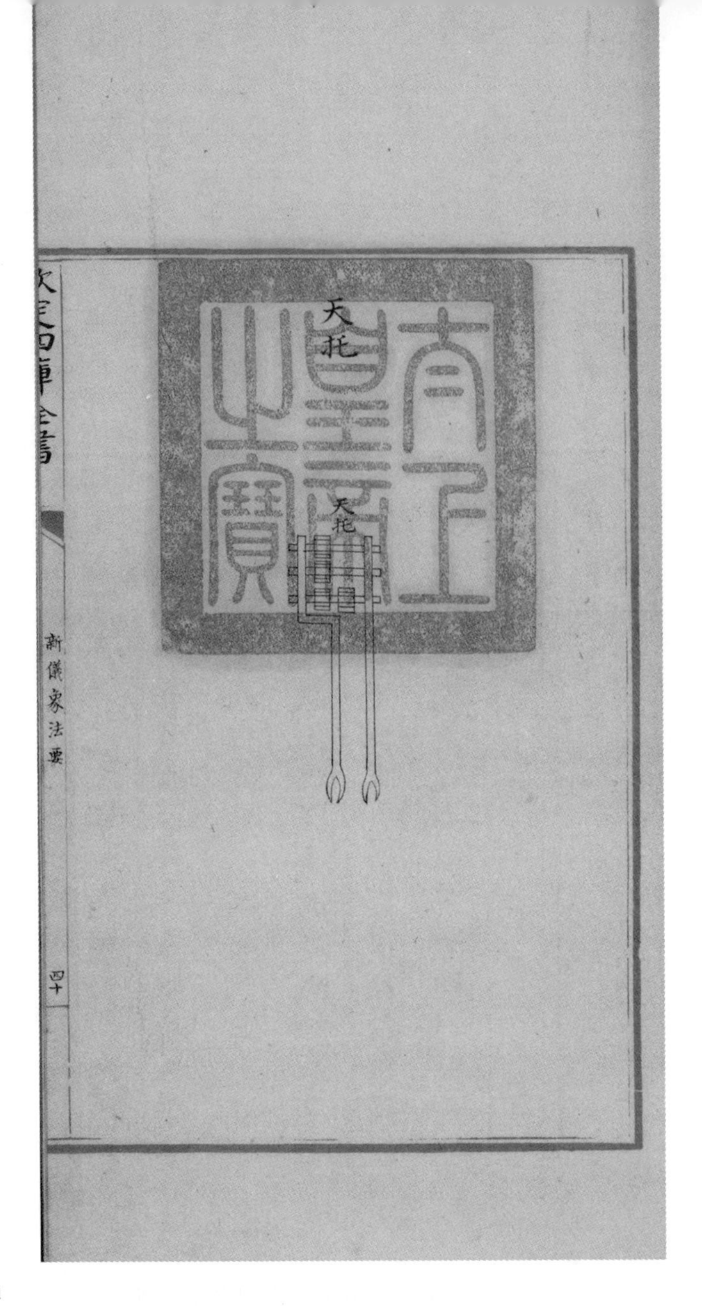

天托[1]

天托

1 鈐“太上皇帝之寶”（朱文方印）。

欽定四庫全書　卷下

右天托二　鼇雲内各高三尺七寸下為雙叉　水趺

之心下間闊三寸一分南托上四分之一為曲尺上間

闊四寸五分為曲尺故也雙夾天梯於曲尺間對開三竅置

三軸以貫四轂上曰上天轂上與渾儀天運環相距次

曰中天轂與上天轂相距下曰下天轂與中天轂相距

下之次曰天梯上轂在下天轂之北共貫一軸以掛天

梯別本

新儀象法要卷下

右天托二。□鼇雲内[1]，各高三尺七寸，下爲雙叉，□水趺之心。下間闊三寸一分。南托上四分之一爲曲尺，上間闊四寸五分。爲曲尺故也。雙夾天梯。於曲尺間對開三竅，置三軸以貫四轂：上曰上天轂，上與渾儀天運環相距；次曰中天轂，與上天轂相距；下曰下天轂，與中天轂相距；下之次曰天梯上轂，在下天轂之北，共貫一軸，以掛天梯。別本。

《新儀象法要》卷下[3]

1“鼇雲内”前，原本及文淵閣本、傅圖本諸本皆闕一字，據文義，或脱一“置”字。

2“水趺之心”前，原本及文淵閣本、傅圖本諸本皆闕一字，據文義，或脱一“植”字。

3鈐“避暑山莊”（朱文方印）。

本書據南京圖書館藏明抄本《儀象法纂》影印。原書高二六〇毫米，寬一七九毫米。

附録一 《儀象法纂》點校

子 天文算法類[一]

[一] 封面鈐『八千卷樓珍藏善本』（朱文長印）。

《儀象法纂》[1]

光禄大夫[2]吏部尚書兼侍讀上護軍武功郎郡國侯臣蘇　頌上

臣謹案，歷代天文之器制範頗多，法亦小異，至於激水運機，其用則一。蓋天者運行不息，水者注之不竭。以不竭逐不息之運，苟注挹均調，則參校旋轉之勢無有差舛也。故張衡渾天云置密室中，以漏水轉之，令司之者閉户唱之，以告靈臺之觀天者。璇璣所加，某星始見、某星已中、

1 卷首鈐“湯聘”（白文方印）、“八千卷樓藏書印”（朱文方印）、“善本書室”（朱文方印）、“江蘇第一圖書館善本書之印記”（朱文方印）、“南京圖書館藏”（朱文方印）。

2 按，此題署在四庫本《新儀象法要》之《進儀象狀》文末。“光禄大夫”後，文津閣本有一“守”字。

某星今沒皆如符合唐開元中詔浮屠一行率
府兵曹梁令瓚及諸術士更造鑄銅渾爲上圓
天之象上具列宿周天度數注水激輪令其自
轉一日一夜天轉一周又別置二輪絡在天外
綴以日月令得運行每天西轉一匝日正東行
一度月行十三度有奇凡二十九轉而日月會
三百六十五轉而日行匝仍置木櫃以爲地平
令儀半在地下又立二木偶人於地平之前置
鐘鼓使木人自然撞擊以候辰刻命之曰水運

某星今没，皆如符合。

唐開元中，詔浮屠一行、率府兵曹梁令瓚及諸術士更造鑄銅渾儀。爲上[1]圓天之象，上具列宿[2]周天度數，注水激輪，令其自轉，一日一夜，天轉一周。又別置二輪，絡在天外，綴以日、月，令得運行。每天西轉一匝，日正東行一度，月行十三度[3]有奇。凡二十九轉而日月會，三百六十五轉而日行匝。仍置木櫃以爲地平，令儀半在地下[4]。又立二木偶人於地平之前，置鐘鼓，使木人自然撞擊，以候辰刻。命之曰“水運

1 上，文津閣本作“之”。
2 “列宿”後，文津閣本有一“及”字。
3 十三度，文津閣本作“十二度”。
4 地下，文津閣本作“地上”。

渾天倄視圖既成置武成殿前以示百寮梁朝
渾象以木爲之其圓如丸徧體布二十八宿三
家星謂巫咸石申甘德三家星以青黃赤别之
黃赤道及天河等别爲横規還以繞其外上下
半之以象地張思訓爲楼數層高丈餘而有輪
軸關柱激水以運輪又有直神搖鈴撞鐘擊鼓
每一晝夜周而復始又有十二神各直一時時
至則自執牌循環而出報隨刻數以定晝夜之
長短至冬水凝運行遲澁則以水銀代之故无

渾天俯[1]視圖”。既成，置武成殿前，以示百僚[2]。

梁朝渾象以木爲之，其圓如丸，徧體布二十八宿、三家星、謂巫咸、石申、甘德三家星，以青、黃、赤[3]别之。黃赤道及天河等。别爲横規環[4]，以繞其外，上下半之，以象地。

張思訓爲[5]樓數層，高丈餘而[6]有輪、軸、關、柱，激水以運輪。又有直神搖鈴、撞[7]鐘、擊鼓，每一晝夜周而復始。又有十二神，各直一時，時至則自執牌循環而出報，隨刻數以定晝夜之長短。至冬，水凝，運行遲澀，則以水銀代之，故无

1 俯，原誤作“倄”，今據文津閣本改。
2 僚，原誤作“寮”，今據文津閣本改。
3 此處文津閣本有“三色”兩字。
4 環，原誤作“還”，今據文津閣本改。
5 “爲”字前，文津閣本有“渾儀”二字。
6 而，文津閣本作“中”。
7 撞，文津閣本作“扣”。

差舛。又有日月星象[1]，皆取仰觀。案，舊法日月行度皆人所運，新[2]制成於自然，尤爲精妙。然則據上所述，張衡所謂靈臺之璇璣者，兼渾儀、候儀之法。置密墜[3]中者，渾象也。故葛洪云：張平子衡、陸公紀績之徒咸以爲推步七曜之運，以度曆象昏明之証候，校以三[4]八之氣，考以刻漏之分，占晷景之往來，求形驗於事情，莫密於渾象也。開元“水運俯視圖”亦渾象也。思訓準開元之法，而上以盖爲紫宮，旁爲周天度，而正東西轉，出

1 象，文津閣本作“辰”，文淵閣本作“象”。
2 新，原作“所”，今據文津閣本改。
3 墜，文津閣本作“室”。
4 三，原本空闕一字，今據文津閣本補。

其新意也今則兼採訪諸家之說脩存儀象之
器共置一臺中臺有二隔渾儀置於上渾象置
於下樞機輪軸隱於中鍾鼓時刻司辰運於輪
上木閣五層蔽於前司辰擊鍾鼓搖鈴執牌出
沒於閣內以水激輪輪轉而儀象皆動此兼用
諸家之法也渾儀則上候三辰之行度增黃於
單環環中日見半體使望筒甞指日日體常在
筒竅中天西行一周日移東一度此出新意也
渾象則列紫官於北頂布中外宮星二十八舍

其新意也。

今則兼採訪諸家之説，備存儀象之器，共置一臺中。臺有二隔，渾儀置於上，渾象置於下，樞、機輪、軸隱於中，鐘[1]鼓、時刻司辰運於輪上，木閣五層蔽於前，司辰擊鐘[2]鼓、摇鈴、執牌出没於閣内。以水激輪，輪轉而儀象皆動，此兼用諸家之法也。渾儀則上候三辰之行度，增黄於單環[3]，環中日見半體，使望筒嘗指日，日體常[4]在筒竅中，天西行一周，日移東[5]一度。此出新意也。渾象則列紫宫[6]於北頂，布中外官[7]星、二十八舍、

1 鐘，原誤作“鍾”，今據文津閣本改。

2 鐘，原誤作“鍾”，文津閣本無。

3 增黄於單環，文津閣本作“增黄道爲單環”。

4 常，文津閣本作“嘗”。

5 移東，文津閣本作“東移”。

6 宫，原作“官”，今據文津閣本改。

7 官，原作“宫”，今據文津閣本改。

周天度黄赤道天河徧於天體此用王蕃及隋
志所說也又以五色珠爲日月五星貫以絲繩
兩末以鉤環挂於南北軸依七曜盈縮遲疾留
逆移徙令常在見行躔次之内晝夜隨天而旋
使人於其旁驗星在之次與臺上測驗相應以
不差爲準此用一行思訓所說而增損之也二
器皆出一機以水激之不由人力校之前古踈
蜜雖未易知而器度筭數亦彷彿其遺象也又
制刻漏四副一日浮箭漏二日秤漏皆與今太

周天度、黄赤道、天河徧於天體。此用王蕃及《隋志》所説也。又以五色珠爲日、月、五星，貫以絲繩，兩末以鉤環挂於南北軸。依七曜盈縮、遲疾、留逆移徙，令常在見行躔次之内，晝夜隨天而旋，使人於其旁，驗星在之次，與臺上測驗相應，以不差爲準。此用一行、思訓所説而增損之也。二器皆出一機，以水激之，不由人力。校之前古，疎密[1]雖未易知，而器度、筭數亦彷彿其遺象也。又制刻漏四副：一曰[2]浮箭漏，二曰[3]秤[4]漏，皆與今太

1 密，原本誤作“蜜”，今據文津閣本改。
2、3 曰，原誤作“日”，今據文津閣本改。
4 秤，文津閣本作“稗”。

史及朝堂所用畧同；三曰沉箭漏，四曰不息漏，并採用術人所製法式置於別室，使挈壺專掌，逐時刻與儀象互相參考，以合天星[1]行度爲正。所以驗器數與天運不差，則寒暑氣候自正也。

《虞書》稱“在璇璣玉衡，以齊七政”，盖觀四七之中星，以知節候之早晚。《考靈曜》曰：“觀玉儀之游，昏明主時，乃命中星者也。”“璇璣中而星未中爲急，急則日過其度，月不及其宿；璇璣未中而星中爲舒，舒則日不及其度，月過其宿；璇璣中而星

1 星，原作“心”，今據文津閣本改。

中爲調調則風雨時庶草蕃廡而五穀登而萬
事康由是言之觀璇璣者不獨視天時而布政
令仰欲察史祥而省得失也易曰先天而天不
違後天而奉天時此之謂也今依月令創爲四
時中星圖以曉昏暗之度附於卷後將以上
備聖主南面之省觀此儀象之大用也又上論
渾天儀銅候儀渾天象三器不同古人之說或
有所未盡陳苗謂張衡所造蓋亦止爲渾象七
曜而何承天莫辨儀象之異若但以一名命之

中爲調，調則風雨時，庶草蕃廡而五穀登，而萬事康。”由是言之，觀璇璣者不獨視天時而布政令，抑[1]欲察灾[2]祥而省得失也。《易》曰“先天而天不違，後天而奉天時”，此之謂也。

今依《月令》創爲“四時中星圖”，以曉昏[3]之度附於卷後，將以上備聖主南面之省觀，此儀象之大用也。又上論渾天儀、銅候儀、渾天象三器不同，古人之説或[4]有所未盡。陳苗謂張衡所造蓋亦止爲[5]渾象七曜，而何承天莫辨儀、象之異，若但以一名命之，

1 抑，原作“仰”，今據文津閣本改。
2 灾，原作“史”，今據文津閣本改。
3 “昏”字後衍一“暗”字，今據文津閣本刪。
4 或，文津閣本作“亦”。
5 爲，文津阁本作“在”。

則不能盡其妙用也今新制二器而通三用當
揔謂之渾天恭俟聖鑒以正其名也

則不能盡其妙用也。今新制[1]二器而通三用，當揔謂之“渾天”。恭俟聖鑒，以正其名也。

1“制”字後，文津閣本有一“備”字。

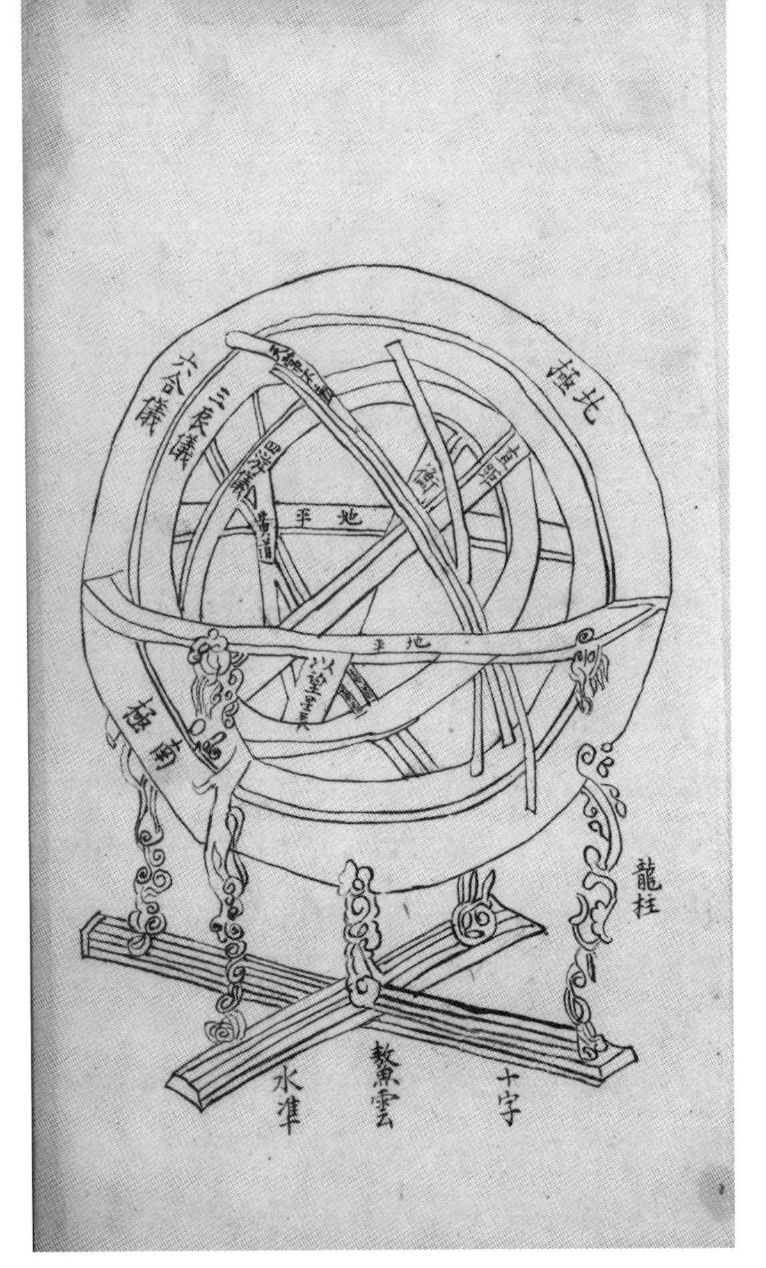

北極　天常不動　三辰儀　六合儀

直距　衡　以望星辰　地平　黄道　四游儀

地平

南極

龍柱

十字　水準　鰲雲

右渾儀制爲輪三重一曰六合儀縱置於地渾
中即天經也與地渾相結其體不動二曰三辰
儀置六合儀内三曰游儀置三辰儀内曰六合
者象上下四方天地之體也曰天經者對地渾
也又名陽經環者以地渾與陰緯環對名也又
植四龍柱於渾下之四維各環以龍故名曰龍
柱又置鼇雲於六合儀下承以雲氣雲下有鼇
故名曰鼇雲又四龍柱下設十字水趺鑿溝通
水道以平高下故名曰水趺别設天常單環於

右渾儀。制爲輪三重：一曰六合儀，縱置於地渾中，即天經也，與地渾相結，其體不動；二曰三辰儀，置六合儀内；三曰四[1]游儀，置三辰儀内。曰六合者，象上下四方天地之體也。曰天經者，對地渾也；又名陽經環者，以地渾與[2]陰緯環對名也。又植四龍柱於渾下之四維，各環以龍，故名曰龍柱。又置鼇雲於六合儀下，承以雲氣，雲下有鼇座[3]，故名曰鼇雲。又四龍柱下設十字水趺，鑿溝，通水道，以平高下，故名曰水趺。别設天常單環於

1 四，原本脱，今據文津閣本補。
2 與，文津閣本作“爲”。
3 座，原本脱，今據文津閣本補。

六合儀内又設黄道雙環赤道單環皆在三辰
儀内東西相交隨天運轉以驗列舍之行又爲
四象環附三辰相結於天運環黄赤道兩交又
爲直距二縱置於四游儀内北屬六合儀地渾
之上以正北極出地之度南屬六合儀地渾之
下以正南極入地之度此渾儀夾形也直距内
夾置望筒一筒之半設関軸附直距上使運轉
低昂窺測四方之星度李淳風制三辰六合四
游儀凡三重六合儀有金渾緯規其法劉曜時

六合儀内。又設黄道雙環、赤道單環，皆在三辰儀内，東西相交，隨天運轉，以驗列舍之行。又爲四象環，附三辰儀[1]，相結於天運環、黄赤道兩交。又爲直距二，縱置於四游儀内，北屬六合儀、地渾之上，以正北極出地之度；南屬六合儀、地渾之下，以正南極入地之度。此渾儀大[2]形也。

直距内夾置望筒一，筒之半設関軸，附直距上，使運轉低昂，窺測四方之星度。

李淳風制三辰、六合、四游儀，凡三重。六合儀有金渾緯規，其法劉曜時

1 儀，原本脱，今據文津閣本補。

2 大，原誤作“夾”，今據文津閣本改。

孔挺所增四游儀即舜璿璣玉衡之遺法也本
朝至道中韓顯符止用淳風六合四游儀移三
辰儀黄赤道安於六合儀如孔挺之説逮皇祐
中復徒黄赤道附於三儀今則用淳風三重之
制兩於三辰儀上設天運環以水運之水運之
法始於漢張衡成於唐梁令瓚及僧一行復於
本朝張思訓今又變正其制設天運環下以天
柱関輪之類上動渾儀此出新意也

孔挺所增；四游儀即舜“璿璣玉衡”之遺法也。本朝至道中，韓顯符止用淳風六合、四游儀，移三辰儀黄、赤道，安於六合儀，如孔挺之説。逮皇祐中，復徙[1]黄、赤道附於三辰[2]儀。今則用淳風三重之制，而[3]於三辰儀上設天運環，以水運之。水運之法始於漢張衡，成於唐梁令瓚及僧一行，復於本朝張思訓。今又變正其制，設天運環，下以天柱、関、輪之類上動渾儀，此出新意[4]也。

1 徙，原誤作“徒”，今據文津閣本改。
2 辰，原本脱，今據文津閣本補。
3 而，原作“兩”，今據文津閣本改。
4 意，文津閣本作“製”。

六合儀

陽經
天常
南杠軸
陰緖
北杠軸

右六合儀其制有天經地渾有天常環天經即
雙規也古制止言外雙規李淳風始有六合之
名梁令瓚名陽經雙規韓顯符天經雙規元豐

六合儀

陽經

天常

北杠軸[1]　陰緯[2]　南杠軸[3]

右六合儀。其制有天經、地渾，有天常環。天經即雙規也，古制止言外雙規，李淳風始有“六合”之名，梁令瓚名“陽經雙規”，韓顯符名[4]“天經雙規”，元豐

1 軸，文津閣本作“輪”。
2“陰緯”，原作“陰緖”，今據文津閣本改。
3 軸，文津閣本作“輪”。
4 名，原本脱，今據文津閣本補。

復陽經雙規地渾之制梁名單橫規李淳風名
全渾緯規渠人瓚名陰緯單規又謂之陰渾韓
顯符名地盤平準皇祐周琮及元豐新制與今
儀復曰陰緯單環天經則縱置地緯則橫置天
經環兩面各布列周天度數半在地渾上半在
地渾下環面已上爲天其爲地其南北與天經
環相對持之地渾鑿渠爲平水溝以正天地之
高下於環內布列八十四准十二辰位以象地
天常環於天經地渾內內御置之環側布列十

復[1]“陽經雙規”。地渾之制，梁名“單橫規”，李淳風名“金[2]渾緯規”，梁令瓚[3]名“陰緯單環[4]”，又謂之陰渾，韓顯符名“地盤平準”，皇祐周琮及元豐新制與今儀復曰“陰緯單環”。天經則縱置，地渾[5]則橫置。天經環兩面各布列周天度數，半在地渾上，半在地渾下。環面[6]已上爲天，其下[7]爲地，其南、北與天經環相對[8]持之。地渾面[9]鑿渠爲平水溝，以正天地之高下。於環内布列八干[10]、四維[11]、十二辰位，以象地。天常環於天經、地渾内，内銜置之，環側布列十

1 此處文津閣本有一“曰”字。
2 金，原誤作“全”，今據文津閣本及前文改。
3 梁令瓚，原誤作“渠人瓚”，今據文津閣本改。
4 環，原作“規”，今據文津閣本及前文改。
5 渾，原作“緯”，今據文津閣本改。
6 環面，文津閣本前有“地渾”二字。
7 下，原本脱，今據文津閣本補。
8 對，文津閣本作“屬”。
9 面，原本脱，今據文津閣本補。
10 干，原本誤作“十”，今據文津閣本改。
11 維，原本誤作“准”，今據文津閣本改。

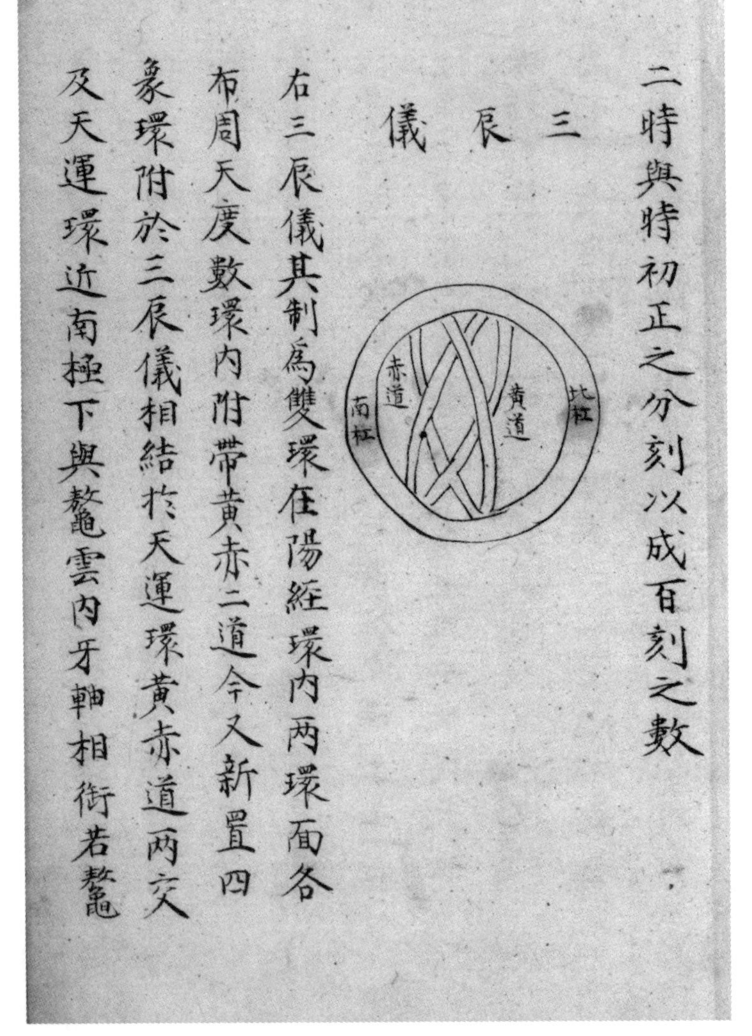
二時與特初正之分刻以成百刻之數

三辰儀

右三辰儀其制爲雙環在陽經環內兩環面各布周天度數環內附帶黃赤二道令又新置四象環附於三辰儀相結於天運環黃赤道兩交及天運環近南極下與鼇雲內牙軸相銜若鼇

二時與時初、正之分刻，以成百刻之數。

三辰儀

北杠　黃道　赤道　南杠

右三辰儀。其制爲雙環，在陽經環內，兩環面各布周天度數，環內附帶黃、赤二道。今又新置四象環附於三辰儀，相結於天運環、黃赤道兩交及天運環，近南極，下與鼇雲內牙軸相銜。若鼇雲中天柱動，則天運環動，以轉三辰儀輪。古無此儀，李淳風造黄道儀始置之，僧一行、梁令瓚因之。周琮造渾儀，與元豐儀及今儀皆循用之也。

四游儀

望筒
北杠　直距　南杠

右四游儀舜典曰璿璣或曰璇璣梁曰雙環規
李淳風曰四游儀梁令瓚旋樞雙環韓顯符曰
游規周琮元豐所制并今儀復曰四游儀其儀
爲雙環在三辰儀内北南各有杠夾於雙環各
有軸竅以運杠環兩面各布同天度數直距在
雙環内連環體屬於六合儀南北極之杠軸内
直北上屬北極直南下屬南極置望筒於直距
内其半以関軸夾持之使得運轉凡游儀東西
運轉則望筒南北低昂故游儀運動無所不至

右四游儀。《舜典》曰“璿璣”，或曰“璇璣”。梁曰“雙環規”，李淳風曰“四游儀”，梁令瓚曰[1]“旋[2]樞雙環”，韓顯符曰“游規”，周琮及[3]元豐所制并今儀復曰“四游儀”。其儀爲雙環，在三辰儀内。北、南各有杠夾於雙環，各有軸竅以運杠。環兩面各布周[4]天度數。直距在雙環内，連環體屬於六合儀南、北極之杠軸内。直北上屬北極，直南下屬南極。置望筒於直距内，其半以関軸夾持之，使得運轉。凡游儀東西運轉，則望筒南北低昂，故游儀運動無所不至，

1 曰，原本脱，今據文津閣本補。
2 旋，文津閣本作“璇”。
3 及，原本脱，今據文津閣本補。
4 周，原作“同”，今據文津閣本改。

而望筒隨游儀所主又置半筒以備測天運環
相對之星以窺知天象

天經雙環

兩環各直徑七尺七寸七分闊五寸厚八分與
地渾单環於子午正環兩面各列周天三百六

而望筒隨游儀所主[1]。又置半筒，以備測天運環相對之星，以窺知天象。

天經雙環

兩環各直徑七尺七寸七分，闊五寸，厚八分。與地渾單環[2]於子[3]、午正。環兩面各列周天三百六

1 主，文津閣本作“至”。
2 文津閣本有“相結”二字，此本無。
3 “子”字後，文津閣本有一“午”字，此本脱。

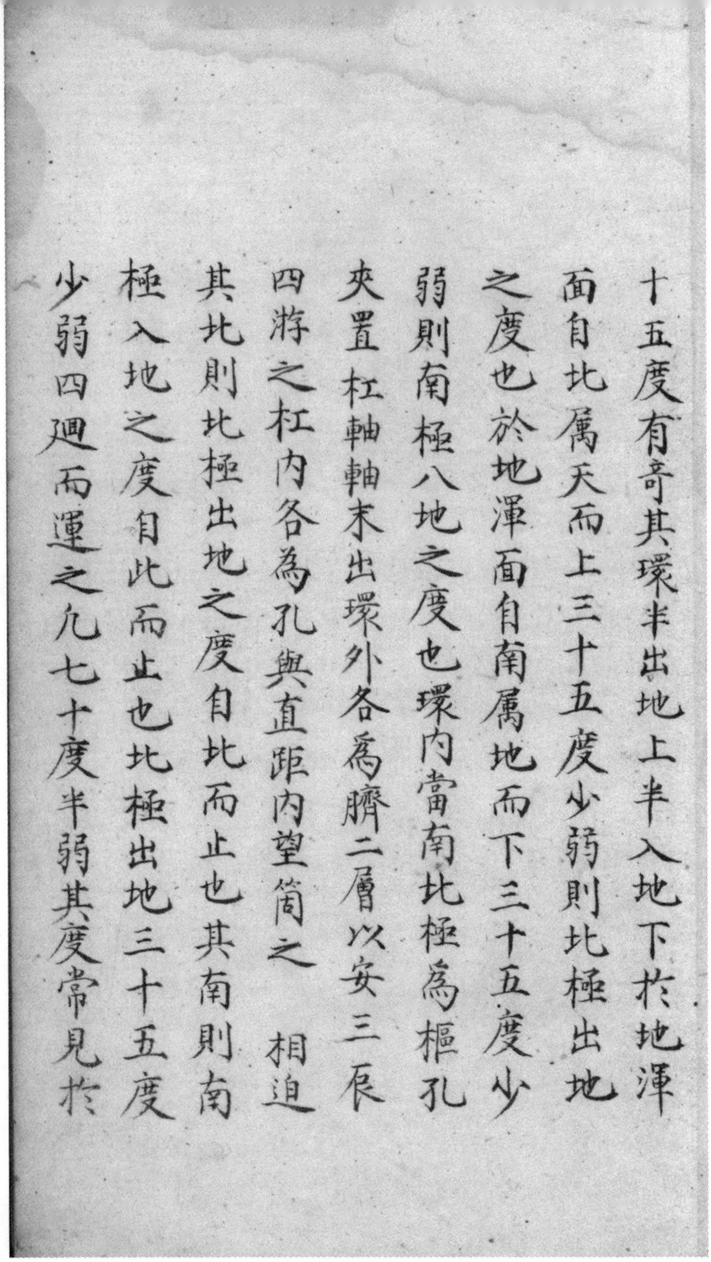

十五度有奇[1]。其環半出地上，半入地下。於地渾面自北属[2]天而上三十五度少弱，則北極出地之度也；於地渾面自南属地而下三十五度少弱，則南極入[3]地之度也。環内當南、北極爲樞孔，夾置杠軸。軸末出環外，各爲臍二層，以安三辰、四游之杠。内各爲孔，與直距内望筒之孔[4]相迫[5]。其北，則北極出地之度自此[6]而止也；其南，則南極入地之度自此而止也。北極出地三十五度少弱，四迴而運之，凡七十度半弱，其度常見於

1 奇，文津閣本作“畸”。
2 属，文津閣本作“扶”。
3 入，原誤作“八”，今據文津閣本改。
4 孔，原本此處闕一字，今據文津閣本改。
5 迫，文津閣本作“通”。
6 此，原誤作“北”，今據文津閣本改。

地上則爲紫微坦其凡三十有七其數一百八
十有三於四時常見不隱謂之上規南極入地
三十五度少弱四迴而運上凡七十度半弱其
度常隱於地下其下星常隱而不見謂之下規
上下規間一百一十有二度則黄道赤道内外
宫也其星凡四百二十有六其數一千二百八
十有一則近日而隱遠日而見謂之中規

地上則爲紫微垣[1]，其[2]凡三十有七，其數一百八十有三，於四時常見不隱，謂之“上規”。南極入地三十五度少弱，四迴而運上[3]，凡七十度半弱，其度常隱於地下，其下星常隱而不見，謂之“下規”。上、下規間一百一十有二度，則黄道、赤道内外宫也，其星凡二百四十有六[4]，其數一千二百八十有一，則近日而隱，遠日而見，謂之“中規”。

1 垣，原本誤作“坦”，今據文津閣本改。
2 “其”後，文津閣本有一“星”字。
3 上，文津閣本作“之”。
4 “二百四十有六”，原作“四百二十有六”，今據文津閣本及卷中“渾象中外官星圖”改。

陰緯單環

其徑與闊如陽經環之度其厚一寸半其環與
陽經南北子午相衘陽經當陰緯環上下之半
故陰緯環面上為天下爲地其上下各一百八
十二度有奇環面鑿爲平水溝通流以爲準其

陰緯單環

其徑與闊如陽經環之度，其厚一寸半[1]。其環與陽經南北子、午相衘。陽經當陰緯環上下之半，故陰緯環面上爲天，下爲地，其上、下各一百八十二度有奇[2]。環面鑿爲平水溝，通流以爲準。其

1 一寸半，文津閣本作“二寸半”。

2 奇，文津閣本作“畸”。

環面布列八卦維辰之位具如前説

天常單環

其徑六尺七寸七分闊九分厚五分其環入陽經陰緯裏古人以鳥殼之裏黄况之内與三辰儀重置居赤道之表環面列十有二時晝夜百

環面[1]布列八卦、維、辰之位，具如前説。

天常單環

其徑六尺七寸七分，闊九分，厚五分。其環入陽經、陰緯裏[2]，古人以“鳥殼之裏黄”况之。内與三辰儀重置，居赤道之表。環面列十有二時、晝夜百

1 面，文津閣本作“内”。
2 裏，原本作“裹”，今據文津本改。

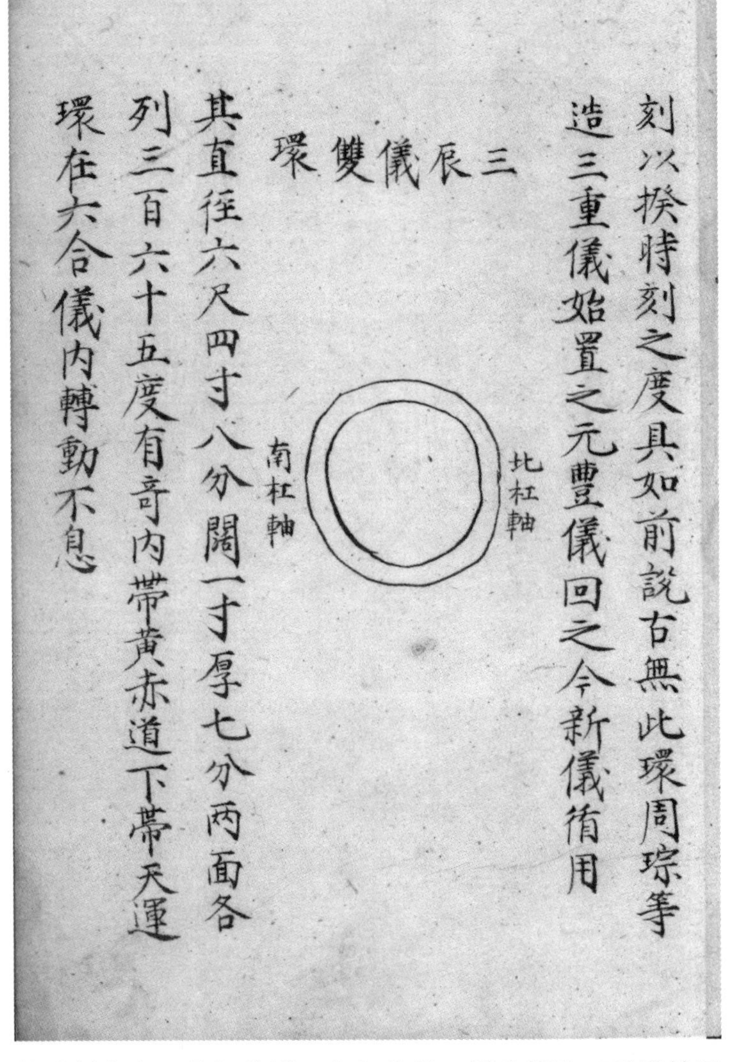
刻以揆時刻之度具如前說古無此環周琮等
造三重儀始置之元豐儀回之今新儀循用
三辰儀雙環
北杠軸
南杠軸
其直徑六尺四寸八分闊一寸厚七分兩面各
列三百六十五度有奇內帶黃赤道下帶天運
環在六合儀內轉動不息

刻，以揆時刻之度，具如前説。古無此環，周琮等造三重儀始置之。元豐儀因[1]之，今新儀循用。

三辰儀雙環

北杠軸　南杠軸

其直徑六尺四寸八分，闊一寸[2]，厚七分。兩面各列[3]三百六十五度有奇[4]。内帶黄、赤道，下帶天運環，在六合儀内轉動不息。

1 因，原本誤作“回”，今據文津閣本改。
2 “闊一寸”，文津閣本作“闊一寸八分”。
3 “各列”後，文津閣本有“周天”二字。
4 奇，文津閣本作“畸”。

赤道單環

直徑六尺三寸闊九分厚六分其環結於三辰
儀內橫絡天腹謂之中極以格黃道外則正與
六合儀天常環相對環北面分列二十八舍周
天之度內列二十有四氣六十有四卦外列七
十二候其四正日躔之宿舊據曆法推步今以

1“外”前，文津閣本有一“環”字。

赤道單環

直徑六尺三寸，闊九分，厚六分。其環結於三辰儀內，橫絡天腹，謂之“中極”，以格黃道，外則正與六合儀天常環相對。環北面分列二十八舍、周天之度，內列二十有四氣、六十有四卦，外[1]列七十二候。其四正日躔之宿，舊據曆法推步，今以

新儀考則知日躔與今天道差違凡三度盖元
豐甲子歲冬之日至在赤道斗三度夏之日至
在井九度少弱春分日在奎初度強秋分日在
軫七度太弱定爲四正之宿占測七政以叶天
度

黃道雙環

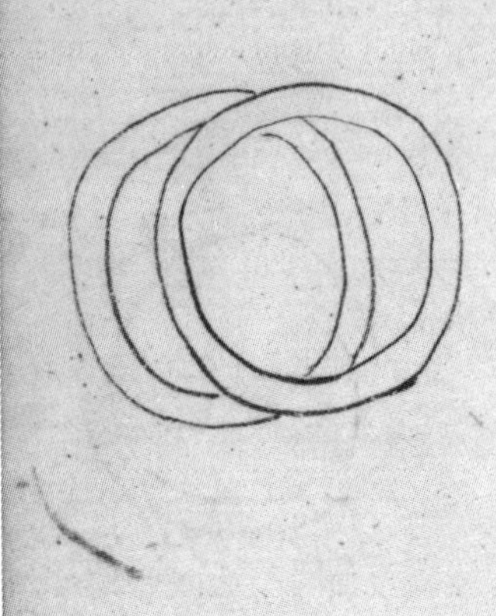

新儀考則[1]知日躔與今天道差違凡三度。盖元豐甲子歲冬之日至在赤道斗三度，夏之日至在井九度少弱，春分日在奎初度强，秋分日在軫七度太弱。定爲四正之宿，占測七政，以叶天度。

黃道雙環

1 則，文津閣本作“測”。

雙環今所創也其直徑闊厚如赤道之数環面
列周天度数與赤道同其環結於三辰儀與六
合儀相疊以定南北極則黃道正在三辰儀南
北其東西與赤道相結黃道出赤道外二十四
度弱去極一百十五度少弱爲冬至黃道入赤
道内二十四度弱去極六十七度半弱爲夏至
其東西與赤道相交去極各九十一度少弱爲
春秋二分冬夏二至春秋二分謂之四正太陰
五星出入皆循其道各有度数古制雖有赤道

雙環[1]，今所創也。其直徑、闊、厚，如赤道之數，環面列周天度數[2]，與赤道同。其環結於三辰儀，與六合儀相疊，以定南、北極，則黃道正在三辰儀南北，其東西與赤道相結。黃道出赤道外二十四度弱、去極一百十五度少弱爲冬至；黃道入赤道內二十四度弱、去極六十七度半弱爲夏至。其東西與赤道相交、去極各九十一度少弱爲春、秋二分。冬夏二至、春秋二分，謂之“四正”。太陰、五星出入皆循其道，各有度數。古制惟[3]有赤道，

1“雙環”前，文津閣本有“黃道”二字。
2 周天度數，文津閣本作“周天之度”。
3 惟，原作“雖”，文津閣本、文淵閣本亦同，今據《守山閣叢書》本改。

漢和帝時知赤道與天度進退詔賈逵始蓋雙
道李淳風一行梁令瓚韓顯符周琮熙寧元豐
儀又回之今新儀循用不改惟顯符用黃道附
於六合儀黃道舊單環外於北際見太陽半日
爲法今以望筒於黃道雙環中今見日體若仰
太陽隨天運轉則太陽適周於雙環之內今新
儀之循用也

漢[1]和帝時知赤道與天度進退[2]，詔賈逵始盖[3]雙道。李淳風、一行、梁令瓚、韓顯符、周琮，熙寧元豐儀又因[4]之，今新儀循用不改。惟顯符用[5]黃道附於六合儀，黃道，舊單環外於北際見太陽，半[6]日爲法。今以望筒於黃道雙環中全[7]見日體，若仰窺[8]太陽，隨天運轉，則太陽適周於雙環之內。今新儀之循用也。[9]

1“漢”前，文津閣本有一“後”字。
2“進退”前，文津閣本有“頗有”二字。
3 盖，文津閣本作“置”。
4 因，原誤作“回”，今據文津閣本改。
5 用，文津閣本作“徙”。
6“半”字前，文津閣本有“體不全見以測”六字。
7 全，原誤作“今”，今據文津閣本改。
8 窺，原本脱，今據文津閣本補。
9“今新儀之循用也”一句，文津閣本無。

四象单環

单環今之所創也附於三辰儀南北極末與天運環黃赤道東西交相結令兩無低墊随天運環運轉與天符合

四象單環

單環[1]，今之所創也。附於三辰儀南、北極末，與[2]天運環、黃赤道東西交相結。今[3]兩[4]無低墊[5]，隨天運環運轉，與天符合。

1“單環”二字前，文津閣本有“四象”二字。

2“與”字後，文津閣本有一“南”字。

3 今，文津閣本作“令”。

4“兩”字後，文津閣本有一“交”字。

5“低墊”後，文津閣本有“之患”二字。

天運单環

亦今所創也附於三辰儀居黃道之南環外周
設回百七十八牙距下與鼇雲中天轂相銜其
最下動樞輪一牙上動天柱一牙距乃上轉天
運環一牙距天運環轉則三辰儀與環俱動以
象天運無窮舊三辰未有水運故無此環今創

天運單環

亦今所創也。附於三辰儀，居黃道之南。環外周設四[1]百七十八牙距，下與鼇雲中天轂相銜。其最下動樞輪[2]一牙，上動天柱一牙距，乃上轉天運環一牙距。天運環轉，則三辰儀與環俱動，以象天運無窮。舊三辰[3]未有水運，故無此環，今創

1 四，原本誤作“回”，今據文津閣本改。
2 “樞輪”後，文津閣本有一“軸”字。
3 “三辰”後，文津閣本有一“儀”字。

爲之其四百七十八牙距即倣用周天度分之
法　一本云其直徑四尺一寸四分半闊一寸
九分厚七分附於三辰儀居黃道之南環外周
設六百牙距云云其六百牙距即倣用元豐新
浮漏六百分之法

四游儀雙環

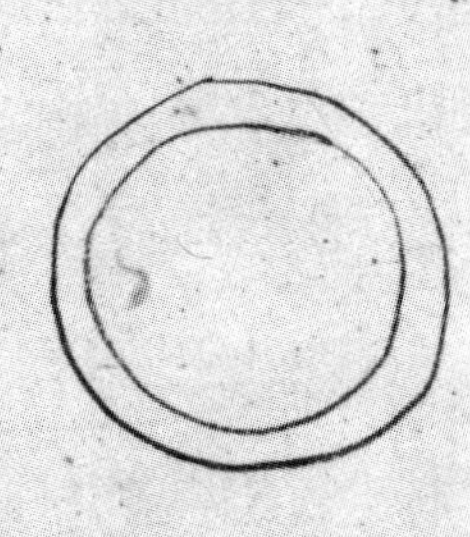

爲之。其四百七十八牙距，即倣用周天度分之法。

一本云：其直徑四尺一寸四分半，闊一寸九分，厚七分。附於三辰儀，居黃道之南。環外周設六百牙距云云，其六百牙距即倣用元豐新浮漏六百分之法。

四游儀雙環

直徑六尺闊一寸七分兩旁外唇厚六分半內
唇半隱起二分共厚八分半即舜典所謂璇璣
也環兩面布列周天三百六十五度有奇其環
外與六合三辰儀三重相疊其南北端兩極內
置直距直距中夾橫簫使南北低昂六合儀不
動三辰儀則隨天運環動轉以追天運若四游
儀則有時轉動亦追天運以橫簫窺測無所不
至也

直徑六尺，闊一寸七分，兩旁外唇厚六分半，内唇半隱起二分，共厚八分半。即《舜典》所謂“璇璣”也。環兩面布列周天三百六十五度有奇[1]，其環外與六合、三辰儀三重相疊，其南、北端兩極内置直距，直距中夾横簫，使南北低昂。六合儀不動[2]，三辰儀則隨天運環動轉，以追天運。若四游儀則有時轉動，亦追天運，以横簫窺測，無所不至也。

1 奇，文津閣本作“畸”。
2 此處文津閣本有“以定天體”四字。

望筒直距

直距二望筒一各長五尺六寸六分闊一寸六
分厚八分安四游儀中上屬北極下屬南極中
施関軸筴望筒望筒即舜典玉衡也亦謂之横
簫李淳風曰玉衡梁令瓚曰玉衡望筒韓顯符
曰窺管周琮并元豐所制及今新儀復曰望筒
中空長五尺七寸四分方一寸七分方掩中各

望筒、直距

直距二、望筒一。各長[1]五尺六寸六分，闊一寸六分，厚八分。安四游儀中，上屬北極，下屬南極，中施閡軸，筴[2]望筒。望筒即《舜典》[3]“玉衡”也，亦謂之“横簫”。李淳風曰“玉衡”，梁令瓚曰“玉衡望筒”，韓顯符曰“窺管”，周琮并[4]元豐所制及[5]今新儀復曰“望筒”。中空，長五尺七寸四分，方一寸七分[6]。方掩[7]中各

1“各長”前，文津閣本有“直距”二字。
2筴，文津閣本作“夾”。
3《舜典》後，文津閣本有“所謂”二字。
4并，文津閣本作“及”。
5及，文津閣本作“並”。
6“一寸七分”，文津閣本作“一寸六分”。
7“方掩”前文津閣本有“其兩首各爲方掩，方一寸七分”一行，此本脱。

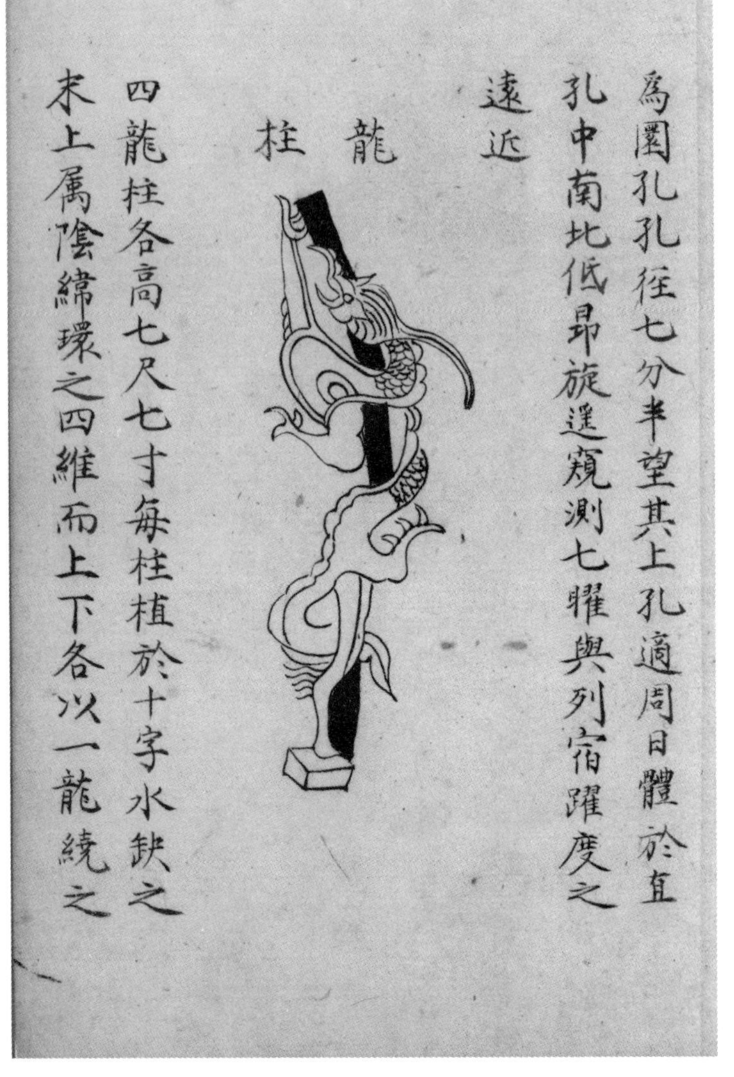
爲圜孔孔徑七分半望其上孔適周日體於直
孔中南北低昂旋遥窺測七耀與列宿躍度之
遠近

龍柱

四龍柱各高七尺七寸每柱植於十字水缺之
末上屬陰緯環之四維而上下各以一龍繞之

爲圜孔，孔徑七分半，望其上孔，適周日體。於直距[1]中南北低昂，旋運[2]窺測七曜與列宿距度[3]之遠近。

龍柱

四龍柱各高七尺七寸，每柱植於十字水趺[4]之末，上屬陰緯環之四維，而上下各以一龍繞之。

1 距，原本作“孔”，今據文津閣本改。

2 運，原本誤作“遥”，今據文津閣本改。“旋運”後，文津閣本有“持正”二字，此本無。

3“距度”，原本誤作“躍度”，今據文津閣本及卷中《渾象赤道牙》、卷下《渾象天運輪》所記正之。

4“水趺”，原本誤作“水缺”，今據文津閣本改。

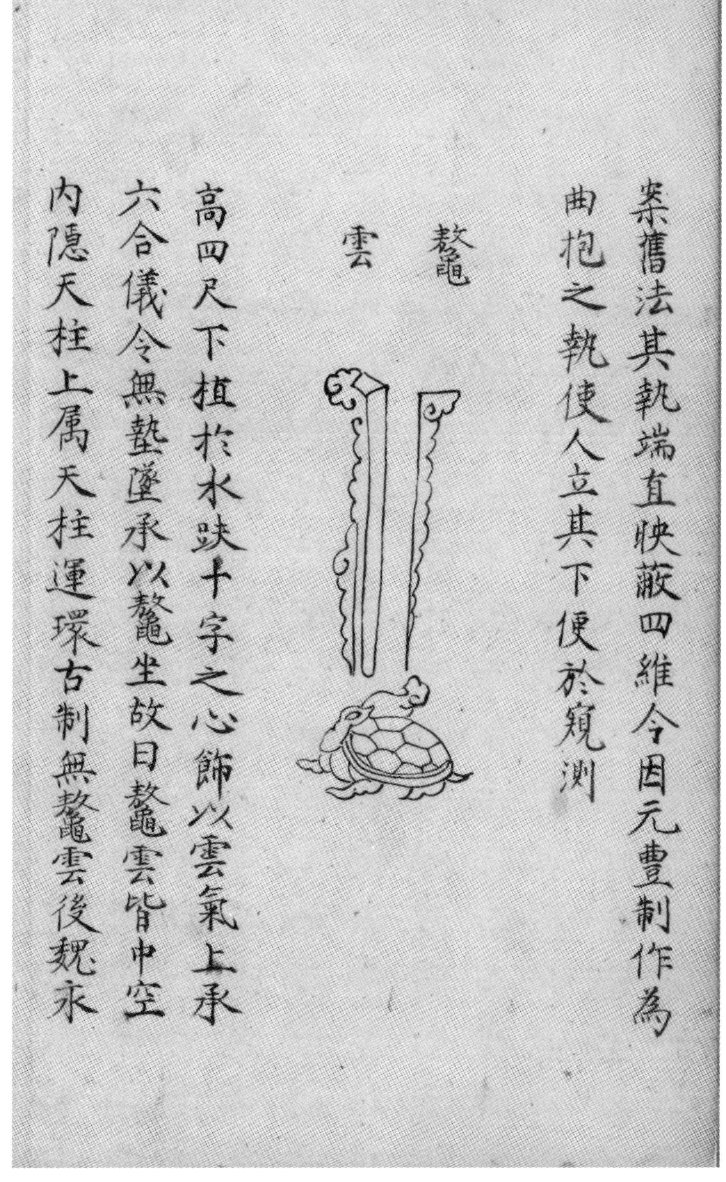

案舊法其執端直映蔽四維今因元豐制作為
曲抱之執使人立其下便於窺測

鼇雲

高四尺下植於水趺十字之心飾以雲氣上承
六合儀令無墊墜承以鼇坐故曰鼇雲皆中空
内隱天柱上屬天柱運環古制無鼇雲後魏永

案舊法，其勢[1]端直，映蔽四維。今因元豐制作爲曲抱之勢[2]，使人立其下，便於窺測。

鼇雲

高四尺，下植於水趺十字之心，飾以雲氣，上承六合儀，令無墊墜，承以鼇坐，故曰“鼇雲”。皆中空，内隱天柱，上屬天[3]運環。古制無鼇雲，後魏永

1 勢，原本誤作“執”，今據文津閣本改。
2 勢，原本誤作“執”，今據文津閣本改。
3 “天”字後，原本衍一“柱”字，今據文津閣本删。

興中詔造候部鉄儀於水平上以龜負雙規韓
顯符不用元豐儀周日嚴等設鼇雲於水趺之
上今新儀因之其内隱天柱之上屬天運環乃
新制也

興中詔造“候部鉄儀”，於水平上以龜負雙規。韓顯符不用。元豐儀、周日嚴等設鼇雲於水趺之上，今新儀因之。其内隱天柱，之[1]上屬天運環，乃新制也。

1 之，文津閣本無。

水趺

後魏曰十字水中植立四龍柱李淳風曰準基
末植鼇足以張四表梁令瓚曰水平槽韓顯符
曰十字水平元豐新制并今新儀復曰水趺其
制各長一丈四寸高七寸五分闊八寸四分十
字置之中鑿水道深一寸五分相通以行水視
水平則高下正矣四末爲水斗外各方一尺二
寸高下與水趺等鑿方孔以受四龍柱於水斗
中其十字之會開天門方二寸下樞軸運天柱
中鼇雲中上屬六合儀雙環水趺今創爲之

後魏曰“十字水中”，植立四龍柱。李淳風曰“準基”，末植鼇足，以張四表。梁令瓚曰“水平槽”，韓顯符[1]曰“十字水平”[2]。元豐新[3]制并今新儀復曰“水趺”。其制各長一丈四寸，高七寸五分，闊八寸四分，十字置之。中鑿水道，深一寸五分，相通以行水，視水平則高下正矣。四末爲水斗，外各方一尺二寸，高下與水趺等，鑿方孔，以受四龍柱於水斗中。其十字之會開天門，方二寸，下[4]樞軸運天柱，由[5]鼇雲中上屬六合儀雙環。水趺[6]，今創爲之。[7]

1 此處文津閣本有一“復”字。

2 “十字水平”，文津閣本作“十字水準”。

3 新，文津閣本作“所”。

4 “下”字前文津閣本有一“自”字，此本無。

5 由，原本誤作“中”，今據文津閣本改。

6 “水趺”後，文津閣本有“舊無天門”四字，此本無。

7 此處文津閣本尚有“以度天柱，上撥天運環，動三辰儀”一行，此本無。

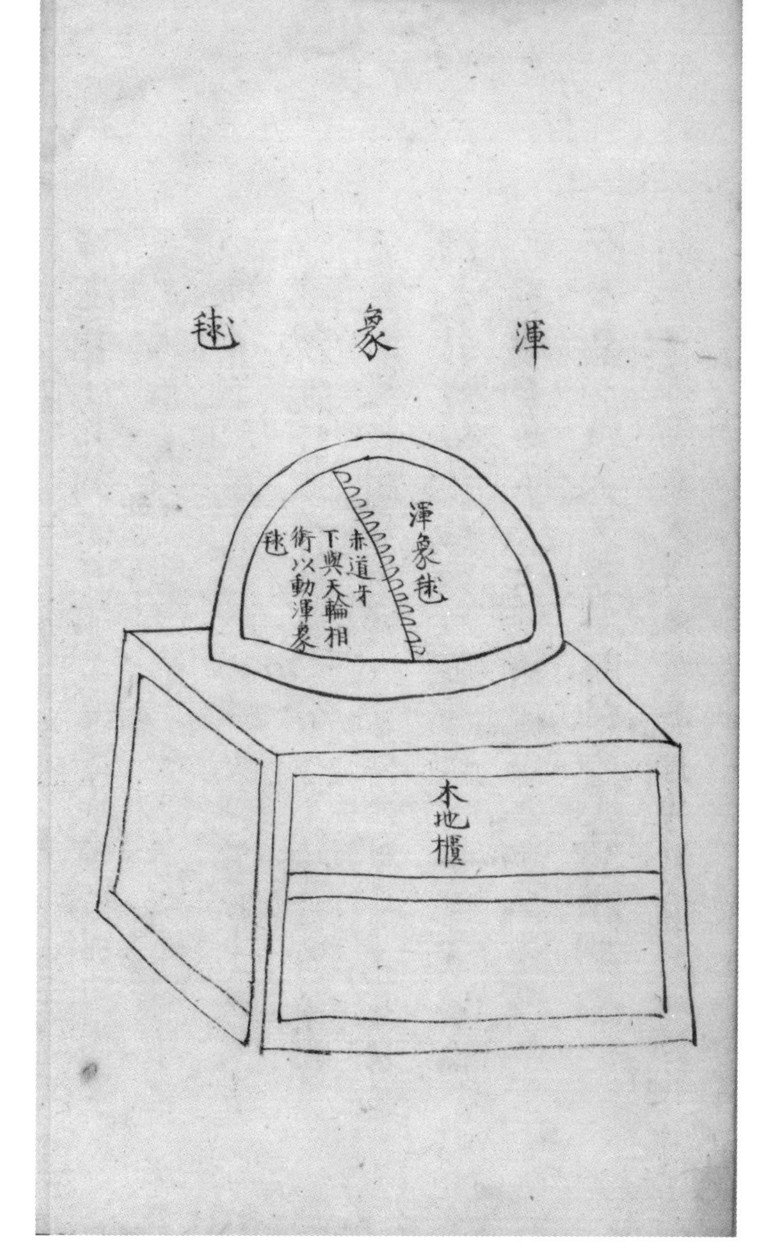

渾象毬

渾象毬　赤道牙　下與天輪相衘，以動渾象毬。
木地櫃

渾象毬上布周天三百六十五度有奇中外宮
星其名二百四十六其數一十二百八十一紫
微垣在上規星名三十七其数一百八十三天
經雙規直徑五尺四寸七分厚人分地渾单環
直徑五尺四寸七分閑三寸七分厚一寸五分
渾象體圓如毬徑四尺五寸六分半三家星出
於石申者赤出於甘德者黑出於巫咸者黄
右渾象一座太史舊无今倣隋志增損制之
列二十八宿周天度及紫微垣中外官星以俯

渾象毬[1]上布周天三百六十五度有奇，中外官[2]星其名二百四十六、其數一千[3]二百八十一。紫微垣在[4]上規，星名三十七，其數一百八十三。天經雙規直徑五尺四寸七分，厚八[5]分。地渾單環直徑五尺四寸七分，闊[6]三寸七分，厚一寸五分。渾象體圓如毬，徑四尺五寸六分半。三家星出於石申者赤，出於甘德者黑，出於巫咸者黄。

右渾象一座。太史舊无，今倣隋制[7]增損制之。上[8]列二十八宿、周天度及紫微垣、中外官星，以俯

1“渾象毬”後文津閣本有“徑四尺五寸六分半”一行。

2官，原作“宮”，今據文津閣本改。

3千，原誤作“十”，今據文津閣本改。

4“在”字後，文津閣本有“渾象北”三字。

5八，原誤作“人”，今據文津閣本卷中《渾象六合儀》改。

6闊，原誤作“閑，今據文津閣本卷中《渾象六合儀》改。

7制，原寫作“志”，今據文津閣本改。

8上，原本此處空闕一字，今據文津閣本補。

視七政之運轉納於六合儀天經地渾內周以
一本櫃載之其中貫以樞軸軸南北出渾象外
南長北短地渾在本櫃面横置之以象地天經
與地渾相結縱置之半在地上半隱地下以象
天其樞軸北貫天經上杠中末與杠平出櫃外
三十五度少弱以象北極出地南亦貫天經出
下杠外入櫃内三十五度少弱以象南極入地
就赤道爲牙距四百七十八牙以衡天輪隨機
輪之地轂以運動按隋志云渾象者其器有機

視七政之運轉。納於六合儀天經、地渾内，周以一木[1]櫃載之。其中貫以樞軸，軸南北出渾象外。南長北短。地渾在木櫃面横置之，以象地；天經與地渾相結縱置之，半在地上，半隱地下，以象天。其樞軸北貫天經上杠中，末與杠平，出櫃外三十五度少弱，以象北極出地。南亦貫天經，出下杠外，入櫃内三十五度少弱，以象南極入地。就赤道爲牙距四百七十八牙，以銜天輪，隨機輪之地轂以運動。

按《隋志》云："渾[2]象者，其器[3]有機

1 木，原作"本"，今據文津閣本改。

2 "渾"字後，文津閣本有一"天"字。

3 器，文津閣本作"制"。

而無衡梁未秘符有以木為之其圓如九其大
數圜南北兩頭有軸遍體布二十八宿三家星
黄赤二道及天漢等別為横規以抱其外高下
半之此謂横規抱渾象以象地南軸頭入地注
於南極植柱也以象南極北軸頭出於地上注
於北植以象北極正東西運轉昏明中星循繞
五百六十五度随天運轉既其應度分至節氣
亦驗在不差而已今所制六車倣此並約梁令
瓚張思訓法別為日月五星随天運轉渾象之

而無衡。梁末[1]秘府[2]有以木爲之，其圓如丸[3]，其大數圍，南、北兩頭有軸。遍體布二十八宿、三家星、黄赤二道及天漢等。別爲横規，以抱其外，高下半之，此謂横規抱渾象，[4]以象地。南軸頭入地，注於南極植柱也[5]，以象南極。北軸頭出於地上，注於北植，以象北極。正東西運轉。昏明中星循繞三[6]百六十五度，隨天運轉。既其應度，分、至、氣節，亦驗在不差而已。"[7]今所制大率[8]倣此，並約梁令瓚、張思訓法，別爲日、月、五星，隨天運轉。"渾象之

1 末，原誤作"未"，今據文津閣本改。

2 府，原誤作"符"，今據文津閣本改。

3 丸，原誤作"九"，今據文津閣本改。

4 此一句，文津閣本爲雙行小字，並脱"横"字。

5 植柱也，文津閣本先大字作"植"，後雙行小字作"植，柱也"。

6 三，原作"五"，今據文津閣本改。

7 按，此處所引，與文津閣本文字頗有不同。

8 "大率"，原作"六車"，今據文津閣本改。

法地當在天内其勢不便故反觀其形地為外
廓而已解者無異在内詭狀殊體而合於理可
謂奇巧也今地渾亦有^在^渾象外蓋出審法也

法，地當在天内，其勢不便，故反觀其形，地爲外廓[1]，而已解者無異在内。詭狀殊體，而合於理，可謂奇巧也。”[2]今地渾亦有在渾象外，盖出蕃[3]法也。[4]

1 廓，文津閣本作“郭”。
2 此段引文前，文津閣本有“又王蕃云”四字。
3 蕃，原本寫作“審”，今據文津閣本改。
4 按，此處四庫本有“一云，……隨機輪之地轂以運動”一段，此本無。

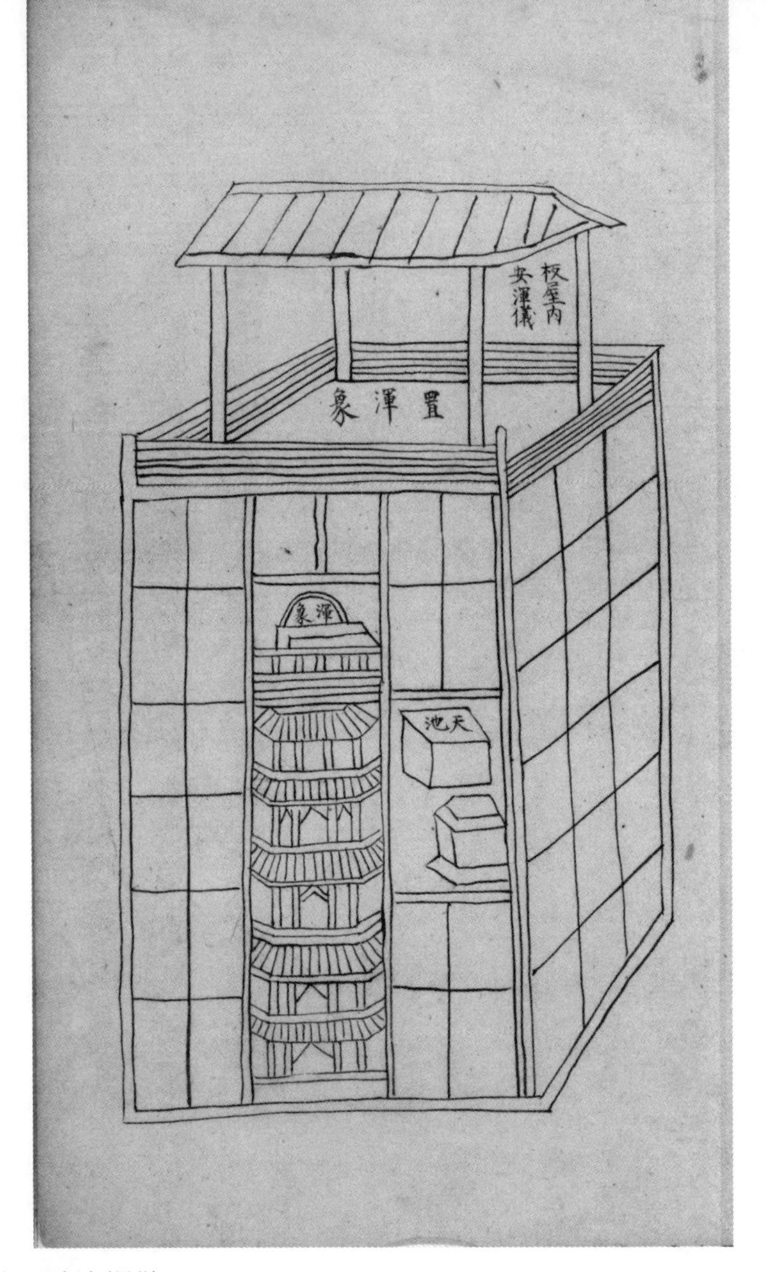

板屋内安渾儀
置渾象
天池

右水運儀其制爲臺四方而再重上狹下廣高
下相地之宜四面以巨枋木為柱柱問各設横
桄周以板壁下布地狀上布板面内設胡梯再
休隔上南北向各一門隔下開二門各南向雙
扇渾儀置上隔即臺面儀有三重曰六合三辰
四游之儀其上以晚摘板屋覆之六合儀有陽
經雙規為天規縱置之陰緯單視為地渾横置
之三辰儀南施天運環渾象連本櫃置臺中隔
渾象亦有天經雙規縱置木櫃中半出地上半

右水運儀[1]。其制爲臺，四方而再重，上狹下廣，高下相地之宜。四面以巨枋木爲柱，柱間[2]各設横[3]桄，周以板壁。下布地狀[4]，上布板面，内設胡梯。再休隔，上南北向各一門，隔下開二門，各南向雙扇[5]。渾儀置上隔。即臺面。儀有三重：曰六合、三辰、四游之儀。其上以脱[6]摘板屋覆之。六合儀有陽經雙規，爲天規，縱置之；陰緯單規[7]，爲地渾，横置之。三辰儀南施天運環。渾象連木[8]櫃置臺中隔。渾象亦有天經雙規，縱置木櫃中，半出地上，半

1 水運儀，四庫本皆作“水運儀象臺”。
2 間，原作“問”，今據文津閣本改。
横，文津閣本作“廣”。
4 狀，文津閣本作“栿”。
5 扇，文津閣本作“扉”。此處文津閣本有“别本云……”雙行小字一段。
6 脱，原作“晚”，今據文津閣本改。
7 規，原作“視”，今據文津閣本改。
8 木，原作“本”，今據文津閣本改；文津閣本“木”字後有一“地”字，此本無。

隱地下有地渾单規置地櫃面臺内仰設晝夜
機輪八重貫以機輪軸一重曰天輪在天東上
與渾象赤道牙相接二重曰晝時鍾鼓輪三重
曰時刻鍾鼓輪四重曰時初正司辰輪五重曰
報刻司辰輪六重曰夜漏金鉦輪鉦今号曰錚錚是也七
重日夜漏更籌司辰輪八重曰夜漏箭輪外以
五層半座木閣蔽之層皆有門以見木人出入
一層左搖鈴右扣鐘中擊鼓二層報時初及時
正三層報刻四層擊夜漏金鉦五層報夜漏更

隱地下。有地渾單規，置地櫃面。[1] 臺内仰設晝夜機輪八重，貫以機輪軸。一重曰天輪，在天東上與渾象赤道牙相接。二重曰晝時鐘[2]鼓輪。三重曰時刻鐘[3]鼓輪。四重曰時初正司辰輪。五重曰報刻司辰輪。六重曰夜漏金鉦輪。鉦，今号曰錚錚是也。七重曰[4]夜漏更籌司辰輪。八重曰夜漏箭輪。外以五層半座木閣蔽之，層皆有門，以見木人出入。一層，左摇鈴，右扣鐘，中擊鼓。二層，報時初及時正。三層，報刻。四層，擊夜漏金鉦。五層，報夜漏更

1 此處文津閣本有雙行小字一行，此本無。
2 鐘，原誤作“鍾”，今據文津閣本改。
3 鐘，原誤作“鍾”，今據文津閣本改。
4 曰，原誤作“日”，今據文津閣本改。

籌又於八輪之北側設樞輪其輪七十二輻爲
三十六洪束以三輞夾持受水壺三十六壺轂
中横貫鐵樞軸南北出軸運撥地輪天柱中動
機輪動渾象上動深儀左設平水壺平水壺受
天池水注入受水壺以激樞輪受水壺水落入
退水壺壺下北竅入昇水下壺以昇水下輪運
水入昇水上壺壺内昇水上輪及河車同轉上
下輪運水入天河復流入天池周而復始

籌。又於八輪之北側設樞輪，其輪以[1]七十二輻爲三十六洪，束以三輞，夾持受水三十六壺。轂中横貫鐵樞軸[2]，南北出軸[3]，運撥地輪，天柱中動機輪，動渾象，上動渾[4]儀。[5]左設[6]平水壺。平水壺受天池水，注入受水壺，以激樞輪。受水壺水落入退水壺，壺下北竅[7]入昇水下壺，以昇水下輪運水入昇水上壺。壺[8]内昇水上輪及河車同轉，上下輪運水入天河，復[9]流入天池。周而復始。[10]

1 以，原本無，今據文津閣本補。
2 “軸”字後，文津閣本有“一”字。
3 “軸”字後，文津閣本有“南爲地轂”四字。
4 渾，原本誤作“深”，今據文津閣本改。
5 此處文津閣本後有雙行小字“别本云……”一段。
6 “左”字前，文津閣本有“又樞輪”三字；“設”字後，文津閣本有“天池”二字。
7 “北竅”後，文津閣本有“引水”二字。
8 “壺”字前，文津閣本有一“上”字。
9 “復”字前，文津閣本有“天河”二字。
10 此處文津閣本後有“一云……”一段。

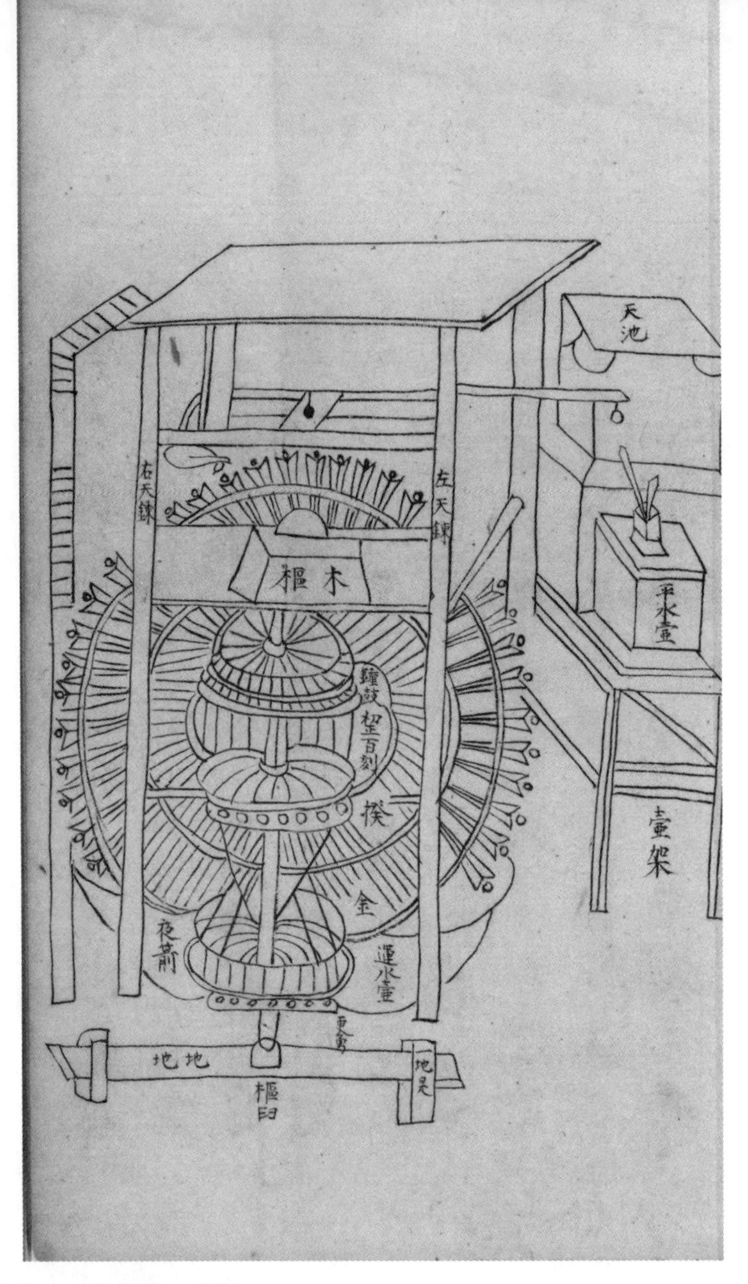

天池[1]　平水壺　壺架

左天鐻　右天鐻[2]

地櫃[3]

鐘[4]鼓　初正　百刻

揆

金

運[5]水壺　夜箭

更勇

地足[6]　樞臼　地極[7]

1《新儀象法要》此圖有標題“運動儀象制度圖”。

2“左天鐻”、“右天鐻”之“鐻”，原皆作“鍊”，今據文津閣本及文義改。

3 地櫃，原作“木樞”，四庫本《新儀象法要》此處作“地櫃”，並據其卷下文字改。

4 鐘，原誤作“鍾”，今據文津閣本改。

5 運，文津閣本作“退”。

6 足，原誤作“是”，今據文津閣本改。

7 極，原誤作“地”，今據文津閣本改。

樞輪直徑一丈一尺以七十二輻雙植於一轂
受水壺總三十六長一尺闊五寸深四寸於壺
側置鉄撥以撥天衡關舌一水壺長一丈四尺
一寸闊一尺九寸東高三尺二寸西高二尺五
寸五分中高一尺五寸五分　晝時鐘鼓輪在
木閣第一層内徑六尺七寸應百刻十二時每
時初正及每刻與機輪六百牙距相應輪上置
撥牙刻至則中擊鼓時初則左摇鈴時正則右
和鐘　晝夜時初正輪左木閣第二層内直徑

樞輪直徑一丈一尺，以七十二輻，雙植於一轂。受水壺總三十六，長一尺，闊五寸，深四寸。於壺側置鉄撥牙[1]，以撥天衡關舌。一[2]水壺長一丈四[3]尺一[4]寸，闊一尺九寸，東高三尺二寸，西高二尺五寸五分，中高一尺五寸五分。

晝時鐘鼓輪在木閣第一層内。徑六尺七寸。應[5]百刻、十二時，每時初、正及每刻與機輪六百牙距相應。輪上置撥牙，刻至，則中擊鼓；時初，則左摇鈴；時正，則右扣[6]鐘。

晝夜時初正輪[7]，在[8]木閣第二層内。直徑

1 牙，原本脱，今據文津閣本及文義補。
2 一，文津閣本作“退”。
3 四，文津閣本作“一”。
4 一，文津閣本作“四”。
5 “應”字前，文津閣本有一“上”字。
6 扣，原本作“和”，今據文津閣本改。
7 “輪”字前，文津閣本有“司辰”二字。
8 在，原誤作“左”，今據文津閣本改。

七尺三寸上置二十四司辰執牌出報初正
報刻司辰輪在木閣第二層内直徑七尺二寸
上布十二時之百刻除時初外以刻言之其司
辰九十六人以應正衙鐘皷樓報刻之節　夜
漏金鉦輪在第四層木閣内直徑六尺七寸上
設夜漏更籌箭每籌施一撥牙每更籌至日出
日入皆擊金鉦　夜漏司晨輪在木閣第五層
内直徑八尺與夜漏箭輪相疊每至日出入昏
曉待旦刻并更籌各有司辰出報於中門之内

七尺三寸。上置二十四司辰，執牌出報初正[1]。

報刻司辰輪，在木閣第三[2]層内。直徑七尺二寸，上布十二時之百刻。除時初外，以刻言之，其司辰九十六人，以應正衙鐘皷[3]樓報刻之節。[4]

夜漏金鉦輪，在第四層木閣内。直徑六尺七寸。上設夜漏更籌箭，每籌施一撥牙，每更籌至日出、日入，皆擊金鉦。

夜漏司辰[5]輪，在木閣第五層内。直徑八尺，與夜漏箭輪相疊。每至日出入、昏曉、待旦刻并更籌，各有司辰[6]出報於中門之内。

1“執牌出報初正”，文津閣本作“十二人報時初，十二人報時正。每至時正、時初，其司辰各執牌出見於中門之内。”

2 三，原寫作“二”，今據文津閣本及文意改。

3 皷，文津閣本作“鼓”。

4 此處文津閣本尚有“每刻，則司辰各執牌出見”一句。

5 辰，原寫作“晨”，今據文津閣本及文意改。

6“司辰”後，文津閣本有一“牌”字。

箭輪徑六尺七寸凡冬夏夜有長短不可以一
法測之故一歲設六十一箭箭亦有長短故隨
節氣更換則四時之晝夜各無差舛　平水壺
上有準水箭天池受水有多少緊慢不均故以
此壺節之　撥牙機輪與後樞輪相對在第三
層閣内與報刻司辰輪相疊直徑六尺七寸下
施六百牙距以待樞輪動作每樞輪動機輪六
百牙距元豐法在鐘鼓輪上以待中輪動作每
中輪動機輪六牙距爲一刻五十牙距爲一時

箭輪徑六尺七寸[1]，凡冬、夏，夜有長短，不可以一法測之，故一歲設六十一箭。箭亦有長短，故隨節氣更换，則四時之晝夜各無差舛。

平水壺上有準水箭。[2]天池受水有多少，緊慢不均，故以此壺節之。[3]

撥牙機輪與後樞輪相對，在第三層閣内與報刻司辰輪相疊。直徑六尺七寸，下施六百牙距，以待樞輪動作。每樞輪動機輪六[4]牙距。[5]元豐法在鐘鼓輪上以待中輪動作，每中輪動，機輪六牙距爲一刻，五十牙距爲一時。

1 此處文津閣本有“其輪與司辰輪相疊”一句。
2 此處文津閣本有“自河車發水入天河，以注天池壺”一句。
3 此處文津閣本尚有“即注樞輪受水壺，晝夜停匀，時刻自正”一句。
4 “六”字後，原本衍一“百”字，據文意及文津閣本删。
5 此段文字在《新儀象法要》中被冠以“一本云”。

右運動儀象制度先設樞輪一機輪八以天柱
四植於臺内樞梁二東西横安於天柱前後以
載樞軸天梁二安於天柱樞梁上以挂天関左
右天極二南北置之南寄臺前東西柱北貫天
柱天梁之下樞梁之上機輪軸一立置臺中天
来二以横木二合為一天東横置之兩末天極
中天輪之下撥牙機之上中為竅以束機輪軸
機輪軸下為地極横置之兩末安東西兩地足
中地極之正中安鉄樞臼一以承機軸之纂纂

右運動儀象制度。先設樞輪一，機輪八，以天柱四植於臺内。樞梁二，東西横安於天柱前後，以載樞軸。天梁二，安於天柱樞梁上，以挂天関。左、右天極二，南北置之，南寄臺前東西柱，北貫天柱[1]、天梁之下、樞梁之上。機輪軸一，立置臺中。天束[2]一[3]，以横木二合爲一。天束[4]横置之，兩末[5]天極中，天輪之下、撥牙機之上，中爲竅，以束機輪軸。機輪軸下爲地極，横置之，兩末安東、西兩地足中。地極之正中安鉄樞臼一，以承機輪軸之纂，纂

1“天柱”後，文津閣本有“東西”二字。
2 束，原誤作“来”，今據文津閣本改。
3 一，原誤作“二”，今據文津閣本改。
4 束，原誤作“東”，今據文津閣本改。
5 此處文津閣本有“安於東西”四字。

以鉄為之天池在天柱之左平水壺在天池之
南两壺各以木架載之平水壺面接天池水竅
其底與樞輪受水壺相次退水壺在樞輪之下
上下昇水輪壺并河車两軸並寄樞梁天梁下
横桄之中其晝夜八機輪同貫機輪之軸撥牙
機軸所以轉七輪樞輪三十六一云四十八雙
輪共貫一轂受水壺三十六在樞輪外輞間所
以受水運樞輪也天衡一置樞輪上天関一置
衡腦天權一置衡尾天條一在衡之前天衡関

以鉄爲之。天池在天柱之左，平水壺在天池之南，兩壺各以木架載之。平水壺面接天池水竅，其底與樞輪受水壺[1]相次。退水壺在樞輪之下。上、下昇水輪[2]壺并河車兩軸，並寄樞梁、天梁下横桄之中。其晝夜八機輪同貫機輪之軸，撥牙機[3]軸所以轉七輪。樞輪三十六，一云：四十八。[4]雙輪共貫一轂。受水壺三十六，在樞輪外輞間，所以受水，運樞輪也。天衡一，置樞輪上。天関一，置衡腦。天權一，置衡尾。天條一，在衡之前。天衡関

1“受水壺”後，文津閣本有一“面”字。
2 輪，文津閣本作“軸”。
3 機，文津閣本無。
4“一云：四十八”在四庫本《新儀象法要》爲雙行小注。

舌一以天條綴之所以激發天衡関也樞衡一
在天衡関舌上衡腦為格叉以抵受水壺以樞
權挂其末所以節受水壺之陞降下左右天鏁
二分置東西天柱間梁上所以持正樞輪也

舌一，以天條綴之，所以激發天衡関也。樞衡一，在天衡関舌上，衡腦爲格叉[1]，以抵受水壺；以樞權挂其末，所以節受水壺之陞降下[2]。左、右天鏁二，分置東、西天柱間梁上，所以持正樞輪也。

1 叉，原本寫作“又”，今據文津閣本改。
2 下，文津閣本作“也”。

天轂

後轂 前轂

天轂二置於渾儀天經中仰月承之後天轂以待天柱上動輪作前天轂與天運環相銜與後轂貫於一軸後轂動則前轂動前轂動則天運環動

天轂

後轂　前轂

天轂二，置於渾儀天經中，仰月承之。後天轂以待天柱上輪動作[1]。前天轂與天運環相銜，與後轂貫於一軸。後轂動，則前轂動；前轂動，則天運環動。[2]

1 上輪動作，原本作“上動輪作”，今據文津閣本改。

2 此段後，文津閣本有“一本無天柱、天轂，有天梯、天托。一本云：仰月承之……”雙行小字一段。

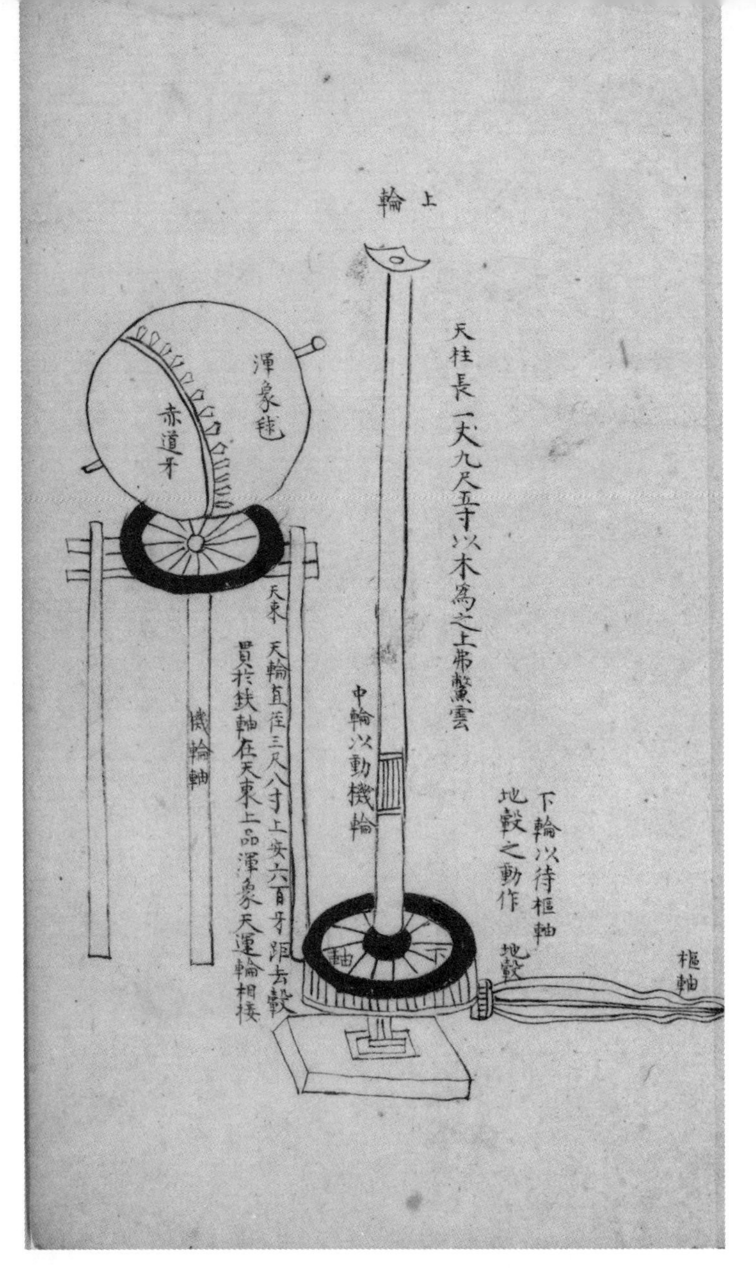

樞軸

下輪以待樞軸地轂之動作　地轂

上輪　天柱長一丈九尺五寸，以木爲之，上弗[1]鼇雲

中輪以動機輪　下軸

渾象毬　赤道牙　天束

天輪直徑三尺八寸，上安六百牙距，去[2]轂貫於鉄軸。在天束上與[3]渾象天運輪相接。

機輪軸

1 弗，文津閣本作“𢎗”。
2 去，文津閣本作“其”。
3 與，原作“品”，今據文津閣本改。

鉄樞輪軸一長五尺九寸方一寸八分貫樞輪
轂中南北出於轂前後相隨去樞梁闊狹鑢爲
兩圓項於樞梁上爲鉄仰月承之使運轉安南
北轂以撥天柱下輪運轉天柱一本云前後相
去隨

鉄樞輪軸一，長五尺九寸，方一寸八分，貫樞輪轂中，南北出；於轂前後相隨，去樞梁闊狹鑢爲兩圓項，於樞梁上爲鉄仰月承之，使運轉。安南地[1]轂，以撥天柱下輪，運轉天柱。一本云：前後相去隨。

1 地，原寫作"北"，今據文津閣本改。

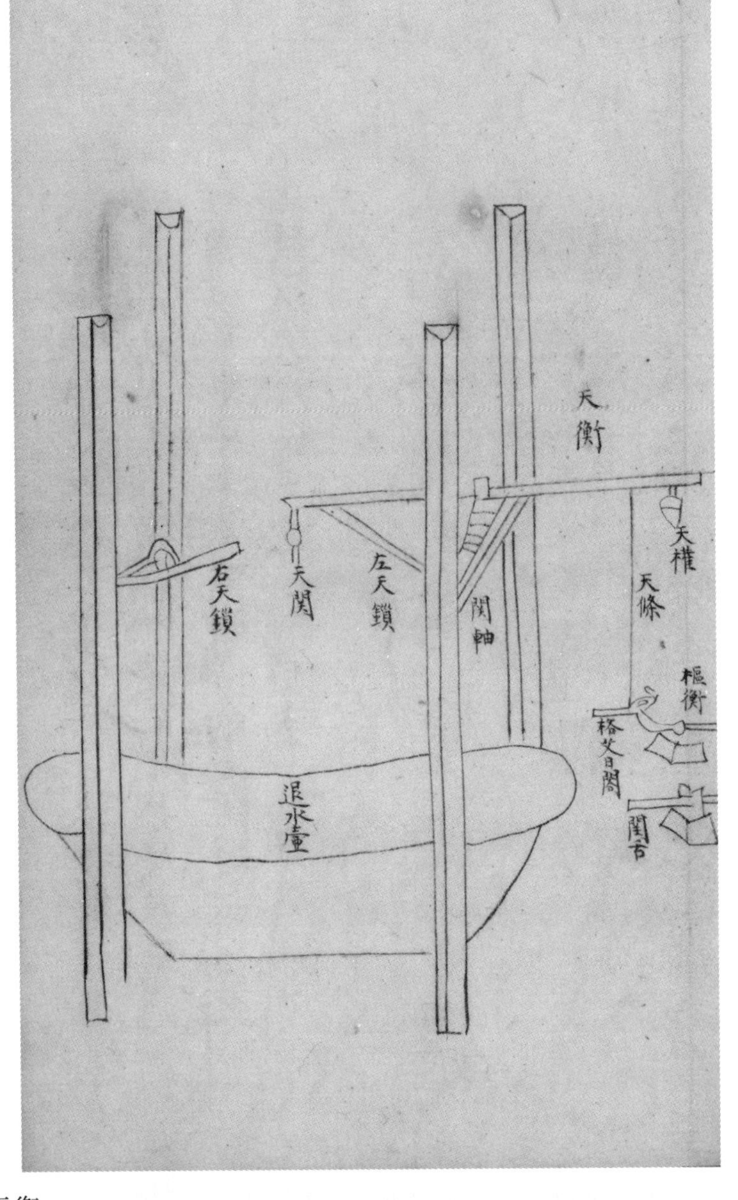

天衡

天權　天條　閟軸　左天鎖　天閟　右天鎖

樞衡　格叉日閣

閟舌　退水壺[1]

1 此圖《新儀象法要》本有題“天衡”。

天衡一在樞軸之上中爲鉄関軸於東夫柱間
横桄上爲馳峯植兩鉄頬以貫其軸常使轉動
天權一挂於天衡尾天関一挂腦天條一鉄鶴
膝也綴於權裡右垂長短随枢輪高下天衡関
舌一末爲鉄軸寄安於平水壷架南北枕上常
使轉動首綴於天條舌動則関起左右天鎖各
一末皆爲関軸寄安於左右天挂横桄上東西
相對以拒樞輪六輻樞衡樞權各一在天衡関
舌上正中爲関軸於平水壷南北横桄上爲兩

天衡一，在樞軸之上，中爲鉄関軸。於東天[1]柱間横桄上爲駞[2]峰，植兩鉄頬，以貫其軸，常使轉動。天權一，掛於天衡尾。天関一，掛腦。天條一，鉄鶴膝也。綴於權裏右垂。長短隨枢輪高下。天衡関舌一，末爲鉄[3]軸，寄安於平水壺架南北桄[4]上，常使轉動。首綴於天條，舌動則関起。左、右天鎖各一，末皆爲関軸，寄安於左、右天柱[5]横桄上，東西相對，以拒樞輪之[6]輻。樞衡、樞權各一，在天衡関舌上，正中爲関軸，於平水壺南北横桄上爲兩

1 天，原誤作“夫”，今據文津閣本改。
2 駞，原誤作“馳”，今據文津閣本改。
3 “鉄”字後，文津閣本有一“關”字。
4 桄，原作“枕”，據文意及文津閣本改。
5 柱，原作“挂”，今據文津閣本改。
6 之，原誤作“六”，今據文津閣本改。

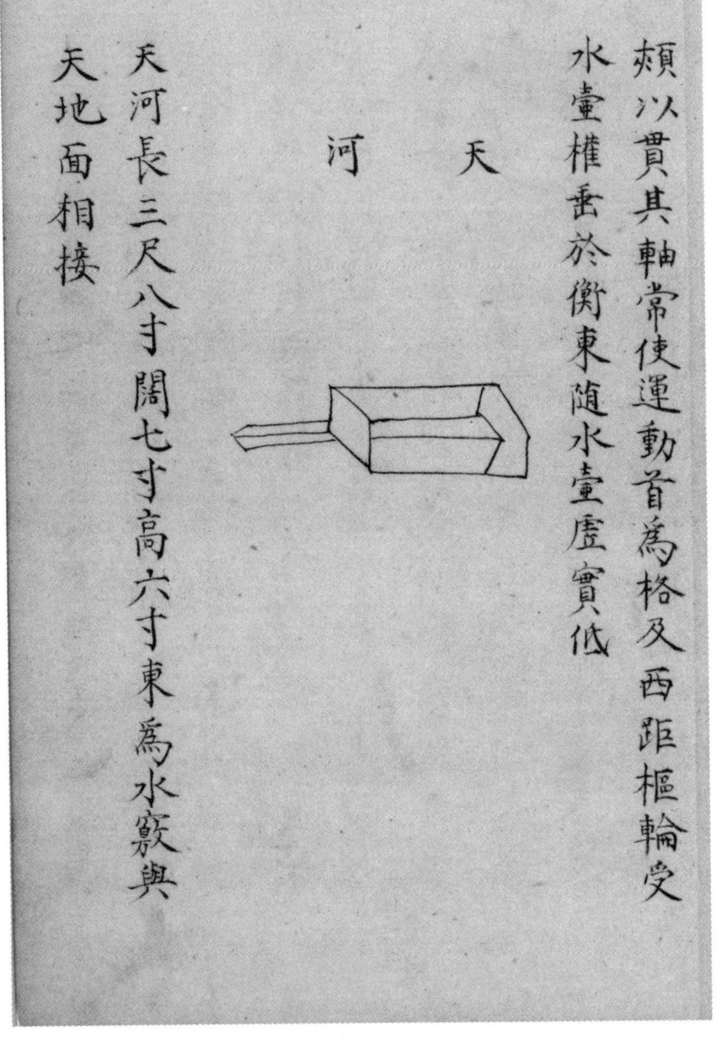

頰，以貫其軸，常使運動。首爲格叉[1]，西距樞輪受水壺。權垂[2]於衡東，隨水壺虛實低昂[3]。

天河

天河長三尺八寸[4]，闊七寸，高六寸，東爲水竅，與天池[5]面相接。[6]

1 叉，原誤作“及”，據文意及文津閣本改。

2 垂，文津閣本作“隨”。

3 昂，原本脱，今據文津閣本補。

4 這一段首，文津閣本有“河車直徑四尺八寸”八字。

5 池，原本作“地”，今據文津閣本改。

6 按，此處文津閣本尚有一段話：“河車外出十六撥牙，以撥昇水下輪十六距對撥牙。北安手把八，以運河車。二輪輞外斜安戽斗二十四，上輪十六，下輪八。河車轉，則上、下輪俱帶戽斗運水入天河，天河注水入天池。”此本皆無。圖亦簡單，只有“天河”，没有畫出與昇水上、下輪、河車相接部分。

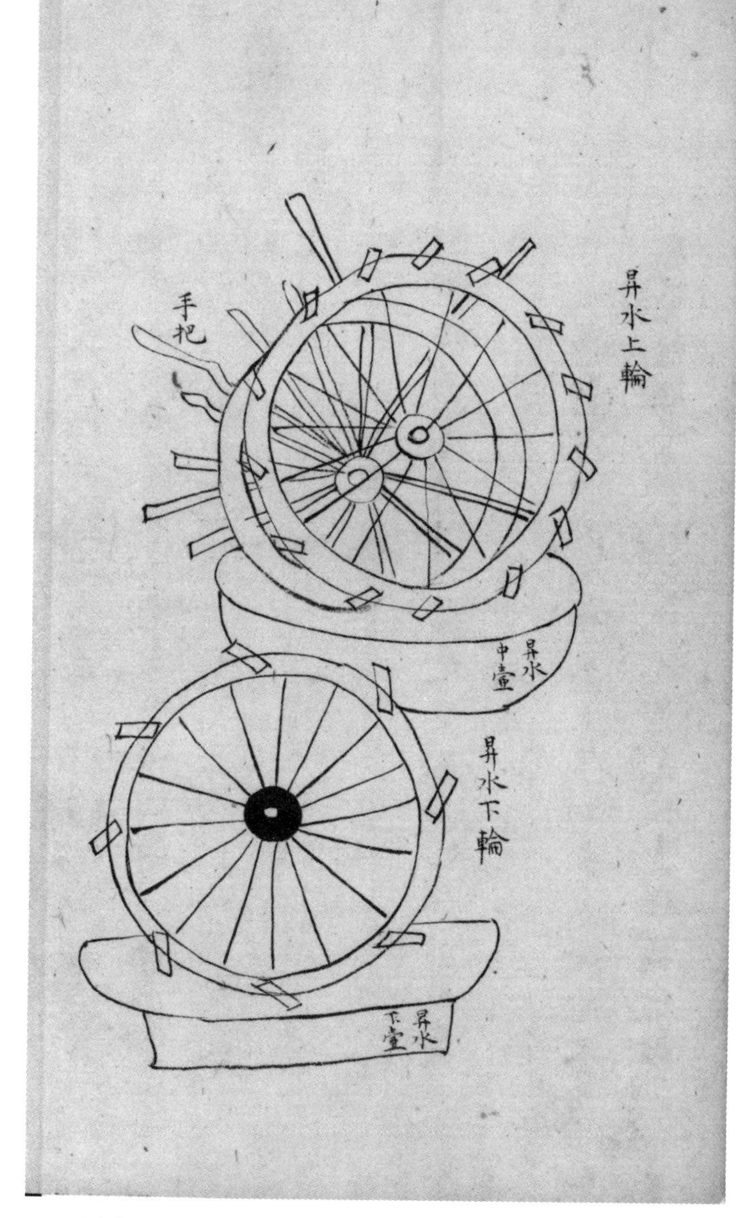

昇水上輪　手把

昇水上[1]壺

昇水下輪　昇水下壺

1 上，原本作“中”，今據文津閣本改。

河車直徑四尺八寸出十六撥牙以撥昇水下
輪十六距對撥牙北安手把八以運河車二輪
輪外斜安㡿斗二十四上輪汁六下輪八昇水
上下輪各一直徑五尺六寸上輪與河車同貫
一軸軸末南寄天梁下橫桄上平中北寄腹不
閣橫桄上為杈手柱載之木閣高七尺一寸長
七尺三寸闊二尺五寸上布板面柜面立木柱
二北寄臺桄上使人在其上運河車下輪軸末
南置柜梁下橫桄正中北亦為杈手柱載之柱

河車直徑四尺八寸，出[1]十六撥牙以撥昇水下輪，十六距對撥牙。北安手把八，以運河車。二輪輪[2]外斜安㡿斗二十四，上輪十[3]六，下輪八。

昇水上、下輪各一，直徑五尺六寸。上輪與河車同貫一軸，軸末南寄天梁下橫桄上平[4]中，北寄[5]腹木[6]閣橫桄上，爲杈手柱載之。木閣高七尺一寸、長七尺三寸、闊二尺五寸，上布板面。板面[7]立木柱二，北寄臺桄上，使人在其上運河車。下輪軸末南置樞梁下橫桄正中，北亦爲杈手柱載之，柱

1 “出”字前，文津閣本有一“外”字。
2 輪，文津閣本作“輞”。
3 十，原本誤作“汁”，今據文津閣本改。
4 平，文津閣本作“正”。
5 “寄”字後，文津閣本有一“臺”字。
6 木，原本誤作“不”，今據文津閣本改。
7 “板面”後，文津閣本有“南下”二字。

寄於臺後地面板上昇水上下壺各一壺長七
尺四寸闊九寸五分兩頭高二尺三寸中一尺
五寸下壺長七尺二寸闊七尺六寸高二尺一
寸並在二輪下以承輪天河在昇水上輪之上
以受上輪水下壺南爲水竅興退大壺竅相過
河車轉則昇水上下輪俱朝河車興上輪俱東
向即下輪逆行而向昇水下輪登昇水下壺水
在上入昇水上壺昇水上輪發昇水上壺水左
入天河注入天池

寄於臺後地面板上。

昇水上、下壺各一。上[1]壺長七尺四寸，闊九寸五分，兩頭高二尺三寸，中一尺五寸。下壺長七尺二寸，闊七[2]尺六寸，高二尺一寸。並在二輪下，以承輪。天河在昇水上[3]輪之上，以受上輪水。下壺南爲水竅，與退水[4]壺竅相通[5]。河車轉，則昇水上、下輪俱轉[6]。河車與[7]上輪俱東向，即下輪逆行而[8]向。昇水下輪發[9]昇水下壺水，右[10]上入昇水上壺。昇水上輪發昇水上壺水，左入天河，注入天池。

1 上，原本無，今據文津閣本補。
2 七，文津閣本作“一”。
3 上，文津閣本無。
4 水，原本誤作“大”，今據文津閣本改。
5 通，原本作“過”，今據文津閣本改。
6 轉，原本誤作“朝”，今據文津閣本改。
7 與，原本作“興”，今據文津閣本改。
8 而，文津閣本作“西”。
9 發，原作“登”，今據文津閣本改。
10 右，原作“在”，今據文津閣本改。

儀象運水法

水運之制，始於下壺。先實水於昇水下壺，壺滿，則機[1]河車八[2]距；河車動，則昇水上、下輪俱動，昇水下輪以八戽斗運水入昇水上壺，昇水上輪以十六戽斗運水入天河；天河東流入天池，天池水南出渴烏，注入平水壺；由渴烏西注，入樞輪受水壺。受水壺東與鉄樞衡格叉相對，格叉以距受水壺。壺虛，即爲格叉所格，所以能受水；水實，則格叉不能勝壺，故格叉落；格叉落，則[3]壺

1 機，文津閣本作“撥”。
2 八，原作“入”，今據文津閣本改。
3 則，文津閣本作“即”。

側鈇撥擊開天衡閂舌掣動天條天條動則天
衡起䂓動天衡門左天鎖開即放樞輪一幅過
一幅過則樞軸動其樞輪所檢括者二一以動
渾儀二以動機輪所謂運渾儀者樞輪動則地
轂動地轂動則天柱下動天柱下輪動則天轂
後輪動天轂後輪動則天轂前輪動天轂前輪
動則地轂動地轂動則天柱下輪動天柱下輪
動則天運環動天運環動則三辰儀隨天運轉
此樞輪所以運渾儀也所謂動機輪者樞輪動

側鈇撥擊開天衡閂舌，掣動天條；天條動，則天衡起，䂓動天衡閂[1]；左天鎖開，即放樞輪一輻[2]過；一輻[3]過，則[4]樞軸動。其樞輪所檢括者二：一以動渾儀，二以動機輪。

所謂“運渾儀”者：樞輪動，則地轂動；地轂動，則天柱下輪[5]動；天柱下輪動，則天轂後輪動；天轂後輪動，則天轂前輪動；天轂前輪動，[6]則地轂動；地轂動，則天柱下輪動；天柱下輪動，則天運環動；天運環動，則三辰儀隨天運轉。此樞輪所以運渾儀也。[7]

所謂“動機輪”者：樞輪動，

1 閂，原本作“門”，今據文意及文津閣本改。

2、3 輻，原本誤作“幅”，今據文津閣本改。

4 則，文津閣本作“即”。

5 輪，原本脱，今據文津閣本補。

6 “天轂前輪動”後，文津閣本尚有“則天運環動；天運環動，則三辰儀隨天運轉。此樞輪所以運渾儀也。所謂動機輪者：樞輪動”一行，此本皆脱。

7 此一段，文津閣本與此本頗不同：“所謂運渾儀者：樞輪動，則地轂動；地轂動，則天柱下輪動；天柱下輪動，則天轂後輪動；天轂後輪動，則天轂前輪動；天轂前輪動，則天運環動；天運環動，則三辰儀隨天運轉。此樞輪所以運渾儀也。所謂‘動機輪’者：樞輪動，則地轂動；地轂動，則天柱下輪動；天柱下輪動，則天柱中輪動；天柱中輪動，則機輪動。則樞輪所以動機輪也。”

則地轂動地轂動則天柱下輪動天柱下輪動
則天柱中輪動天柱中輪動則機輪動則樞輪
所以動機輪也機輪所檢栝者四一以天輪運
渾象二以動鍾鼓輪三以動司正初辰轉四以
動報刻同晨輪所謂以天輪運渾象者機輪動
則天輪動天輪動則渾象隨天運轉此天輪所
以動渾象也所謂動鍾鼓輪者機輪動則鍾鼓
輪相隨而動其輪上有牙距時初則撥左木人
所執鈴竿以搖鈴時正則撥右木人所執撞竿

則地轂動；地轂動，則天柱下輪動；天柱下輪動，則天柱中輪動；天柱中輪動，則機輪動。則樞輪所以動機輪也。

機輪所檢栝[1]者四：一以天輪運渾象，二以動鐘[2]鼓輪，三以動司正初辰輪[3]，四以動報刻司辰[4]輪。

所謂“以天輪運渾象”者：機輪動，則天輪動；天輪動，則渾象隨天運轉。此天輪所以動渾象也。

所謂“動鐘[5]鼓輪”者：機輪動，則鐘鼓輪[6]相隨而動。其輪上有牙距，時初，則撥左木人所執鈴竿以摇鈴；時正，則撥右木人所執撞竿

1 栝，文津閣本作“括”。
2 鐘，原本誤作“鍾”，今據文津閣本改。
3 司正初辰輪，原本作“司正初辰轉”，文津閣本作“時初正司辰輪”。
4 司辰，原本誤作“同晨”，今據文津閣本改。
5 鐘，原本誤作“鍾”，今據文津閣本改。
6 “鐘鼓輪”前，文津閣本有“晝時”二字。

扣鍾刻至則撥中人所執椎以擊鼓三者並在
木閣第一層左右及中門内相應此機輪所以
動鍾鼓輪也所動司正初辰輪者機輪動則此
輪相随而動時至則輪上木人執牌出木閣第
二層門内以報初及正此機輪所以動司正初
輪也所謂動報刻司辰輪者機動則此輪相随
而動刻至則輪上木人執牌於木閣第三層門
中出報此機輪所以動報刻司辰輪也已上樞
輪一幅過則左夫鎖及天閡開在天鎖及天閡

扣鐘[1]；刻至，則撥中人所執椎以擊鼓。三者並在木閣第一層左、右及中門内相應。此機輪所以動鐘[2]鼓輪也。

所謂[3]“動司正初辰輪[4]”者：機輪動，則此輪[5]相隨而動。時至，則輪上木人執牌出木閣第二層門内[6]，以報初及正。此機輪所以動司正初輪[7]也。

所謂“動報刻司辰輪”者：機輪[8]動，則此輪[9]相隨而動。刻至，則輪上木人執牌[10]於木閣第三層門中出報。此機輪所以動報刻司辰輪也。

已上樞輪一輻[11]過，則左天[12]鎖及天閡開；左[13]天鎖及天閡

1 鐘，原本誤作“鍾”，今據文津閣本改。
2 鐘，原本誤作“鍾”，今據文津閣本改。
3 謂，原本脱，今據文津閣本補。
4 司正初辰輪，文津閣本作“時初正司辰輪”。
5 此輪，文津閣本作“晝夜時初正司辰輪”。
6 内，文津閣本作“中”。
7 司正初輪，文津閣本作“時初正司辰輪”。
8 輪，原本脱，今據文津閣本補。
9 此輪，文津閣本作“報刻司辰輪”。
10 執牌，文津閣本無。
11 輻，原本誤作“幅”，今據文津閣本改。
12 天，原本誤作“夫”，今據文津閣本改。
13 天，原本誤作“在”，今據文津閣本改。

開則一受水落入退水壺一壺落則閡鎖再拒
次壺則激輪右故以右天鎖拒之使不能西也
每受水一壺過水落入退水壺由下竅北流入
昇水下壺再動河準運水入上壺周而復始

開，則一受水壺[1]落入退水壺；一壺落，則閡、鎖再拒次壺，則激輪右回[2]，故以右天鎖拒之，使不能西也。每受水一壺過，水落入退水壺，由下竅北流入昇水下壺。再動河車[3]，運水入上水[4]壺，周而復始。

1 壺，原本脱，今據文津閣本補。

2 回，原本脱，今據文津閣本補。

3 車，原本作“準”，今據文意及文津閣本改。

4 水，原本脱，今據文津閣本補。

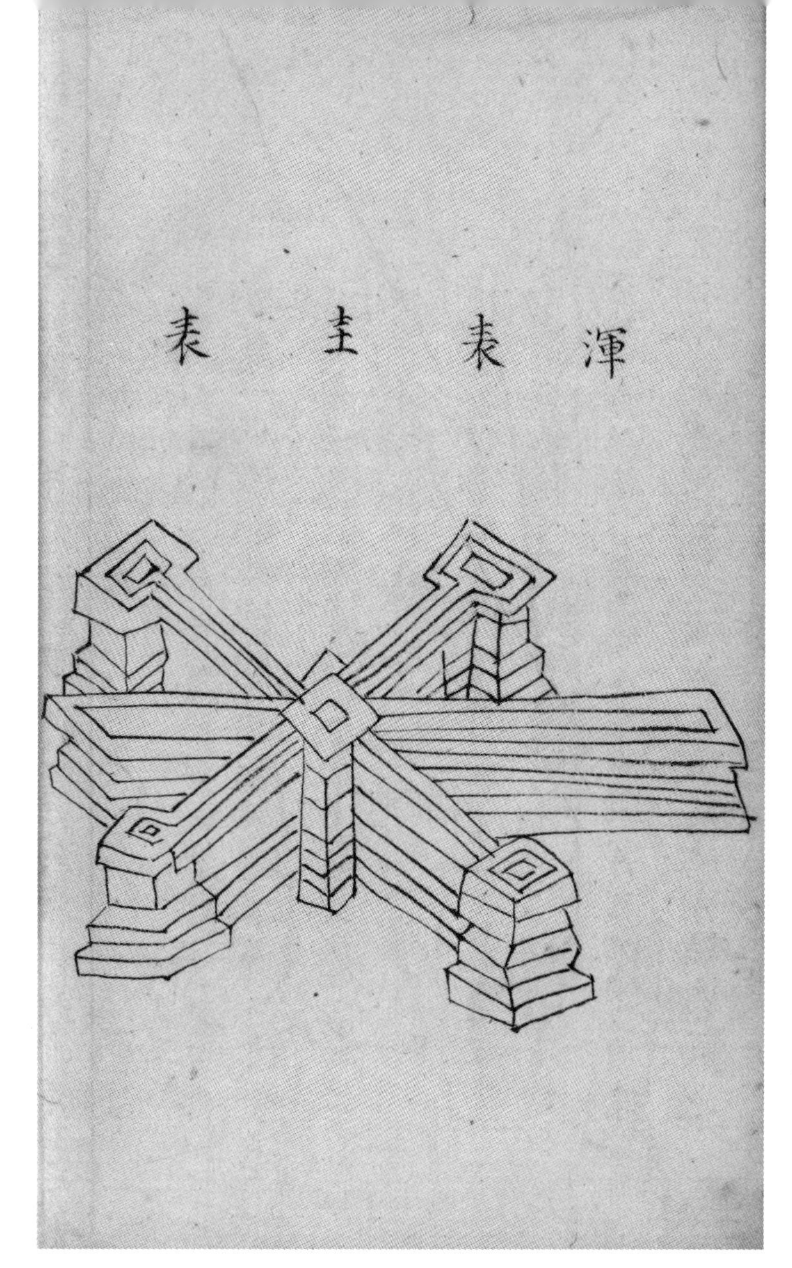

渾儀[1]圭表

1 儀，原本誤作“表”，今據文津閣本改。

舊法渾儀圭表冬為一器故渾儀不能測晷景
之長短土圭亦不能驗七政之行度今以二器
合為一法其制於渾儀下安圭座面與水趺中
心相結各為水溝通流以定平準圭長一丈三
尺為日行晷之南北於圭面分尺寸兩旁列二
十四氣自圭面上與陰緯環面直距望筒之半
為表之高表八尺故自陰緯環面及望筒之半
至鼇雲之之下亦高八尺常於午正以望筒指
日令景透筒竅至圭面以竅心之景指圭而之

舊法渾儀、圭表各[1]爲一器，故渾儀不能測晷景之長短，土圭亦不能驗七政之行度。今以二器合爲一法，其制於渾儀下安圭座，面與水趺中心相結，各爲水溝通流，以定平準。圭長一丈三尺，爲日行晷之南北。於圭面分尺寸，兩旁列二十四氣。自圭面上與陰緯環面[2]直距、望筒之半爲表之高。表[3]八尺，故自陰緯環面及望筒之半至鼇雲之下，亦高八尺。常於午正以望筒指日，令景透筒竅至圭面，以竅心之景指圭面[4]之

1 各，原本誤作“冬”，今據文津閣本改。
2 此處文津閣本有一“與”字，此本無。
3 “表”後，文津閣本有一“高”字，此本無。
4 面，原作“而”，今據文津閣本改。

尺寸為準望筒所以上考時刻五星留逆徐疾
日道升降黄道去極遠近圭面所以下候二十
四气晷景之長短二法相參則气候與上象相
合考正曆數免有差舛

尺寸爲準。望筒所以上考時刻、五星留逆徐疾、日道升降、黄道去極遠近，圭面所以下候二十四气、晷景之長短。二法相參，則气候與上象相合，考正曆數，免有差舛。

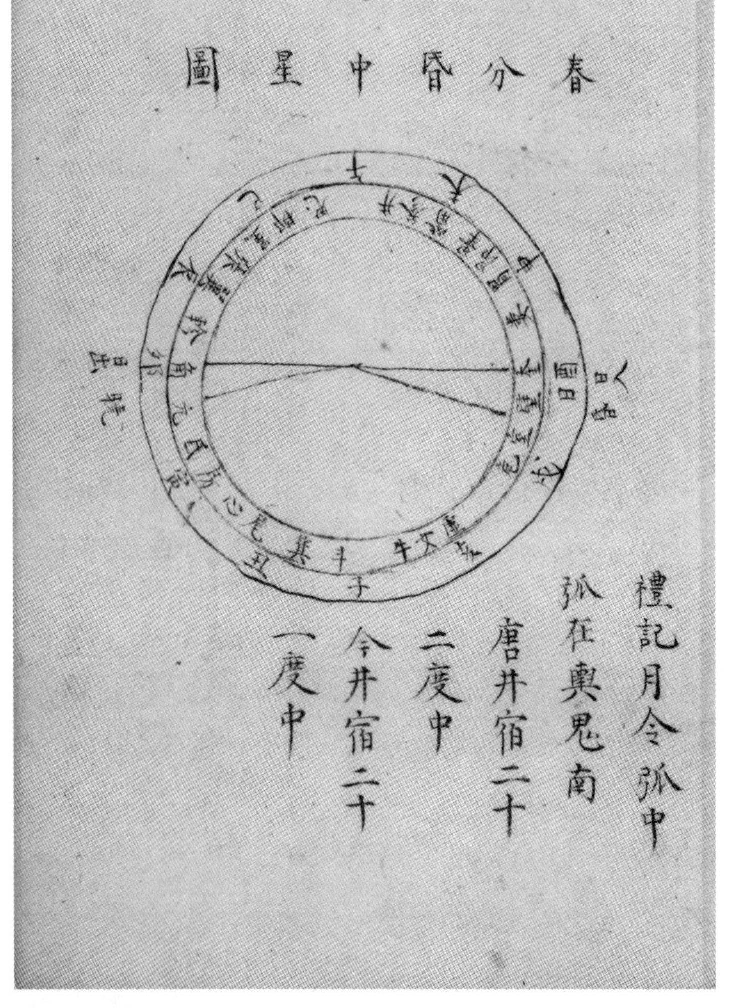

春分昏中星圖

《禮記·月令》：“弧中。”弧在輿鬼南。

唐：井宿二十二[1]度中。

今：井宿二十一度中。[2]

1 二，文津閣本、文淵閣本《新儀象法要》皆作“三”。

2 此句之後，文津閣本尚有“日在奎宿二度少弱”一句。

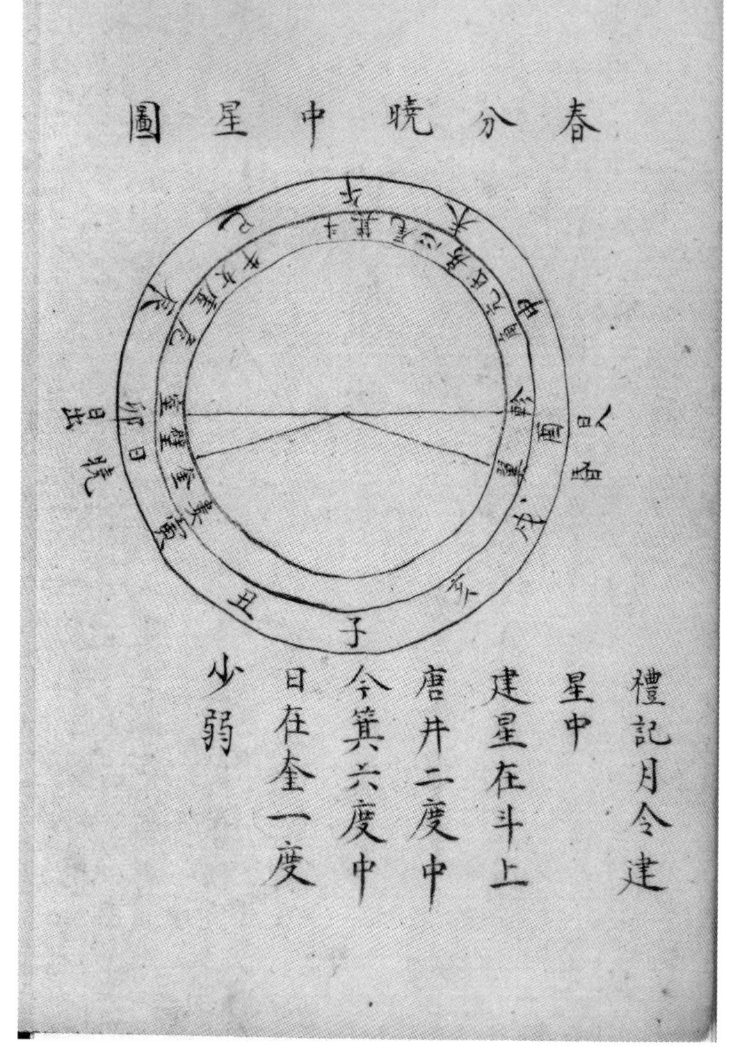

春分曉中星圖

《禮記·月令》：“建星中。”建星在斗上。
唐：井[1]二度中。
今：箕六度中。日在奎，一度少弱。

1 井，文津閣本作“斗”。

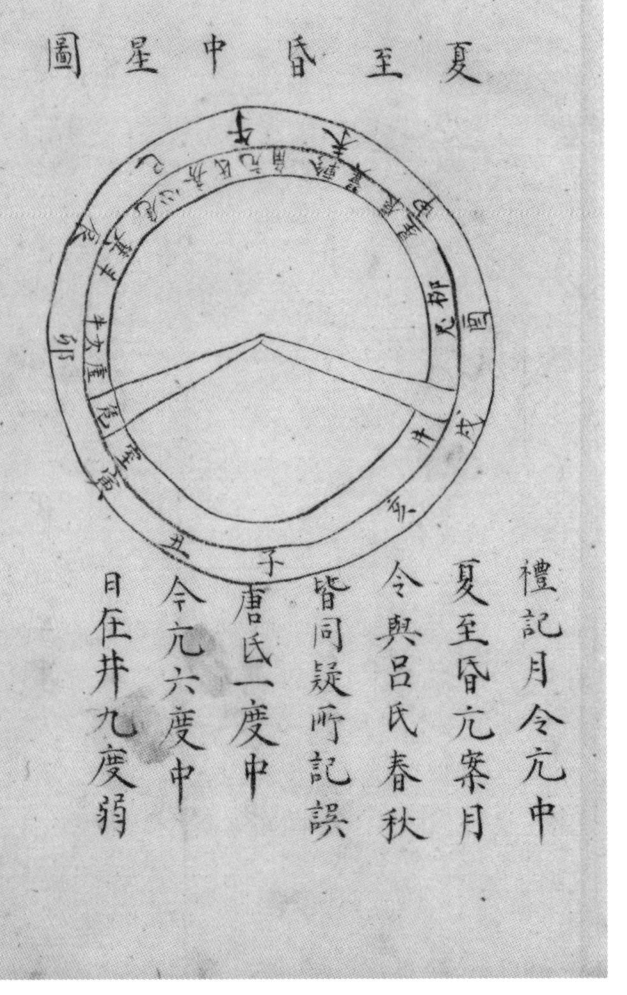

夏至昏中星圖

《禮記·月令》："亢中。"夏至昏亢。案《月令》與《呂氏春秋》皆同，疑所記誤。

唐：氐一度中。

今：亢六度中。日在井，九度弱。

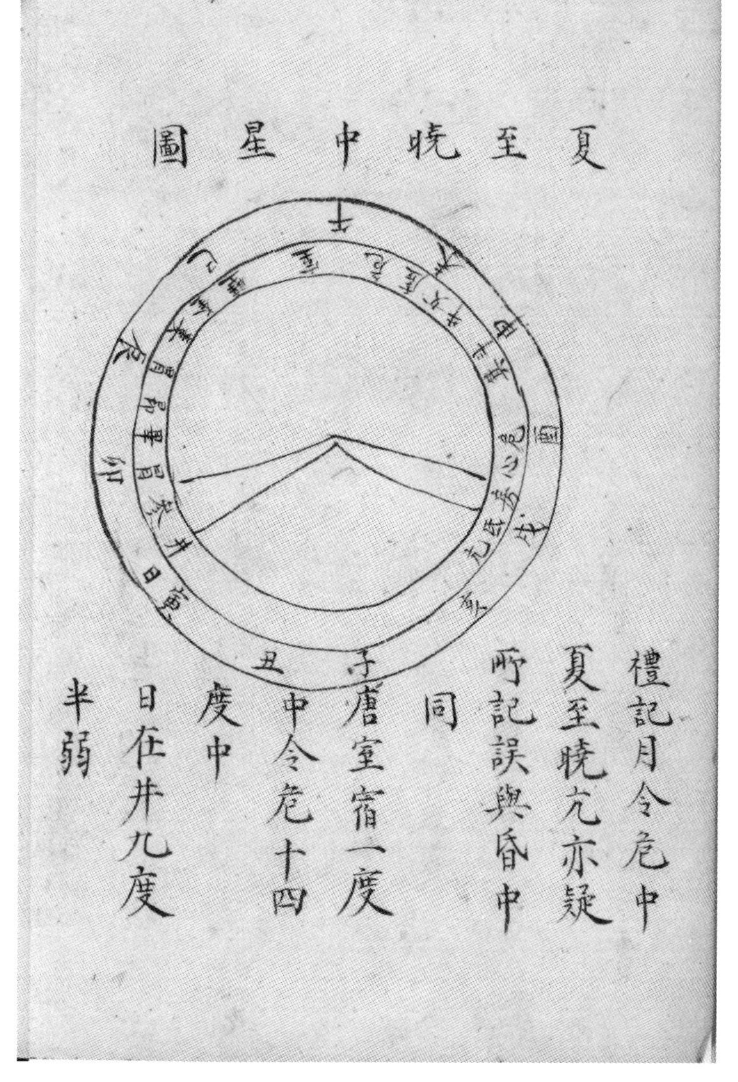

夏至曉中星圖

《禮記·月令》：“危中。”夏至曉亢[1]。亦疑所記誤，與昏中同。

唐：室宿一度中。

今[2]：危十四度中。日在井，九度半弱。

1 亢，此本及四庫本皆作“亢”，《守山閣叢書》本作“危”。

2 今，原誤作“令”，今據文津閣本改。

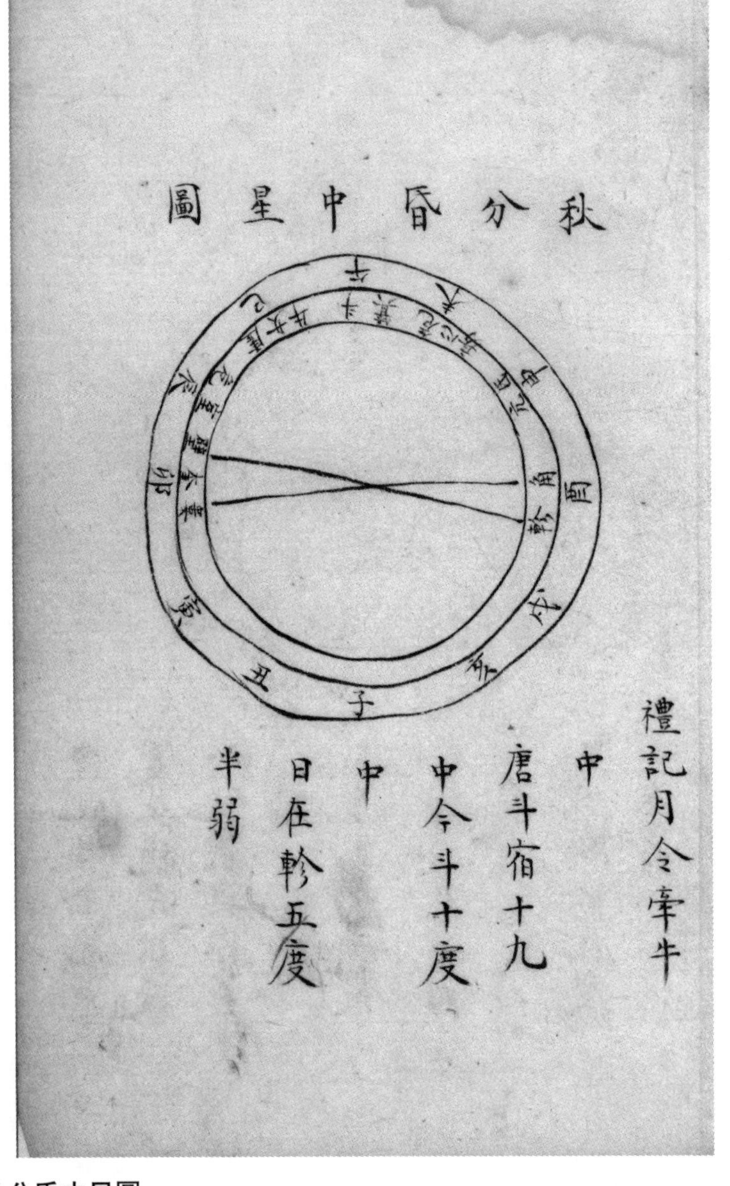

秋分昏中星圖

《禮記·月令》：“牽牛中。”
唐：斗宿十九度[1]中。
今：斗十度中。日在軫，五度半弱。

1 度，原本脱，今據文津閣本補。

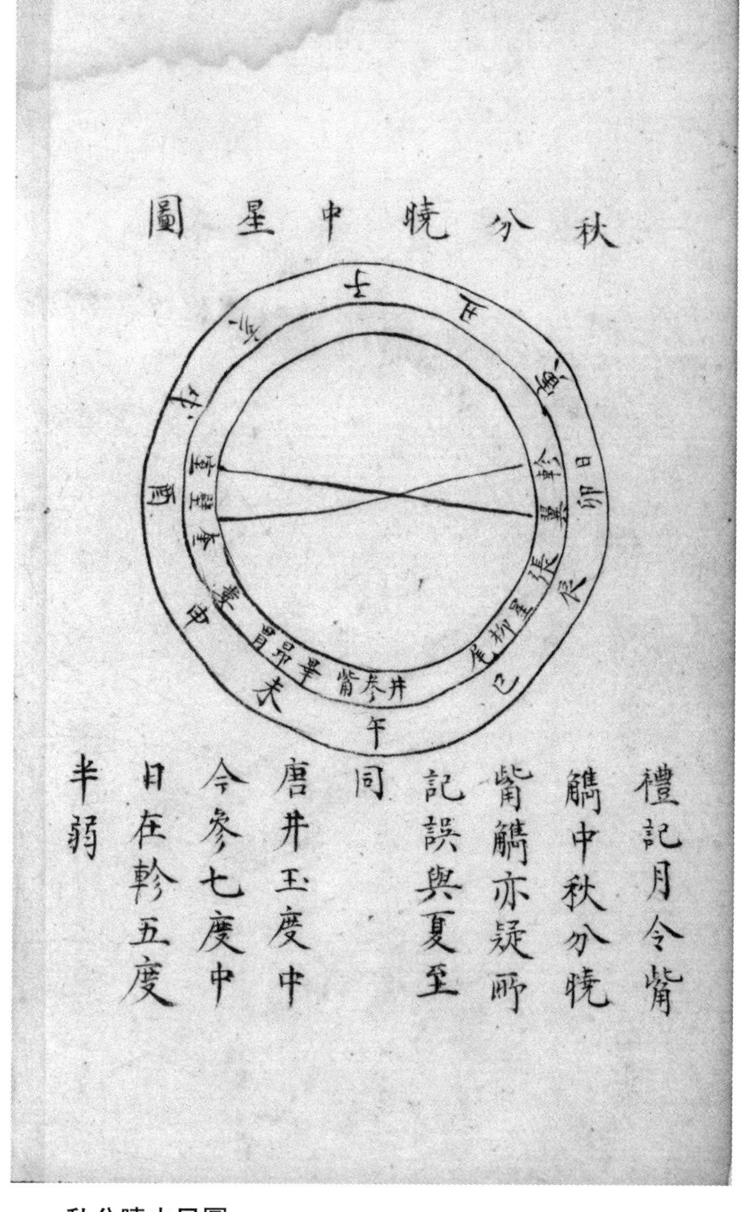

秋分曉中星圖

《禮記·月令》：“觜觿中。”秋分曉觜觿。亦疑所記誤，與夏至同。

唐：井五[1]度中。

今：參七度中。日在軫，五度半弱。

1 五，原誤作“玉”，今據文津閣本改。

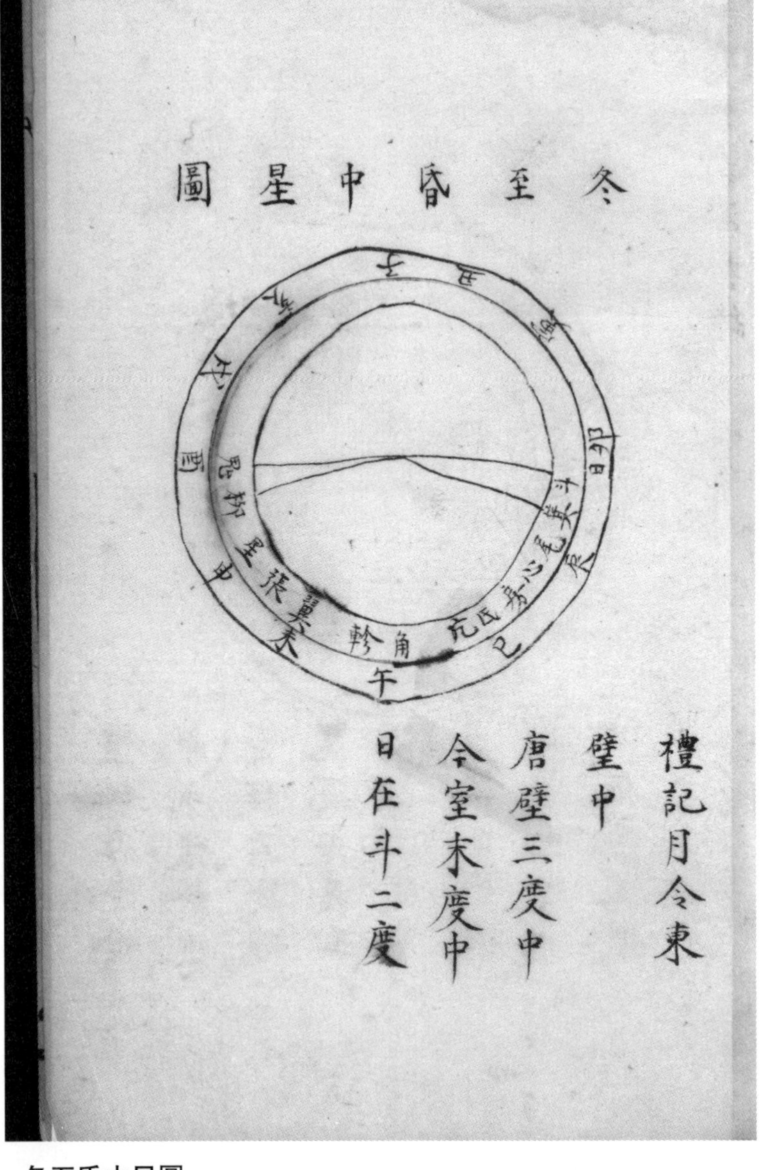

冬至昏中星圖

《禮記·月令》："東壁中。"
唐：壁三度中。
今：室末度中。日在斗，二[1]度。

1 二，文津閣本、文淵閣本《新儀象法要》皆作"三"。

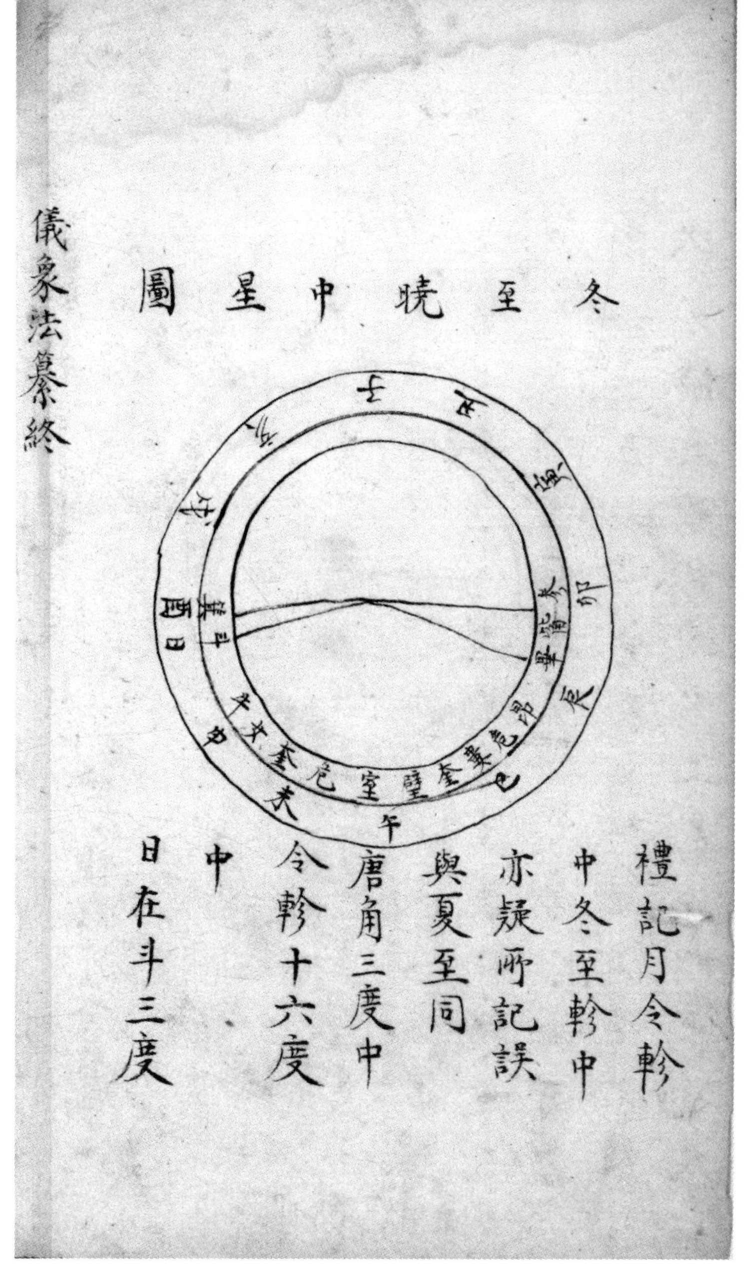

冬至曉中星圖

《禮記·月令》：“軫中。”冬至軫中。亦疑所記誤，與夏至同。

唐：角三度中。

今[1]：軫十六度中。日在斗，十三[2]度。

《儀象法纂》終

1 今，原本誤作“令”，今據文津閣本改。

2 十，原本脱，今據文津閣本補。

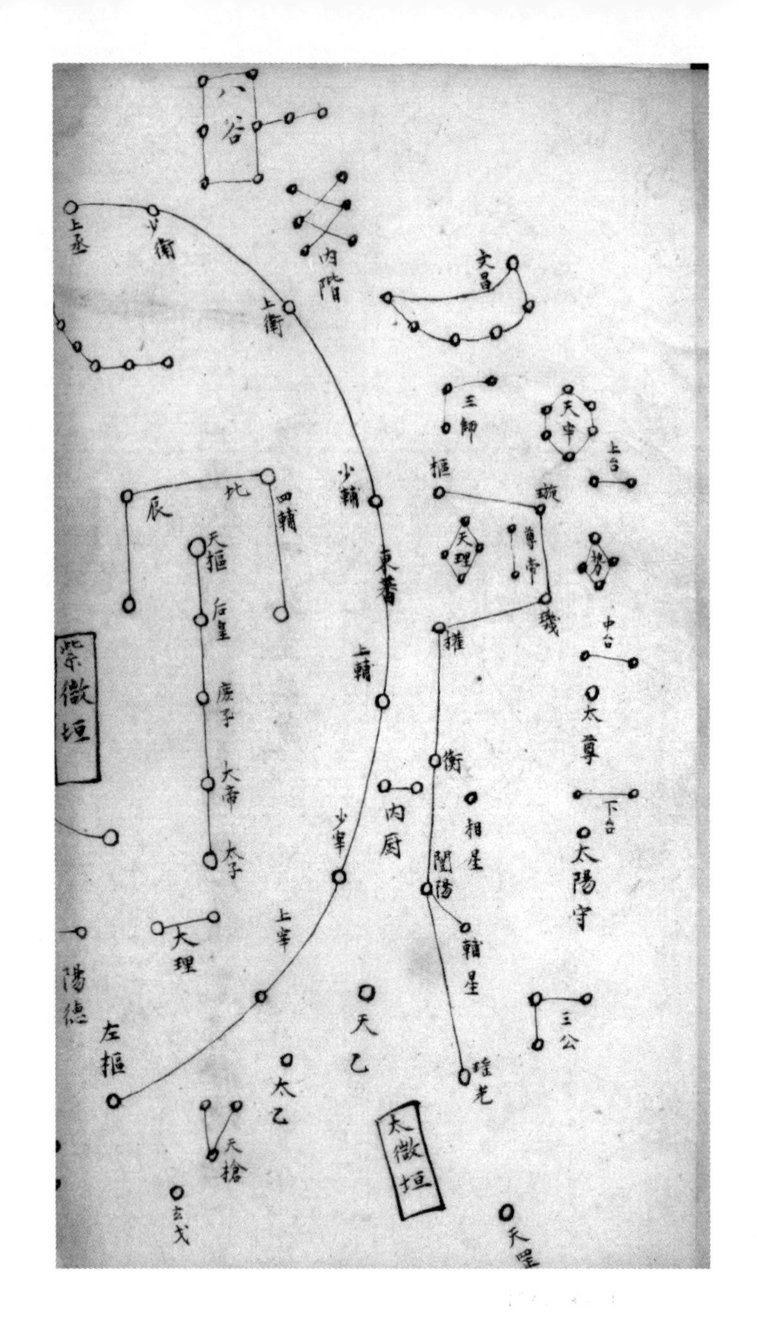

八谷
上丞
少衛
內階
上衛
文昌
三師
天牢
上台
少輔
樞
璇
四輔
北
辰
天理
尊帝
勢
天樞
東蕃
璣
權
紫微垣
后星
上輔
中台
庶子
太尊
衡
內廚
下台
大帝
相星
少宰
太子
闓陽
太陽守
上宰
輔星
陽德
大理
三公
左樞
天乙
太乙
瑤光
太微垣
天槍
玄戈

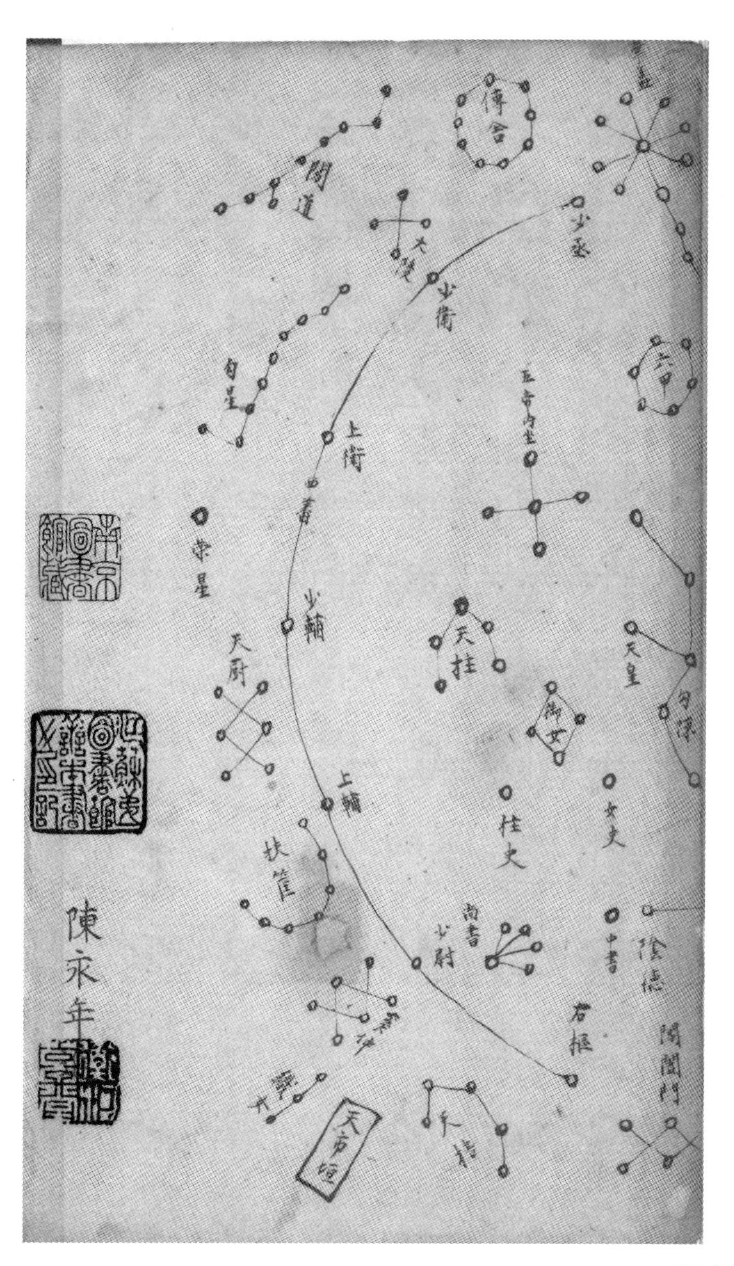

陳永年進[1]

1卷尾鈐“衡河草堂”（白文方印）、“江蘇第一圖書館善本書之印記”（朱文方印）、“南京圖書館藏”（朱文方印）三印。

附録二 乾隆御製詩、《欽定四庫全書總目》提要及副葉職官簽題

欽定四庫全書

新儀象法要　一

御製題影宋鈔新儀象法要

梁代渾儀已制之失傳蘇頌乃重為有經有緯述前驗具說具圖期後垂亦曰用心究句股即看影槧悉毫釐大成

圓象精錙黍

皇祖鴻貽萬世規

璣衡雖昉自堯時其制法今昔異同則不可深考後世儀象若洛下閎若張衡若李淳風若一行皆有所

御製題影宋鈔[1]《新儀象法要》[2]

梁代渾儀已制之，失傳蘇頌乃重爲。有經有緯述前驗，具説具圖期後垂。亦曰用心究句[3]股，即看影槧悉毫釐。大成圓象精錙黍，皇祖鴻貽萬世規。

璣衡雖昉自堯時，其制法今昔異同則不可深考。後世儀象若洛下閎、若張衡、若李淳風、若一行，皆有所

1“御製題影宋鈔”六字，文淵閣本作“御題”二字，傳圖本作“題影宋鈔”。

2按，乾隆御製詩一首，文津閣本、文淵閣本在全書第一冊卷首，傳圖本在全書最末。

3句，文淵閣本、傳圖本作“鉤”。

作而賈逵蔡邕王蕃陸績何承天輩議各不一自元時
郭守敬造爲渾儀後人因之明代相沿不改若西洋法
明中葉即入中國頗有宗其說者而徐光啟李之藻推
之尤至率格於衆議不果行我
皇祖洞見西法之精審學焉而會通之益知其可垂永久
迺
勅靈臺專行弗失既而
欽定數理精蘊儀象考成諸書實足爲天下後世法予

作，而賈逵、蔡邕、王蕃、陸績、何承天輩議各不一。自元時郭守敬造爲渾儀，後人因之，明代相沿不改。若西洋法明中葉即入中國，頗有宗其說者，而徐光啟、李之藻推之尤至，率格於衆議不果行。我皇祖洞見西法之精審，學焉而會通之，益知其可垂永久，迺勅靈臺專行弗失。既而欽定《數理精蘊》、《儀象考成》諸書，實足爲天下後世法。予

雖未習其事然幼聞
皇祖閎論因得篤信而敬守之即如明以前之法每日
以百刻計而西法則以九十六刻計夫一時八刻其
理明簡易曉不待智者而知之聞本朝初曾有訟西
洋人私竊四刻者時刻乃一定之數竊將安往不亦
大可笑乎又如日出入之早晚節氣之長短薄蝕之
分數今每驗之輒不爽銖黍非其法至精至密曷克臻
此或云堯時璣衡之法西洋得之其說當存而弗論

雖未習其事，然幼聞皇祖閎論，因得篤信而敬守之。即如明以前之法，每日以百刻計，而西法則以九十六刻計，夫一時八刻，其理明簡易曉，不待智者而知之。聞本朝初曾有訟西洋人私竊四刻者，時刻乃一定之數，竊将安往，不亦大可笑乎。又如日出入之早晚、節氣之長短、薄蝕之分數，今每驗之輒不爽銖黍，非其法至精至密，曷克臻此。或云堯時璣衡之法，西洋得之，其說當存而弗論，

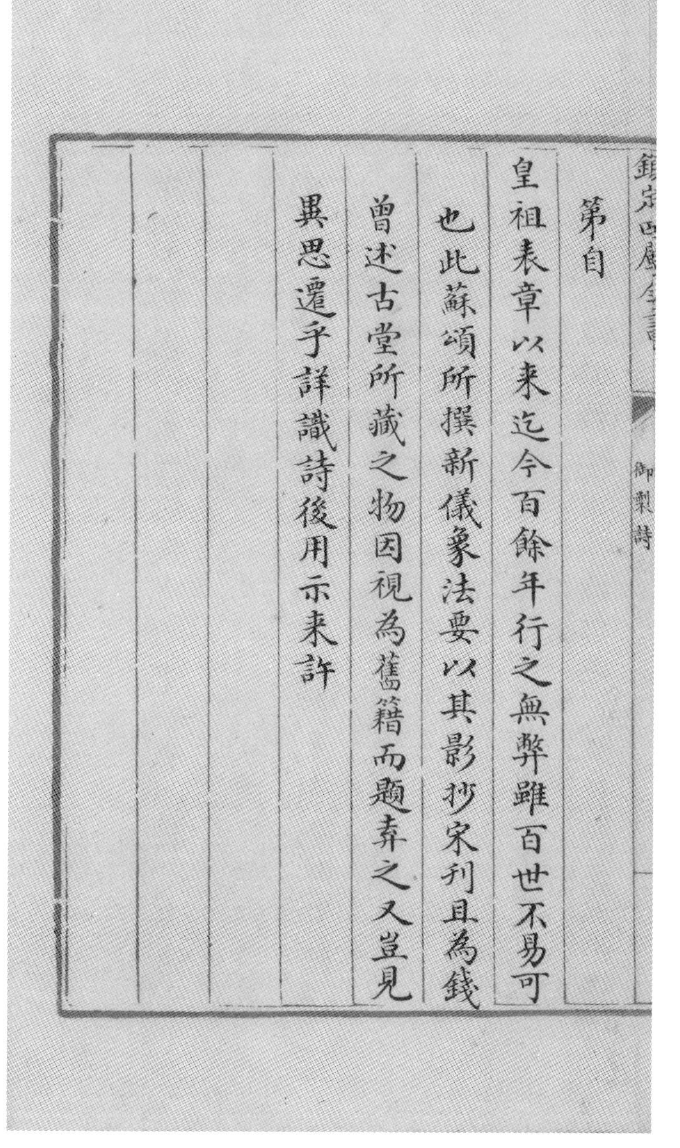
欽定四庫全書 御製詩

第自
皇祖表章以来迄今百餘年行之無弊雖百世不易可
也此蘇頌所撰新儀象法要以其影抄宋刊且為錢
曽述古堂所藏之物因視為舊籍而題弆之又豈見
異思遷乎詳識詩後用示来許

第自皇祖表章以來，迄今百餘年行之無弊端，雖百世不易可也。此蘇頌所撰《新儀象法要》，以其影抄宋刋，且爲錢曾述古堂所藏之物，因視爲舊籍而題弆之。又豈見異思遷乎，詳識詩後用示来許。[1]

乾隆乙未孟春上澣[2]

1 此御製詩下詩注，文淵閣本無，另見於《(乾隆）御製詩四集》卷二十五，《欽定四庫全書》集部别集類收入。

2 “乾隆乙未孟春上澣”，此本無，今據文淵閣本及傅圖本補。

《欽定四庫全書》　子部六

《新儀象法要》　天文算法類 **推步之屬**

提要

臣等謹案：《新儀象法要》三卷，宋蘇頌撰。頌字子容，南安人，徙居丹徒。慶曆[1]二年進士。官至右僕射兼中書門下侍郎，累爵趙郡公。事蹟[2]具《宋史》本傳。是書爲重修渾儀而作，事在元祐間，而尤袤《遂初堂書目》稱爲《紹聖儀象法

1 曆，此本及文淵閣本皆避帝諱作“歷”。
2 蹟，此本簡作“迹”，今據文淵閣本改。

要宋藝文志有儀象法要一卷亦注云紹聖
中編蓋其書成于紹聖初也案本傳稱時別
製渾儀命頌提舉頌既邃於律算以吏部令
史韓公廉有巧思奏用之授以古法為臺三
層上設渾儀中設渾象下設司辰貫以一機
激水轉輪不假人力時至刻臨則司辰出告
星辰躔度所次占候測驗不差晷刻晝夜晦
明皆可推見前此未有也葉夢得石林燕語

要》。宋《藝文志》有《儀象法要》一卷，亦注云紹聖中編，蓋其書成于紹聖初也。案，本傳稱時別製渾儀，命頌提舉。頌既邃於律算，以吏部令史韓公廉有巧思，奏用之。授以古法，爲臺三層。上設渾儀，中設渾象，下設司辰，貫以一機。激水轉輪，不假人力。時至刻臨，則司辰出告星辰躔度所次。占候測驗，不差晷刻，晝夜晦明，皆可推見，前此未有也。葉夢得《石林燕語》

欽定四庫全書

亦謂頌所修制之精遠出前古其學略授冬
官正袁惟幾今其法蘇氏子孫亦不傳云云
案書中有官局生袁惟幾之名與燕語所記
相合其說可信知宋時故甚重之矣書首列
進狀一首上卷自渾儀至水趺共十七圖中
卷自渾象至冬至曉中星圖共十八圖下卷
自儀象臺至渾儀圭表共二十五圖圖後各
有說蓋當時奉勅撰進者其列璣衡制度候

新儀象法要　二

亦謂頌所修制之精，遠出前古，其學略授冬官正袁惟幾，今其法蘇氏子孫亦不傳云云。案，書中有官局生袁惟幾之名，與《燕語》所記相合，其說可信，知宋時故甚重之矣。書首列《進狀》一首，上卷自“渾儀”至“水趺”共十七圖，中卷自“渾象”至“冬至曉中星圖”共十八圖，下卷自“儀象臺”至“渾儀圭表”共二十五圖，圖後各有說。蓋當時奉勅撰進者，其列璣衡制度、候

欽定四庫全書

提要

視法式甚為詳悉南宋以後流傳甚稀此本
為明錢曾所藏後有乾道壬辰九月九日吳
興施元之刻本于三衢坐嘯齋字兩行蓋從
宋槧影摹者元之字德初官至司諫嘗注蘇
詩行世此書卷末天運輪等四圖及各條所
附一本云云皆元之據別本補入校核殊精
而曾所抄尤極工緻其撰讀書敏求記載入
是書自稱圖樣界畫不爽毫髮凡數月而後

視法式甚爲詳悉。南宋以後，流傳甚稀。此本爲明錢曾所藏，後有“乾道壬辰九月九日吴興施元之刻本于三衢坐嘯齋”字兩行，蓋從宋槧影摹者。元之字德初，官至司諫，嘗注蘇詩行世。此書卷末“天運輪”等四圖，及各條所附“一本”云云，皆元之據别本補入，校核殊精。而曾所抄尤極工緻，其撰《讀書敏求記》，載入是書，自稱圖樣界畫，不爽毫髮，凡數月而後成。楮墨精妙絶倫，不數宋本，良非誇語也。我朝儀器精密，夐絶千古，頌所創造，固無足輕重[1]，而一時講求制作之意，頗有足備參考者。且流傳秘冊，閲數百年而摹繪如新，是固宜爲寶貴矣。乾隆四十九年八月恭校上

總纂官臣紀昀臣陸錫熊臣孫士毅

總校官臣陸費墀

1 輕重，原作“重輕”，今據文淵閣本改。

欽定四庫全書
提要

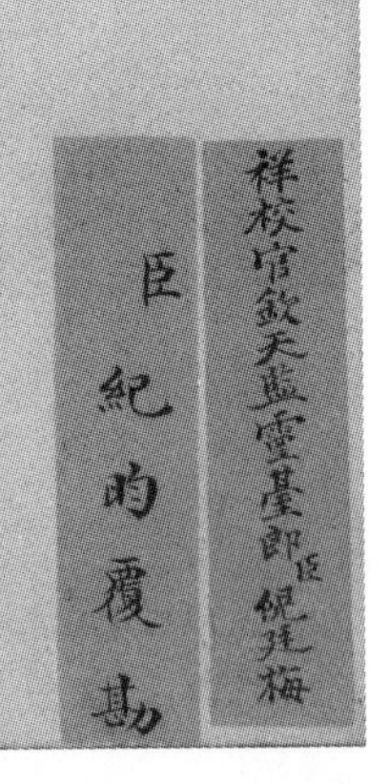

詳[1]校官欽天監靈臺郎　臣　倪廷梅

臣　紀　昀　覆勘

1 詳，原本訛作“祥”，今據文淵閣本改。

總校官舉人臣章維桓
校對官中書臣江　漣
謄録監生臣秦　沅

總校官舉人　臣　章維桓
校對官中書　臣　江　漣
謄録監生　　臣　秦　沅

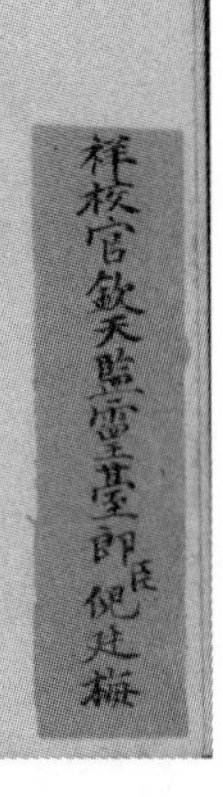

詳[1]校官欽天監靈臺郎　臣　倪廷梅

1 詳，原本訛作“祥”，今據文淵閣本改。

總校官候補知府臣葉佩蓀
校對官五官靈臺郎臣陳際新
謄録監生臣唐張翊

總校官候補知府　臣　葉佩蓀
校對官五官靈臺郎　臣　陳際新
謄録監生　臣　唐張翊[1]

1 文淵閣本副葉職官簽題爲：
詳校官欽天監監正　臣喜　常
靈臺郎　臣倪廷梅　覆勘
總校官檢討　臣何思鈞
校對官五官靈臺郎　臣陳際新
謄録監生　臣劉　淡
繪圖監生　臣王宗善

圖書在版編目（CIP）數據

新儀象法要 / [宋]蘇頌撰，劉薔整理. -- 長沙 : 湖南科學技術出版社，2020.10
（中國科技典籍選刊. 第四輯）
ISBN 978-7-5710-0711-9

Ⅰ.①新… Ⅱ.①蘇…②劉… Ⅲ.①水運渾象—研究—中國—北宋 Ⅳ.①P111.1

中國版本圖書館 CIP 數據核字(2020)第 147391 號

中國科技典籍選刊（第四輯）
XIN YIXIANG FAYAO
新儀象法要

撰　　者：[宋]蘇　頌
整　　理：劉　薔
責任編輯：楊　林
出版發行：湖南科學技術出版社
社　　址：長沙市湘雅路 276 號
　　　　　http://www.hnstp.com
郵購聯係：本社直銷科 0731-84375808
印　　刷：長沙鴻和印務有限公司
　　　　　（印裝質量問題請直接與本廠聯係）
廠　　址：長沙市望城區普瑞西路 858 號金榮企業公園 C10 棟
郵　　編：410200
版　　次：2020 年 10 月第 1 版
印　　次：2020 年 10 月第 1 次印刷
開　　本：787mm×1092mm　1/16
印　　張：21
字　　數：428 千字
書　　號：ISBN 978-7-5710-0711-9
定　　價：120.00 圓

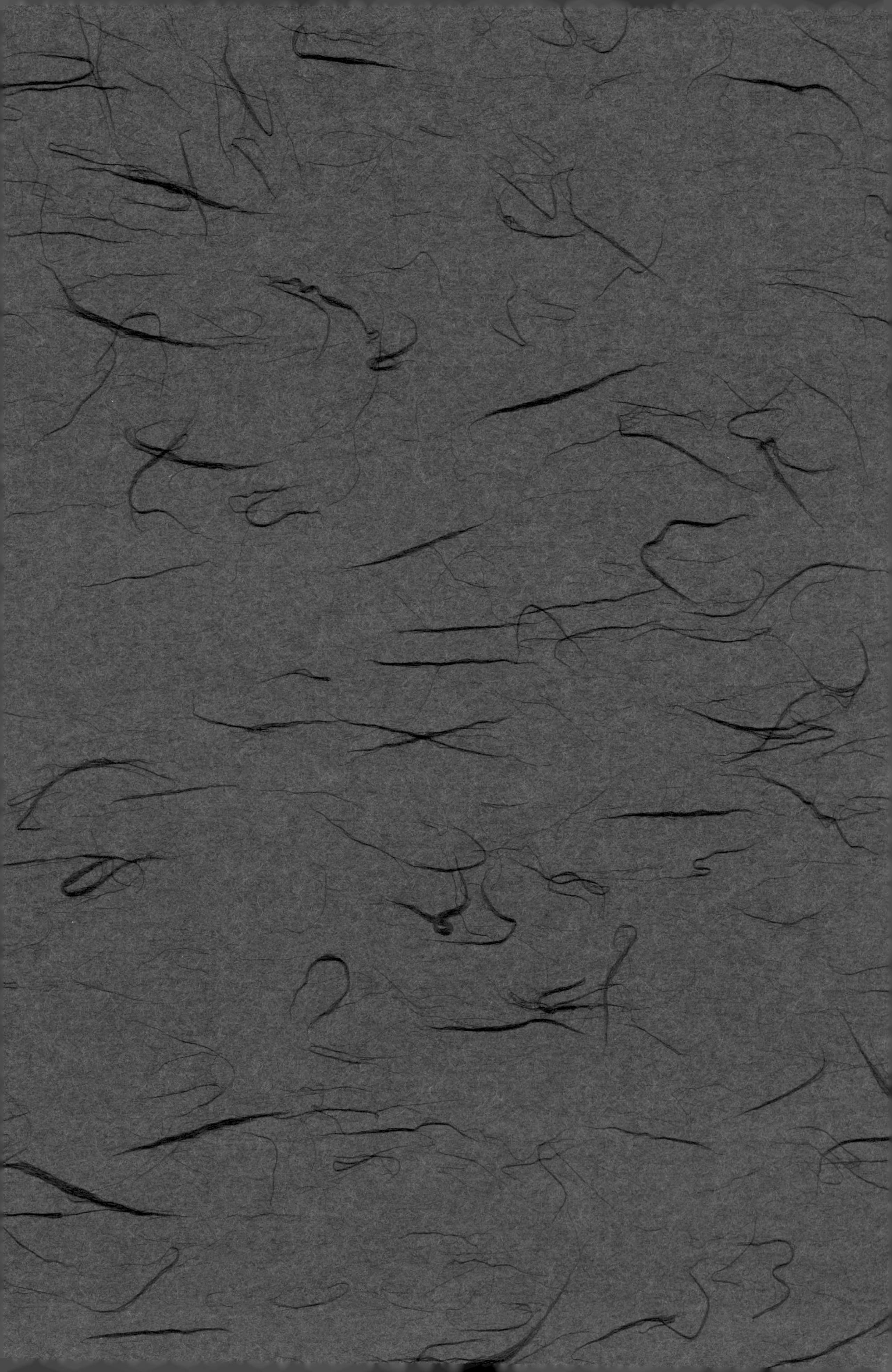